珠三角城市群生态修复
方法、技术及应用

李锋 著

清华大学出版社
北京

内 容 简 介

本书是在作者多年从事城市生态规划、修复和管理研究的基础上完成的。本书构建了珠三角城市群生态空间变化的社会-经济-自然复合生态驱动力指标体系和生态空间质量评价模型，揭示了其生态空间变化的驱动力机制，阐明了珠三角城市群生态空间质量与人群分布特征之间的相互耦合关系；创建了珠三角城市群生态空间分区框架，提出了分区管控对策；构建了珠三角城市群生态基础设施系统辨识、评估与优化的方法模型并进行了应用，揭示了珠三角城市群生态景观与受损生态空间的退化机理；以广州市增城区和东莞市等为城市群典型区域，介绍了在森林与绿地系统生态修复、河流与湿地系统生态修复技术应用与示范方面取得的成果。

本书可供城市生态、环境、经济、社会、国土空间规划、城乡建设管理等方面的科研人员、管理人员和高校师生阅读。

图书在版编目(CIP)数据

珠三角城市群生态修复方法、技术及应用 / 李锋著.—北京：清华大学出版社，2023.6
ISBN 978-7-302-62213-0

Ⅰ.①珠…　Ⅱ.①李…　Ⅲ.①珠江三角洲－城市群－生态恢复－研究　Ⅳ.①X321.25

中国版本图书馆 CIP 数据核字(2022)第 221034 号

责任编辑： 戚　亚
封面设计： 傅瑞学
责任校对： 薄军霞
责任印制： 宋　林

出版发行： 清华大学出版社
　　　　　　网　　　址：http://www.tup.com.cn, http://www.wqbook.com
　　　　　　地　　　址：北京清华大学学研大厦 A 座　　　　邮　　编：100084
　　　　　　社 总 机：010-83470000　　　　　　邮　　购：010-62786544
　　　　　　投稿与读者服务：010-62776969, c-service@tup.tsinghua.edu.cn
　　　　　　质量反馈：010-62772015, zhiliang@tup.tsinghua.edu.cn
印 装 者： 三河市铭诚印务有限公司
经　　销： 全国新华书店
开　　本： 185mm×260mm　　　　　　**印　张：** 17.5　　　　　　**字　数：** 290 千字
版　　次： 2023 年 8 月第 1 版　　　　　　**印　次：** 2023 年 8 月第 1 次印刷
定　　价： 188.00 元

产品编号：096060-01

序

▶

城市生态系统是一个复杂的巨系统，涉及社会、经济、资源、生态、环境等多个子系统，且每个子系统均包含多个随时间不断演进变化的层次与组分，具有显著的不确定性、多功能性、多目标性和动态性。珠三角城市群包含九大城市，它们在发展过程中相互影响、相互作用，导致原有的城市系统复杂性在城市群多层式网络结构中被高度放大，由此产生了更多、更显著且更复杂的区域性生态问题，如自然生态空间减少和破碎化、生态系统功能破坏严重、区域生物多样性急剧下降、资源配置矛盾突出、城市黑臭水体泛滥、产业发展生态问题凸显等。这些复杂性常表现为城市生态系统单元及其相互之间不同层次、不同组分间大量错综复杂的矛盾组合，如线性与非线性、平衡与非平衡、连续与离散、无序与有序等。如此诸多系统复杂性，给区域生态安全保障带来了极大挑战。

城市群是在地域上以大城市为中心，以区域网络化组织为纽带，由若干不同等级城市及其腹地通过空间相互作用而形成的多核心、多层次城市集群。珠三角城市群是以广州、深圳为核心，包括珠海、佛山、惠州、东莞、中山、江门、肇庆而形成的特大城市集群。该城市群毗邻港澳，"泛珠三角"的大区地缘优势明显。近年来，在工业化、城镇化迅速发展和人口急剧增长的同时，珠三角城市群正面临着严重的生态环境问题，如土地退化、植被破坏、环境污染、生物多样性锐减、生态失调等。生态安全问题已成为制约珠三角地区可持续发展的重大瓶颈，对该地区经济社会的健康发展构成了严重的威胁。

我本人是国家重点研发计划项目《珠江三角洲城市群生态安全保障技术》（2016YFC0502800）的首席科学家，李锋教授是此项目中课题四《珠三角城市群生态景观重建与受损生态空间修复技术》（2016YFC0502804）的负责人。该课题研究的总体目标是揭示珠三角城市群区域受损生态空间的退化机理，集成区域生态景观的重建与受损生态空间的修复模式和技术体系；建立城市群生态基础设施的指标体系与评估方法，探索相应的生态安全保障技术与管理模式；构建生态修复技术的经济-社会复合评估方法,利用高效低成本的生态工程技术优化区域生态系统功能,实现区域生态环境和社会经济的可持续发展。

在 2016—2021 年项目执行期间,李锋教授团队与广东省有关主管部门合作,开展相关研究和生态修复方法技术的应用与工程示范,投入了大量时间和精力,取得了很好的生态-社会-经济综合效益。2021 年 9 月,该课题通过绩效评价和验收,评定结果为"优"。本书就是这一课题研究的结晶,本书汇集的研究成果不仅有助于推动我国城市群生态修复理念、方法技术和管理模式的提升,还可以推广应用到其他城市群,从而对国家整体生态环境的改善及区域社会经济的可持续发展产生积极的影响。

毋庸讳言,城市群的发展导致了空前规模的资源开发和污染物排放,给我国生态环境带来了巨大损害,严重威胁人民生命财产的安全和社会经济的可持续发展。研究城市群生态安全演变机理与保障技术,进而建立科学的系统治理方法和技术体系,这既是解决我国城市群生态问题的必由之路,也是实现我国城市群可持续发展的客观选择。《珠三角城市群生态修复方法、技术及应用》一书正是从上述综合视角出发,对珠三角城市群的生态修复方法体系、技术集成和应用示范作了系统的研究,希望本书的出版可以为解决我国城市群的生态问题和实现城市群的可持续发展发挥应有的作用。

加拿大工程院院士

黄国和

2022 年 8 月

前　言

当今世界正经历着前所未有的城市化和现代化进程，城市化为全球社会经济发展带来正面效益的同时，也给区域生命支持系统和居民生活环境带来一些负面影响。2019年，联合国大会批准"联合国十年生态系统恢复计划"，旨在促进恢复退化或破坏的生态系统，而生态系统的恢复是实现可持续发展目标的基础，特别是在气候变化、消除贫困、粮食安全、水环境和生物多样性保护等方面。面对伴随城市扩张的生态空间不断缩小、山水林田湖草损毁严重、生态系统服务功能受到影响等问题，我们亟须寻求系统的、低成本的、可持续的生态修复与管理的新理念和新方法。

城市群是我国未来完成城市化和现代化的一种主体形态，但其快速的扩张模式对区域生态系统安全的影响越来越大，已经成为制约城市可持续发展的主要障碍。因此，开展针对典型城市群及其生态修复方法、技术与示范工程等方面的研究，对于优化城市群生态空间结构、构筑城市生态安全屏障、实现区域协同可持续发展，具有重要的战略意义，这也是践行我国生态文明发展理念和实施"山水林田湖草沙生命共同体"系统治理的应有之义。

珠三角城市群是粤港澳大湾区的重要组成部分，是中国城镇化率最高的城市群。近年来，随着工业化、城镇化的迅速推进和人口的急剧增长，珠三角城市群正面临严重的现代城市生态问题。珠三角城市群生态空间不断受到侵占，土地资源需求量持续增加，城市发展对生态空间的压力逐渐加大，造成生态系统服务退化，生态安全问题已成为珠三角地区率先全面建成小康社会的重大制约因素，对该地区经济社会的可持续发展构成了严重威胁，亟待开展珠三角城市群生态景观重建与受损生态空间修复的方法、技术集成及其应用示范研究。

本书主要内容来自课题组承担的2016—2021年国家重点研发计划课题《珠三角城市群生态景观重建与受损生态空间修复技术》（2016YFC0502804）的研究成果。课题组侧重从珠三角城市群区域生态景观与典型受损生态空间的诊断与退化机理、生态景观的评价、重建与优化、典型受损生态空间的生态修复技术集成与综合优化模式、典型生态景观重建和受损生态空间修复技术的复合评估、生态修复技术集成和应用示范等方面展开了研究，重点包括：①揭示了珠三角城市群区域生态景观与典型受损生态空间动态演变规律研究；②阐明了珠三角城市群受损生态空间的退化机理；③建立了珠三角城市群区域生态基础设施网络评价与优化方法；④集成了珠三角城市群"矿区-湿地-绿地-活化地表-生态廊道"生态修复技术体系；⑤采用社会-经济-自然复合生态系统理论对珠三角城市群典型生态景观重建和受损生态空间修复技术进行了综合评估，可以为实现城市群及区域生态环境和经济社会的可持续发展提供支撑。

本书主要的研究成果有：第一，构建了城市群尺度的生态空间质量评价模型和城市群生态空间分区框架，提出了重点保护区、重点修复区、潜在修复区和一般保育区的分区管控对策；第二，制定了城市群生态空间变化的社会-经济-自然复合生态驱动力指标体系，定量揭示了城市群生态空间变化的驱动力机制；第三，建立了城市群生态基础设施系统辨识、评估与优化方法；第四，应用洛伦兹曲线和基尼指数等社会经济学方法，从城乡尺度和收入差距等方面，揭示了城市群生态空间质量与人群分布特征之间的相互耦合关系；第五，采用经济学和社会学研究方法，综合评估了城市群受损生态空间修复技术的有效性，包括低成本、高效益、社会可接受、长期有效管理和可持续发展等。

本书在得到国家重点研发计划课题（2016YFC0502804）资助的同时，还获得了广东省有关规划研究项目的支持。

本书主要撰写人员有李锋、贾举杰、黄端、陈新闯、胡盼盼、胡印红、郑思齐、马远、刘海轩、张益宾、宋志达、牛冬晓等。李锋为课题负责人，负责全书的撰写与统筹工作。贾举杰和黄端为本书的整理和校对等做出了贡献。各章编写人员列名如下：第 1 章和第 2 章为李锋、陈新闯和胡盼盼；第 3 章、第 4 章、第 6 章、第 9 章为李锋和胡盼盼；第 5 章、第 7 章、第 8 章、第 10 章为李锋和陈新闯；第 11 章为李锋、黄端和胡印红；第 12 章为李锋、黄端、贾举杰、马远和刘海轩；第 13 章为郑思齐、宋志达和牛冬晓；第 14 章为贾举杰、黄端和胡盼盼。

清华大学建筑学院、中国科学院生态环境研究中心、广州市城市规划协会、广州市规划和自然资源局增城区分局、广州市增城区水务局、广州市增城区林业和园林局、广东省生态公益林管理办公室、广州市林业和园林局、东莞市水务局等单位的相关部门在研究工作期间给予了热情帮助与支持。

　　本课题是国家重点研发计划项目《珠江三角洲城市群生态安全保障技术》（2016YFC0502800）的课题四，在整个研究工作中，项目负责人黄国和院士不仅在统筹和协调方面发挥了重要作用，而且对具体研究工作给予了详尽的指导。中国工程院杨志峰院士、中国城市建设研究院有限公司王磐岩教授级高级工程师等专家在课题研究过程中同样提出了宝贵的意见！另外，清华大学建筑学院景观学系系主任杨锐教授、广州市城市规划协会黄鼎曦研究员在课题研究示范等方面也给予了大力支持！感谢广东工业大学硕士研究生肖浩楠在图片修改方面提供的帮助！

　　尽管我们立足学科前沿，以理论与实践并重的原则做了一些探索，但由于时间、精力和专业知识水平有限以及数据来源的限制，本书可能还存在不足之处，衷心期望各界专家学者和同行们提出宝贵的批评意见；同时，也希望本书的出版能对解决我国城市群区域面临的生态环境与可持续发展问题发挥有益的作用。

李锋

2022 年 5 月，北京清华园

目　录

第二篇 技术与应用

第一篇　理论与方法

第1章 绪 论

1.1 研究背景与意义

生态空间是中国国土空间管控的重要内容（高吉喜 等, 2020）。优化国土空间格局作为节约资源和保护环境的优先任务，是实现全面建设社会主义现代化国家的保障。党的十九大报告《决胜全面建成小康社会　夺取新时代中国特色社会主义伟大胜利》提出："坚持节约优先、保护优先、自然恢复为主的方针，形成节约资源和保护环境的空间格局、产业结构、生产方式、生活方式，还自然以宁静、和谐、美丽。"党的十九届五中全会公报提出："优化国土空间布局，推进区域协调发展和新型城镇化，构建高质量发展的国土空间布局和支撑体系。"《国家乡村振兴战略规划（2018—2022 年）》指出："要严格保护生态空间，树立山水林田湖草是一个生命共同体的理念，加强对自然生态空间的整体保护，修复和改善乡村生态环境，提升生态功能和服务价值。"《中共中央　国务院关于建立国土空间规划体系并监督实施的若干意见》提出："综合考虑人口分布、经济布局、国土利用、生态环境保护等因素，科学布局生产空间、生活空间、生态空间。"生态空间提供了重要的生态功能和资源环境支撑，是保障区域安全和可持续发展的关键因素，是优化国土空间规划中重要的一环。当前国土空间规划的重点也是在开展资源环境承载能力和国土空间开发适宜性两项基础评价基础上，划定生态保护红线，并坚持生态优先，绿色发展，扩大生态保护范围，划定科学合理的生态空间，实施生态空间分区管控。如：《全国重要生态系统保护和修复重大工程总体规划（2021—2035 年）》提出了"到 2035 年推进森林、草原、荒漠、河流、湖泊、湿地、海洋等自然生态系统保护和修复工作的主要目标，以及统筹山水林田湖草一体化保护和修复的总体布局、重点任务、重大工程和政策举措"。

随着人口不断集聚和经济的快速发展,城镇化已经成为改变全球生态空间的主要驱动力（Li et al., 2016；Zhang et al., 2018）。自 18 世纪 50 年代以来，世界上一半的土地都发生了变化（Foley et al., 2005），60% 的土地利用变化与人类活动直接相关。生态空间被不透水地表侵占，使自然生态空间转变为人类主导或人类耦合的生态空间（Qiu et al., 2015；Partl et al., 2017；Song et al., 2018），导致城镇自然生态、社会生态和经济生态之间矛盾加剧，造成区域生态空间质量下降，面积萎缩。例如，自然生态空间转变为人类主导的生态空间，降低了生物多样性（Danneyrolles et al., 2019）。此外，区域生态系统服务发生了变化，影响了水文、气候、碳和氮循环（Ouyang et al., 2016；Zhang et al., 2018；Hu et al., 2019；Peters et al., 2019），进一步影响到人类健康水平和人类福祉的提升（Thanapakpawin et al., 2007）。自 1960 年以来，生态空间变化对全球大气碳排放量的贡献率为 1.2～1.5 Gt/a，平均贡献率约为四分之一（Le Quéré et al., 2018）。昼夜温差减少的主要原因也是城市建设用地侵占生态空间造成的（Kalnay et al., 2003）。特别是在发展中国家，随着城市人类活动的持续增长，区域生态空间的压力越来越大，造成区域生态质量和健康的持续性降低，使得生态空间呈现不同程度的退化现象，全球约 20 亿公顷的陆地生态系统被认为是退化的，需要进行生态修复（Peng et al., 2017；Lyu et al., 2018）。目前加强区域生态空间评价及实施生态修复是维护自然生态环境、健全国土空间用途管制制度的重要手段，也是决策者普遍关心的方面（周璞等, 2016；余亮亮 等, 2017）。

生态空间的质量决定了生态空间的服务和居住环境的质量，直接影响居民的可用性和舒适性。生态空间质量是评价区域生态效益的关键因素（Miao et al., 2016；Silva et al., 2018；Soltanifard et al., 2019）。生态质量和面积同样重要（Ladle et al., 2018；Silva et al., 2018；Brindley et al., 2019），然而目前的生态空间规划往往忽视了生态空间质量，导致生态空间建设缺乏系统性，加剧了土地供需失衡。如：构建绿色空间，但忽视提升其质量，虽然绿色空间的可达性增加，但单位面积服务效益较低，难以满足居民需要，这种供需失衡进一步深化了城市建设与生态保护的矛盾（Su et al., 2016）。目前对于城市生态空间质量的评价主要集中在单个生态空间质量评价和公园、湖泊、湿地等城市生态用地的效益评价（Newbold et al., 2015；Tubiello et al., 2015；Peters et al., 2019；Schulp et al., 2019），进而探讨生态系统服务供需平衡（Ala-Hulkko et al., 2019；Wu et al., 2019）。评价标准主要通过景观格局、生态系统特征和环境因素等自然指标评价（张岳恒 等, 2010；Liu et al., 2017a；Roces-Diaz et al., 2018）。城市生态空间是一个复杂的社会、经济、自然因素综合作用的空间。生态空间质量的评价应结合区域政策目标、居民需求，这既能增强决策者对生态空间的理解，又能增强生态空间在城市规划和政策制定中的重要性（Bastian et al., 2013；Kandziora et al., 2013）。在城市发展过程中，由于人口密度、文化差异、收入水平、世界观等因素的影响，生态空间在不同人群的分布是明显不同的。例如，在一些国家，社会经济地位高的人通常生活在有良好绿化、亲水和生态系统服务的社区，而社会经济地位相对较低的居民生活在生态空间质量低下的密集型社区（Chakraborty et al., 2019；Chamberlain et al., 2019）。这种生态空间的分布不均是造成生态系统服务供需失衡的主要原因，也是城市生态风险的主导因素。随着城市的发展，生态资源配置的不平等性逐渐加大，加剧了生态系统服务的不均衡性，给城市生态安全和人类健康带来了潜在风险（Yuan et al., 2018；Schirpke et al., 2019）。例如，中国大多数城市群生态系统服务供需失衡，导致空气污染、洪涝灾害和热岛效应等严重生态问题（陈利顶 等, 2016；黄国和 等, 2016；Zhang et al., 2017；Kang et al., 2018；Mi et al., 2019）。生态空间的合理布局是保障城市可持续发展的重要因素（王如松 等, 2014；Li et al., 2017；高吉喜 等, 2020）。在以往的研究中，对生态空间的质量和分布考虑不足，导致城市土地规划和生态管理不受限制，加剧了城市生态问题的转移和恶化，影响了社会发展的可持续性和稳定性（Martin, 2016；Wu et al., 2019）。通过生态空间质量的评价及人群分布特征，可以将区域生态发展的不平衡和生态提升的重点区域呈现给决策者，从而加强区域生态空间综合管控。

随着人类生活质量的提高，全球环境问题日益严重，各国政府和研究机构也逐步意识到生态文明建设的重要性，重点在城市的生态环境质量、生态服务价值、生态安全建设等领域开展相关的研究。当前，传统的生态安全研究更加注重景观格局的构建。然而实际上，生态安全的研究不仅与生态空间格局有关，还与城市发展过程、生态系统服务功能价值等密切相关。虽然我国在相关领域开展了一系列研究，但是，各项研究相对独立，较为零散，缺乏系统性的城市生态安全体系的构建，也尚未真正构建一套详细的、科学的研究体系。因此，亟须构建综合性更高的生态安全建设研究体系和范式。

城市群将成为未来城市发展的趋势（Fang et al., 2017）。自然和社会经济资源的整合促进了人口和经济的快速发展（Chen, 2015b；Chen et al., 2017），但加剧了对生态空间的干扰（Ning et al., 2018）。随着区位特征和社会经济的发展，生态资源的供需变化将导致生产方式的变化，从而影响市场机制、政策干预和利益相关者的平衡，最终导致生态空间的变化（Lambin et al., 2003；Chen et al., 2018）。珠三角城市群是粤港澳大湾区的重要组成部分，是中国城镇化率最高的城市群（Dong et al., 2019；常春英 等, 2019），随着城镇化的快速发展，珠三角城市群的生态空间受到侵占，土地资源需求量持续增加，导致城市发展对生态空间的压力逐渐加大，造成生态系统退化，影响生态系统服务及区域生态安全。目前生态安全问题已对珠三角城市群可持续发展构成了严重威胁，亟待开展生态空间分区管控的研究（黄国和 等, 2016；Hu et al., 2019）。基于此，本书以珠三角城市群为案例，以珠三角城市群土地利用/土地覆盖数据为基础数据源，构建多时空尺度的生态格局-过程-功能的综合模式，深入开展保障珠三角城市群区域生态安全可持续发展的系列研究，揭示城市群生态空间变化的空间格局和驱动因素；通过确定政策目标和居民需求，构建了适合珠三角城市群的生态空间质量评价体系，并在此基础上对生态空间进行分区管控。研究结果弥补了人们对生态空间评价部分环节认知的不足，同时加深了对于生态空间与城镇化耦合机制的理解，揭示了影响珠三角城市群生态安全与可持续发展的内在机制。通过对生态空间的分区，可以对区域生态空间质量及服务的提升提供理论基础，进一步完善区域生态空间建设与修复目标，改善人居景观环境，为未来城市群土地利用管理和生态空间规划提供科学依据，也将为提升珠三角城市群区域生态文明建设水平提供重要保障。

1.2 相关研究进展

▶ 1.2.1 生态空间的内涵

生态空间的概念起源于绿色空间。绿色空间指城市中的自然景观斑块，强调能够被城镇居民利用的绿色空间，主要包括森林、水域、草地、公园等其他公共绿色基础设施（Wolch et al., 2014）。Swanwick 等（2003）认为，城市由建筑环境和建筑之间的外部环境构成；绿色空间由外部环境中排除不透水地表的空间组成，主要由未密封、可渗透的"软"表面组成，如土壤、草、灌木、树木和水。Schipperijn 等（2010）认为，城市绿色空间指能够被居民利用的高植被覆盖的开放空间。中国学者沿用了国外的绿色空间的概念，并在此基础上结合中国现状进行了修订和扩展。景观生态空间（赵景柱, 1990；王仰麟 等, 1999）、绿地（陈自新 等, 1998；

俞孔坚 等，1999；马锦义，2002；尹海伟 等，2008）、生态用地（张红旗 等，2004；邓小文 等，2005；邓红兵 等，2009；李锋 等，2011）、绿色基础设施（刘海龙 等，2005；李开然，2009；李锋 等，2014）、生态空间（王如松 等，2014；王甫园 等，2017；高吉喜 等，2020）等概念相继产生并被广泛使用，这些定义既有共同点又有区别，主要体现在不同的用途。

《土地利用现状分类》中关于绿地的定义为用于休憩、美化环境及防护的绿化用地。《城市绿地分类标准》中绿地为包括城市建设用地在内的绿地与广场用地和城市建设用地外的区域绿地两部分。绿色空间是在绿地的基础上引入空间的概念，是由园林绿地、城市森林、立体空间绿化、都市农田和水域湿地等构成的绿色网络系统，强调生态资源的空间配置，生态系统结构、功能、过程和谐的立体空间（李锋 等，2004）。生态用地的概念目前存在分歧，一种观点为能够提供生态系统服务功能，对于保护自然环境和生态系统发挥作用的，非人工修建的都可划为生态用地（龙花楼 等，2015）；另一种意见是以用地类型的主体功能定义生态用地，强调以提供生态产品、环境调节和生物保育等生态服务功能为主要用途，对维持区域生态平衡和可持续发展具有重要作用的土地为生态用地，这种生态用地应区别于生产用地和生活用地，排除以经济产出为核心的农业生产用地（俞孔坚 等，2009a；喻锋 等，2015；费建波 等，2019）。绿色基础设施主要针对城市内具有连续性的自然区域及开放空间的生态网络系统，包含人工修建的生态设施，其功能定位为对城市发挥自然生态体系功能和价值，为人类和野生动物提供自然场所，保证环境、社会与经济可持续发展的生态框架，强调自然保护与人类建设开发之间的协调和互利，以及与人为设施之间的协调互动（李开然，2009；吴伟 等，2009；刘滨谊 等，2013）。李锋等（2014）考虑城市生态系统的复杂性，在绿色基础设施的基础上提出了生态基础设施概念，即为人类生产和生活提供生态服务的自然与人工设施，是保证自然和人文生态功能正常运行的公共服务系统。这就可以将无生命的"灰色基础设施"与有生命的"绿色基础设施"有机整合，形成协同共生、循环再生的基础设施支撑体系，以维持城市生态服务功能的完整性及生命活力。这些定义和解释共同构建和丰富了生态空间研究体系，其中绿地、生态用地较多以景观角度，侧重表达用地类型的物理特性和可塑性；而绿色空间、绿色基础设施、生态基础设施强调其空间网络性，侧重表达区域生态系统的结构、功能的综合性。

生态空间基于上述定义发展而来，目前对于生态空间概念的界定仍较模糊（高吉喜 等，2020）。如：《全国主体功能区规划》将生态空间定义为绿色生态空间及其他生态空间，主要包括水域、林地、天然草地、沙地、盐碱地及其他荒地。《关于划定并严守生态保护红线的若干意见》将生态空间定义为具有自然属性、以提供生态服务或生态产品为主体功能的国土空间，在上述基础上增加了海洋、冰川、高山冻原、滩涂、岸线等国土空间。目前研究者对于生态空间概念的界定主要基于生态功能论和生态要素论两种视角，一种认为只要提供生态系统服务功能或生态产品的空间都属于生态空间，另外一种认为生态空间是指生态系统中各生态要素的空间载体，是多要素综合的空间范围，主要分歧在于农田是否为生态空间（陈爽 等，2008；王如松 等，2014；王金南 等，2015；王甫园 等，2017；高吉喜 等，2020）。农田作为陆地生态系统中较为重要的生态系统之一，具有重要的生态系统服务价值，也具有农产品生产、社会保障、气候调节等功能，与森林和草地相比，农田的直接服务价值所占比重远远高于森林和草地（谢高地 等，2003；孙新章 等，2007），且农田的娱乐休闲价值逐渐得到认可。在城市生态系统中，生态空间主要体现在城市生态管理中，强调其对城乡的保护和维持功能，故本书界定具有生态系统服务价值和对城乡生态环境保护具有重要作用的空间都可视为生态空间，不仅包括天然或人工林地、草地、湿地、水体等自然生态空间，还包括农田、郊野公园、生态廊道等提供生态系统服务的区域（Neuenschwander et al.，2014；Ngom et al.，2016）。

▶ 1.2.2 生态空间服务功能

生态空间是承载山、水、林、田、湖、草、矿等自然资源的核心载体，是山水林田湖草生命共同体的体现。生态空间对于区域生态安全具有重要意义，是实现绿水青山就是金山银山的重要载体，也是人类福祉提升的关键（Ouyang et al.，2016；Chen et al.，2020）。生态空间提供人类赖以生存的食物、能源、文化等一切发展要素（Alkama et al.，2016；Ouyang et al.，2016；Song et al.，2018），主要体现生态系统服务和保障人类健康。

生态系统服务是指通过生物地球化学循环和其他自然过程形成及维持的人类赖以生存的自然环境条件与效用。生态系统通过提供食物、水、能源、材料和其他资源，以及水质净化、控制传染病、分解废物和增强人与自然的联系，构成了人类生存和发展的基本条件（Boyd et al., 2007；De Groot et al., 2010；Ouyang et al., 2016）。生态系统服务分为供给服务、调节服务、支持服务和文化服务（欧阳志云 等, 2000；Costanza et al., 2007；傅伯杰 等, 2009）。供给服务侧重于生态系统提供的生态产品，如：木材、药材等生态资源（朱文泉 等, 2011；博文静 等, 2017）；调节服务侧重于对生态环境进行调节以满足人类生存的生态系统服务，如：固碳释氧、降温增湿等（高玉福 等, 2017；王瑜 等, 2018；杨青 等, 2018；肖玉 等, 2019）；支持功能即为保障其他所有生态系统服务功能的正常运作所必需的基础条件，如：土壤的形成、传粉、种子的扩散、有害生物的防治等（欧阳志云 等, 2000；欧阳芳 等, 2019；杨扬 等, 2019）。文化服务主要强调从生态系统中获取的精神文化服务，主要包括精神感受、归属感、娱乐消遣和美学艺术体验（Liu et al., 2017b；郭洋 等, 2020；罗琦 等, 2020）。

生态空间有助于防治城市问题，改善城市居民的生活环境质量，与人类健康密切相关（De Vries et al., 2003；Mitchell et al., 2007；Brindley et al., 2019；董玉萍 等, 2020）。生态空间不仅通过生态系统服务净化空气、去除污染、减弱噪声、降温增湿和补充地下水、改善人居环境（Escobedo et al., 2011；Dadvand et al., 2015；毛齐正 等, 2015；Livesley et al., 2016），还通过生态空间本身增强居民健康水平，居民不管是长期还是短期暴露于生态空间中，均能产生健康促进效益（Tzoulas et al., 2007；Richardson et al., 2013；Ngom et al., 2016；张金光 等, 2020）。生态空间内的绿色植被通过光合作用和叶片吸附，改善空气质量，降低区域固体颗粒物浓度，直接或间接地减少空气污染物（李锋 等, 2004）。Nowak 等（2014）通过评价美国森林对空气质量和人类健康的影响，发现森林消除了 1740 万吨的空气污染，避免了 850 多起人类死亡事件和 67 万起急性呼吸系统症状的发生。城市不透水地表的增加导致城市气温升高，生态空间能够明显降低区域温度（Alcazar et al., 2016；Kotharkar et al., 2020）。Burkart 等（2016）调查了 1998 年至 2008 年葡萄牙里斯本城市植被和水体对 65 岁以上老年人热相关超额死亡率的影响，发现城市绿色空间和蓝色空间对里斯本老年人口的热相关超额死亡率有缓解作用。生态空间能够吸引居民参与锻炼活动，降低人群罹患慢性疾病和临床疾病的风险，降低人群罹患代谢性疾病的风险，如肥胖症、糖尿病等（De Vries et al., 2003；Tzoulas et al., 2007；Wolch et al., 2014）。如：在绿地上开展的体力活动比在其他环境中的活动更具健康效益，居民更多地选择在生态空间质量高、绿化度高的区域开展锻炼活动，良好的生态空间增加了居民锻炼的机会和动力（Heinen et al., 2010）。生态空间与心理健康密切相关，通过提供自然景观，增加居民接触动植物的机会，能够降低压力，增强自信心，使居民恢复活力（Fan et al., 2011；Wolch et al., 2014；Jakubec et al., 2016；董玉萍 等，2020）。接触生态空间能够对压力做出积极的反应，使情绪得到缓解，消除疲劳，继而恢复脑力和体力，改善精神状态，恢复心理健康。

▶ 1.2.3 城镇化与生态空间

城镇化从空间角度来讲，指人口和产业不断集聚，城镇空间不断扩大的过程，是区域资源、人口、生产、科技向特定区域的集聚过程。中国城镇化进程在不断加快，城镇人口比例从 1978 年的 17% 快速增至 2020 年的 61%。生态空间极易受到城镇化影响，导致区域生态因子发生变化（Ouedraogo et al., 2016；Koopman et al., 2018），改变生态空间的结构和功能，造成生态空间面积降低、格局改变、质量下降。目前，城镇化已成为城市生态空间变化的主要驱动力（Leite et al., 2018；Zhang et al., 2018）。城镇化对生态空间的影响已成为当前生态学和城市规划学的热点问题。

城镇化的显著特征为人口的集聚，为了满足居民生产生活的需要，城市边界不断扩张，侵占周边生态空间，并加大对周边生态空间的压力（Lin et al., 2015；Xiao et al., 2018）。如：Deng 等（2015）发现在 2000—2008 年，城镇化的快速发展导致耕地流失增加了 29.2%。Jiao 等（2019）研究发现，珠三角城市群 1985—2015 年的建设用地增长了 4899.02 平方千米，主要来源于耕地和林地。建成区的无序增加，导致生态空间的破碎化，降低生态系统的稳定性。王德旺等（2020）系统研究了天津市 2000—2015 年的湿地变化规律，发现湿地面积减少了 11.73%，湿地景观总体趋于分散和破碎。此外，城市居民活动排放的生活和生产污染物直接影响了生态空间，造成生态空间质量降低，导致生态严重退化。如：城市居民排放的生活污水，工业生产排放的污染物，生活垃圾和工业垃圾处置不得当，对当地的河流、耕地造成污染。林兰（2016）研究发现，长三角地区工业化和城镇化进程不断加快，污染物排放强度大大增加，超过了区域环境的承载力，生产生活对水的需求增大，污染物排放量也不断提升，尤其是氮、磷等营养物质和化学污染物的增加，使长三角水环境恶化。武力超等（2013）研究发现，在快速城镇化进程中土壤污染问题严重，13% 的土地存在不同程度的污染，城镇化和工业化造成的土壤污染主要集中在城市周边。

中国城镇化的发展虽然对城市周边区域生态空间造成较大的负作用，但对于低城镇化的农村地区生态空间具有一定的提升作用（Queiroz et al., 2014）。城镇化引发人口格局的改变，吸引农村人口向城镇迁移，农村劳动力的缺失，造成农村土地的废弃和耕地撂荒，同时降低了对周边生态空间的干扰和胁迫，促进了生态空间质量的提升（李升发 等，2016）。李仕冀等（2015）研究发现，城镇化造成的农村人口的减少，提高了区域植被覆被状况，增强了生物多样性。李秀彬等（2011）研究发现，耕地撂荒、森林竞争力的提高和农业竞争力的下降促进了森林面积或自然生态空间面积的持续增长。农村能源结构的改变，降低了对传统生物能源的依赖，减少了对森林及草本植物的砍伐和破坏，提高了区域生态系统的恢复力（Saah et al., 2014）。

▶ 1.2.4 城市扩张过程时空演变规律

城市用地的时空格局演变特征是土地利用变化研究的重要内容之一。阐述城市用地演变规律有助于清晰揭示人类活动与自然环境相互作用的过程，实现从数据收集到实践应用的价值，有助于理解土地利用多层级尺度变化对各种生态系统的影响，这是探索城市化背景下区域生态安全格局的关键枢纽。

国内外关于城市用地变化时空格局演变特征的研究主要在土地利用变化数据的基础上进行信息解译，从时空维度借助 GIS 空间分析技术及各类指数模型进行定量分析，进而总结城市用地时空演变的规律和格局特征，可以概括为测度指数分析、景观格局指数分析和城市空间扩张模式 3 个方面。

1.2.4.1 测度指数分析

测度指数分析是指通过数理方法并借助 GIS 技术构建模型描述城市用地的时空演变规律，主要包括不同土地利用类型面积变化的幅度、速率等指数的建立与分析（Estoque et al., 2011；史利江 等, 2012；Zhang et al., 2015b）。随着城市化进程的加快，学者们更侧重于描述城市扩张范围、扩张强度、扩张速率等特征（Kuang et al., 2014；Zhao et al., 2015）。测度指数种类繁多、简单高效，为深入研究城市空间演化过程提供了科学参考依据。

1.2.4.2 景观格局指数分析

随着景观生态学的发展，景观格局分析为土地利用变化和城市扩张研究开辟了新方向（Berling-Wolff et al., 2010）。景观格局指数（Botequilha-Leitão et al., 2002；Huilei et al., 2017；阳文锐，2015；Weng, 2007）和梯度分析（潘艺，2016；Botequilha-Leitão et al., 2002；Luck et al., 2002）在定量描述城市化时空格局演变特征中发挥着极其重要的作用。然而，由于景观指数间经常存在极强的相关性，同时采用多种格局指数容易造成信息冗余，使用时需要依据研究选择合适的指标（Benson et al., 1995；Zhang et al., 2013；Wu, 2004；Turner et al., 1989）。

1.2.4.3 城市空间扩张模式

城市空间扩张模式对城市理论的发展有重要意义，是对扩张类型的总结。

总体来讲，分为两个时期，早期主要是从宏观形态上进行总结归纳，比如多数学者认为扩张模式可以分为同心圆、扇形及多核等形态。

随后学者从城市内部微观扩张角度考虑，将扩张模式进行新的总结。Forman 将扩张模式划分为 5 种类型：边缘、廊道、单核、多核和散布式（Forman, 1995）；与 Forman 相似，Wlison 等也从景观生态学的角度进行总结，通过识别城市斑块增长类型，将城市扩张模式概括为填充式、扩张式和飞地式 3 种，其中又将飞地式细分为孤立、线性和组团式分支扩张（Wilson et al., 2003）。而 Clarke 等则从 SLEUTH 城市扩张模型的角度出发提出了 4 种扩张模式，分别为自发式、新中心式、边缘式和道路引力式（Clarke et al., 1997）；此后，这些模式被广泛应用于国外城市扩张的研究（Dahal et al., 2016；Kamh et al., 2012；Pham et al., 2011）。

国内学者也开展了许多关于城市扩张模式的研究。由于地理位置和城市化发展水平之间的差异，不同区域的城市扩张模式呈现不同的扩张特征（Feng et al., 2010；匡文慧 等，2005；杨荣南 等，1997）。随着研究的深入，研究对象逐渐由单个城市向区域层面的研究倾斜，于是，多城市的共同特征及差异研究的成果逐渐丰富（Wu et al., 2015；Wenjuan et al., 2017；Sun et al., 2018）。尽管存在理论基础、识别方法、研究背景、区域差异及其定义的多样化，但可以将城市空间扩张模式主要概括为以下 3 种：填充式（在已有城市内部进行填充）、边缘式（扩张发生在城市边缘地区）和飞地式（也称蛙跳式，在城市外围形成新的城市建设用地），其他模式均为在这 3 种基本模式基础上的变种或混合体（刘小平 等，2009；Zhao et al., 2015）。城市空间用地扩张模式是城市化时空格局演变最直接的表现。城市系统是一个多尺度且极具有空间异质性的"社会-经济-自然"复合体。利用测度指数、景观格局和扩张模式等方法可以从不同角度和不同尺度定量分析城市扩张时空演变的特征、结构、影响、功能作用及其动态性，可以揭示城市化中复杂的多尺度格局-过程间的相互关系。然而，目前较多研究仅从单一尺度分析城市化时空格局演变特征，缺乏多角度、多尺度的系统研究成果。为深入探索和总结城市化时空格局演变特征与规律，基于多角度、多尺度的视角对城市空间扩张模式及其时空演变格局过程等进行系统研究对城市发展理论及其实践均意义重大。

▶ 1.2.5　城市化对生态系统服务价值影响

1.2.5.1　城市化定义

　　进入工业化阶段后，研究人员从多个学科对城市化进行了定义，包括人口学、经济学、社会学以及地理学等。在人口学中，城市化是指农业人口向城市不断聚集，由农业人口向非农业人口转变的过程。在经济学中，城市化是指生产要素在经济体系中流向城市的过程，更注重城市化与经济发展的关系。在社会学中，城市化是指生产生活方式和观念等的转变，由农村居住与消费形式向城市居住与消费形式的转变。在地理学中，城市化是更偏重人口和城市的空间集聚过程，具体来说是在特定空间范围内人口和城市集中的过程（张佳田　等，2020）。综合多学科的共识，人们对城市化逐渐形成了较为统一的概念，城市化具备两个基本特征：城市数量大幅增加；城市人口规模不断扩大。在城市化过程中，人口增长、经济提升、空间扩张和生活改善 4 个方面相互联系与促进，其中经济提升是根本基础，人口增长与空间扩张是表现形式，生活改善是最终目标（黄金川　等，2003）。

1.2.5.2　城市化水平的量化方法

　　目前有众多的方法对城市化水平进行测量。总的来说，城市化指标经历了单一指标到复合指标的变化，由量变到质变的过程（王新娜，2010）。刚开始，是单一指标法，往往采用城镇人口比重或非农业人口比重作为城市化的指标。由于中国城市中很大一部分居民没有城镇户口，而统计城镇人口时是基于户籍所在地进行统计，因此，研究人员往往采用非农业人口比重来衡量地区的城市化水平。人口城市化指标被广泛应用在经济（Wu et al., 2008）、社会（余菊　等，2014；Su et al., 2015；

李攀垒，2011）和能源环境（张亚珍，2017；Zhao et al., 2016；Al-Mulali et al., 2013）等领域。近几年，随着 RS 和 GIS 技术的发展，研究人员开始使用城市建设用地的面积指标对城市化水平进行量化。由最初的 TM 数据（姜玲 等，2007）发展到后来的夜间灯光数据（陈晋 等，2003）。尽管灯光数据相比其他单一指标包含了更多的信息，但是城市化是政治、社会、经济和文化共同作用的结果，单一指标往往不能反映量化城市化的多维度及其复杂性。因此，越来越多的学者在量化城市化水平时开始使用复合指标法。复合指标构建的基本原理是从人口、经济、社会和文化等多个维度选取与城市化密切相关又相互独立的指标，构建一套量化体系，从而得到综合的城市化指标。国内外学者根据研究需要构建了相应的指标体系，目前被广泛采用的复合指标体系可见表 1-1。其中 Wang 等（2014b）和 He 等（2017）分别从人口城市化、空间城市化、经济城市化和社会城市化 4 个方面构建了量化城市化水平的评价体系，对京津冀城市群（He et al., 2017）和上海市城市化水平进行了评估。因为是复合指标，在评估城市化水平时需要选择合适的评估方法。常用的评估方法主要有主成分分析法（principal component analysis, PCA）（Bai et al., 2017）、熵值法（entropy method, EM）（He et al., 2017）和层次分析法（analytic hierarchy process, AHP）。也有学者为了避免单个评估方法可能对结果造成的误差，对 3 种方法进行加权平均，从而得到城市化水平的评估结果（Wang et al., 2014a）。因此，在使用复合指标评估城市化水平时需要两个步骤，一是选取合适的指标构建评估体系；二是选择评估方法。

表 1-1　城市化复合指标体系

一级指标	二级指标
人口城市化	非农业人口比重；第三产业就业人口比重；城市人口密度
经济城市化	人均 GDP；第二、第三产业占 GDP 比重；人均地方财政收入；人均固定资产投资额
空间城市化	建成区面积；人均建筑用地面积；人均道路面积
社会城市化	人均消费品零售总额；每万人移动电话用户数；每万人拥有医生数量；每万人互联网用户数；每万人拥有公共交通数

1.2.5.3　生态系统服务功能概念形成过程及其内涵

生态系统功能这一概念首次由生态学家 Odum 于 1953 年在其出版的

Fundamentals of Ecology 一书中提出，1970 年以后，随着人们认识的深入，与 Odum "生态系统因其自身本质属性而独立存在，与人类活动无关"的论述不同的是，学者们意识到生态系统与人类有着密切相连的关系，于是，Sabine 在《人类对全球环境的影响报告》中提出"环境服务"的概念，即生态系统具有昆虫授粉、土壤形成及水土保持等服务功能（Sabine, 1971）。此后，生态学领域和生态经济学领域的学者相继提出了公共服务、自然服务等概念。基于以上研究，生态系统服务功能这一学术用语由 Ehrlich 于 1981 年提出，并逐渐在学术界得到了广泛认可和普遍使用。20 世纪 90 年代以后，关于生态系统服务功能的研究逐渐丰富。其中，最具代表性且影响深远的定义是由 Costanza 等（1997）首次定义了生态系统服务的概念。在国内，欧阳志云等（1999）和谢高地等（2003）对生态系统服务价值进行了更为具体的论述。Costanza 等将生态系统服务功能定义为通过生态过程及其构成要素所形成的自然环境条件和效用，用于维持和供给人类的生存和发展需求。这一论述阐明了生态系统服务功能作用的主体、受体以及二者之间相互联系的过程以及作用方式等，Costanza 等将全球生态系统服务功能划分为 17 类，并对其进行了价值评估。欧阳志云等（1999）认为生态系统服务主要表现为提供保存生物进化所需的丰富的产品供给功能、调节功能、景观文化功能等；谢高地等（2003）认为生态系统服务是指生态系统通过其功能直接或间接提供给人类的产品和服务。

目前，从理论的完整性及实际运用过程中的可操作性综合考虑，生态服务功能比较权威的定义，也是大家较为普遍接受的定义是来自 2005 年的联合国千年生态系统评估报告（Kumar, 2005），该报告通过总结以往的研究，将生态系统服务定义为人类直接或间接从生态系统中所获得有形的或无形的效益，这里的生态系统既包括自然生态系统，也包括人工改造的生态系统，并把生态系统服务功能划分为四个大类：供给、调节、文化和支持服务功能（见图 1-1）。

1.2.5.4　生态系统服务价值评估的国内外研究进展

有针对性地开展生态系统服务的评估，不仅能够让公众和管理者了解生态系统的结构和功能，洞悉生态系统服务供给的真实情况和变化趋势，还能建立起保护生态系统和科学利用生态系统服务的意识，从而为人类进一步合理地开发利用这些服务提供重要的科学依据和科学参考信息。

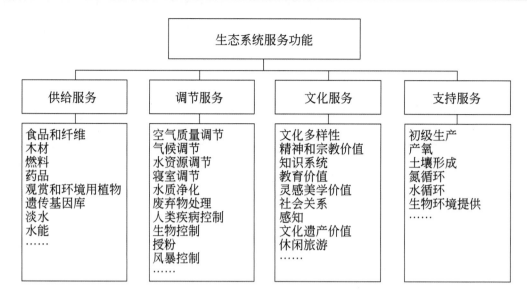

图 1-1　生态系统服务功能分类（MA 2005）

千年生态系统评估（The Millennium Ecosystem Assessment, MA）项目，是由前联合国秘书长安南于 2001 年 6 月宣布启动的一项为期 4 年（2001—2005 年）的国际合作项目。MA 2005 指该项目于 2005 年公布的报告文集。

　　20 世纪 90 年代末，国外学者开始对生态系统服务功能进行分类并开展评估指标体系的筛选研究。其中，Costanza 等（1997）将全球生态系统服务功能划分为气候调节等 17 类，并对其进行了价值评估；Daily（1997）则把全球生态系统服务功能划分为 5 类，11 个单项指标；千年生态系统评估工作是目前得到广泛认可并获得修订的工作，评估者把全球生态系统服务功能分为 5 类，具体有 20 项指标（MA 2005）。

　　20 世纪 90 年代末，国内部分学者也开始进行生态服务功能价值评估体系构建的系统研究工作。欧阳志云等（1999）用有机物生产等 6 项指标对我国陆地生态系统服务功能进行了评价；赵景柱等于 2003 年基于可持续发展综合国力对 13 个国家的生态系统服务价值进行了预算研究（赵景柱 等，2003）。部分学者则根据土地利用类型开始分类评估其生态系统服务价值，吴玲玲等于 2003 年对长江口湿地的生态系统服务价值进行了评估研究（吴玲玲 等，2003）；吴钢等对我国长白山地区的森林生态系统的服务功能价值进行了评估研究（吴钢，2001）；赵海凤等对青海省的草地生态系统服务功能价值进行了时空动态评估研究（赵苗苗 等，2017）。目前，更多关于生态系统服务价值的研究是将其应用在生态安全格局构建和优化，以及生态服务价值与社会经济协调发展等领域，荣月静等（2020）基

于生态系统服务价值对雄安新区生态网络格局的构建提出了生态建设策略。吴晓
（2019）基于绿色基础设施的生态系统服务对城市绿地景观格局优化进行了相关
研究。

但由于不同学者的认识和侧重点存在差异，加之生态系统自身结构、过程和
功能的复杂性及其时空格局的迅速变异，目前关于该评估体系的构建、评估指标
的选项、评估规范的认识等还存在较大争议（刘丽香 等，2017）。因此，关于生
态服务功能价值的评估仍有待进一步探讨。

1.2.5.5 城市化对生态系统服务价值的影响

在城市化进程中，经济的快速发展，社会结构的不断更新，即各种社会经济
因素的发展，人口的集聚，建设用地的不断增加，如人口、GDP、技术进步和土
地使用政策等，均会直接或间接地影响地区的生态系统的结构及其构建过程，从
而对生态系统服务功能产生巨大的影响（见图1-2），比如改变土地利用类型对生
物多样性、固碳还氧等功能产生影响。人口城市化主要通过人口数量的聚集和对
土地需求的增长等导致了生态系统服务功能的变化。

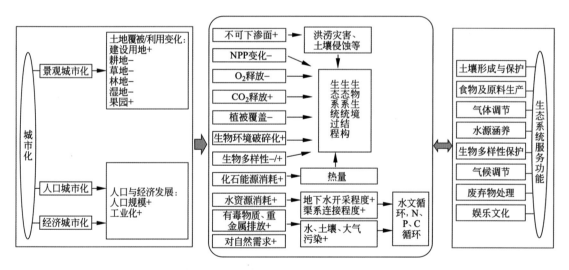

图 1-2　城市化对生态系统服务的影响机制（周忠学，2011）

"＋"表示增加或增强；"－"表示减少或减弱

许多学者的研究表明，城市化和生态系统服务供给之间存在着复杂的关系
（Xinqi et al., 2012，Saysel et al., 2002）。因此，探讨城市化对生态系统服务的影响
机制，识别出影响生态系统服务功能变化的关键因素及其驱动机制等成为目前

广大学者重点关注的热点问题。下面就已有学者关于城市化对生态系统服务城市化影响的相关研究进行综述。

（1）城市化背景下土地利用/覆盖变化对生态系统服务价值的影响

由于城市化所引起的土地利用/覆盖变化会导致温室气体的排放（Matteucci et al., 2009）、土地质量弱化（Su et al., 2011）、栖息地质量降低（Ng et al., 2011）等生态环境问题，为了研究城市化背景下，土地利用/覆盖变化对生态系统服务功能的影响机制，诸多学者开展了相关研究，如在佛山（冯荣光 等，2014）、杭州（Al et al., 2013）、天津（Xue et al., 2015）、长株潭城市群（欧阳晓 等，2020）和苏州（孙伟晔 等，2018）等地区都开展了相关研究，结果均表明城市化背景下，土地利用/覆盖变化对城市生态系统服务价值的影响呈现负作用。当然不是所有的土地利用/覆盖变化都会引起生态系统服务功能的下降，Sun 等（2018）在研究美国亚特兰大城区生态系统服务时空变化时，发现越接近道路和建筑用地区域，生态系统的文化服务功能越高。以上研究表明城市化所引起的土地利用/覆盖变化会通过不同的方式，影响不同生态系统的服务功能产生变化，如果想实现科学的城市规划管理，一方面需要研究者为决策制定者提供更加完整的信息，另一方面则需要政策制定者综合考虑这些影响机制。

（2）社会经济发展对生态系统服务价值的影响

通过关于社会经济城市化对生态系统服务价值的影响的研究发现，研究趋势已由最初主要通过相关性分析来研究人口数、GDP 等与城市化水平之间的相关性，逐步发展到采用地理加权的方法进行相关研究。如姚成胜等（2009）分析了福建省的人口城市化、GDP 等指标与生态系统服务价值的相关性，发现这些因子均与生态系统服务价值呈现负相关。Su 等（2014）采用地理加权模型研究了 GDP 和总人口数对上海周边地区生态系统服务价值影响机制；唐秀美等（2016）采用地理加权模型研究了人口、人均 GDP、绿化率、第三产业比重和城市化率等对北京市不同地区生态系统服务价值的影响，发现这些因素对生态系统服务的影响存在空间异质效应。目前关于城市化对生态系统服务价值的时空异质性的影响研究还有待进一步丰富。

（3）城市化与生态系统服务的复杂关系研究

城市化对生态系统服务的影响呈现动态非线性的关系，并不是简单的线性关系，为了研究城市化与生态系统服务之间的复杂关系，学者们构建了相关的系统模型。目前被广大学者使用的模型主要是马尔可夫链模型和系统动力学模型，用以解决两者之间的复杂关系。马尔可夫链模型能够较好地模拟土地利用变化的速度。Sun 等（2018）构建了一个 Markov-logistic-CA 模型，预测了美国亚特兰大城区在不同土地情景下的生态系统服务变化。而系统动力学模型则能够较好地模拟城市人口增长、经济发展与生态系统服务价值的关系，Wu 等（2015a）采用系统动力学（system dynamics, SD）方法研究了上海宝山区城市化与生态系统服务之间的相互作用关系。

综上，可以看到城市化与生态系统服务功能价值是两个复杂的动态系统，两者相互促进同时相互抑制。城市化主要通过城市扩张和社会经济因素变化影响着地区的生态系统服务功能价值的变化，地区生态服务功能价值及其生态质量同时也决定着城市化强度和进程能否进一步持续发展。这说明简单地分析两者之间的相关关系不足以解释两者之间的动态关系。因此，定量化分析城市化对生态系统服务的时空异质性影响还有待进一步深入，从而更好地为政策的制定提供科学依据。

▶ 1.2.6　生态空间评价

生态空间是一个复杂的社会、经济、自然因素综合作用的土地利用空间。生态空间评价，是进行生态管理和修复的前提和基础（俞孔坚 等，2009b；欧阳志云 等，2015；陈永林 等，2018）。目前对于生态空间的评价与管理主要包括重要生态空间的识别、生态系统服务评价、生态系统健康评价、生态风险评价（张志强 等，2001；陈利顶 等，2003；赵军 等，2007；李锋 等，2011；杜震 等，2013；周锐 等，2015；李广东 等，2016）。

重要生态空间辨识主要是指结合区域内的生态承载力和开发适宜性，开展生态功能重要性评价、生态环境敏感性评价、生态系统服务评价，确定水源涵养、水土保持、生物多样性保护等生态功能极重要区域及水土流失、土壤风蚀等极敏感区域，以及结合重点生态功能区、生物多样性保护优先区等生态保护重要区域，识别区域重要生态空间（谢花林 等，2011；万军 等，2015；周锐 等，2015）。战明松等（2019）基于生态环境要素和保护需要构建了生态敏感性评价指标体系，以便制定景区空间规划。高昌源等（2020）建立了生态系统保护、人类影响、生物多样性保护分区 3 个准则层，确定了辽宁西部和东部生物多样性保护优先区。

田浩等（2021）从生态系统服务功能的重要性和敏感性两方面识别和辨识了天山北坡经济带的关键性生态空间。随着国土空间规划的兴起，对于生态空间重要节点与生态廊道的研究也得到较大的发展，主要利用基于生态过程最小阻力网络识别模型和基于网络分析模型的多情景识别方法对生态空间进行网络识别（刘孝富 等，2010；黄浦江，2014）。例如：徐威杰等（2018）利用最小累积阻力模型构建独流减河流域生态廊道，识别生态节点与生态断裂点，并对其空间结构进行定量化分析。梁艳艳等（2020）以西安市为例，运用景观格局指数和形态学空间分析等方法构建了生态网络，并利用重力模型评价了网络结构并提出优化策略。于成龙等（2021）运用最小累积阻力模型划分缓冲区、识别生态廊道和生态战略节点，从而构建东北地区生态安全格局。

通过生态系统服务评价，可以揭示外界胁迫对生态空间发挥服务的影响，以及不同生态系统服务之间的相互作用（刘绿怡 等，2018）。目前对于生态系统服务评价的内容主要包含综合评价和单项评价。综合评价是评价生态空间内各生态类型的自然、经济与社会文化服务等多维价值，包括直接利用价值和间接利用价值（欧阳志云 等，1999；谢高地 等，2008）。如：宋昌素等（2019）提出面向生态效益评价的 GEP 核算框架，评价计算了青海省 2015 年的生态系统服务价值。邓元杰等（2020）研究发现，退耕还林还草工程使陕北地区生态系统服务价值得到了显著提升。单项评价中，主要集中于生物多样性保护、气候调节、水源涵养、水质净化等单一服务评价（Arnfield, 2003；Mansell et al., 2009；Hamada et al., 2013；Friesen et al., 2017；Huang et al., 2018；Jeswani et al., 2018）。王姝等（2015）研究了生态修复背景下陕甘宁地区退耕还林还草工程植被固碳释氧量，量化植被固碳释氧价值。赵欣等（2020）以丰林国家级自然保护区为研究对象，对森林型自然保护区生物多样性的保护价值进行评价，生物多样性保护价值是森林型自然保护区价值的重要组成部分。

生态系统健康是指一个生态系统所具有的稳定性和可持续性，即在时间上具有维持其组织结构、自我调节和对胁迫的恢复能力（马克明 等，2001；彭建 等，2007）。目前应用广泛的主要是指标体系法，指标体系法根据生态系统状态、特性及其生态效益筛选评价指标，进行定量评价。研究集中于由联合国经济合作开发署建立的反映可持续发展机理的压力-状态-响应（press-state-response，PSR）模型，进行生态系统健康评价。该模型从社会经济与环境有机统一的观点出发，反映了生态系统健康的自然、经济和社会因素之间的关系。如：张晓琴等（2010）基于 PSR 模型构建了城市生态系统健康的指标体系；雷金睿等（2020）利用 PSR 模型构建了湿地生态系统健康评价指标体系；刘思怡等（2020）利用 PSR 模型评价了草地的健康现状，结合流域草地生态系统生态环境健康变化趋势和现状，完成了草地生态系统环境健康诊断。"活力-组织力-恢复力"的评价框架也得到广泛的应用及发展（肖风劲 等，2004；彭建 等，2007；沙宏杰 等，2018；朱捷缘 等，2018）。活力表示生态系统的初级生产力；组织结构是各类生态系统相互作用的多样性及数量表征；弹性也称恢复力，是指系统在外界压力下维持自身结构和功能稳定的能力（Peng et al.，2007）。指标选取涉及社会、经济、自然等因子，既要综合衡量生态系统自身的健康，又要反映生态系统是否满足人类的需要，即通过生态系统结构与功能的完整性保障生态系统服务功能的持续供给，更好地发挥其生态服务功能，促进人类的生产与可持续发展。生态系统服务功能和人群健康状况的评价也加入模型评价中。陈克龙等（2010）选择系统活力、组织力、恢复力、生态服务功能和人群健康状况构建城市健康评价指标体系；袁毛宁等（2019）以"活力-组织力-恢复力-贡献力"为评价框架，构建城市生态系统健康评价指标体系；燕守广等（2020）以活力、组织结构、恢复力、生态系统服务与人类胁迫等 5 个层面，构建生态保护红线的生态系统健康评价模型。

生态风险是指生态系统受到外界胁迫下，其自身特性及发挥的服务，目前和将来发生改变和降低的可能性（付在毅 等，2001；陈辉 等，2006；阳文锐 等，2007；颜磊 等，2010）。生态风险评价是评价负生态效应可能发生或正在发生的可能性，而这种可能性归结于受体暴露在单个或多个胁迫因子下的结果。对于区域生态风险评价，其重点是评价人类活动对生态环境的胁迫效应，加大生态风险的可能性（蒙吉军 等，2009）。罗孝俊等（2006）分析了珠江三角洲地区水体表层沉积物中多环芳烃的变化并对其进行生态风险评价；韦壮绵等（2020）分析了土壤重金属元素的总量和赋存形态特征，并运用 3 类评价方法对研究区土壤的重金属污染进行风险评价。随着区域生态学的发展，对生态风险的评价集中在景观生态风险评价，聚焦于对生态系统结构、功能和过程的影响及对景观不利的生态效应（彭建 等，2015）。景观生态风险评价是指以生态景观的特性、景观格局，以及景观空间变化规律为评价因子，分析其在外力胁迫下，内部景观组分、结构、功能和过程发生风险的可能性，识别内部风险源，对生态景观本身进行风险判定或预测。胡云锋等（2020）基于景观生态风险评价基本范式，明确了城市景观生态服务价值的测算方法，分析了引起生态损害的自然因素和人类活动因素，形成了城市景观生态风险评价的技术框架和参数体系。王洁等（2020）构建了基于景观格局和景观脆弱度的生态风险指数，开展了青藏高原生态风险评价研究，分析了景观生态风险的时空特征。

▶ 1.2.7　生态空间分区

生态空间分区管控对于提升区域生态系统服务，构建生态安全格局进而促进区域可持续发展具有重要意义（张琨 等，2016；王甫园 等，2017；高吉喜 等，2020）。尤其城镇化正快速改变区域城乡空间格局，以中心城市引领城市群发展、城市群带动区域发展的区域一体化格局正在形成和发展之中，生态空间的分区和有效管控显得迫切而重要。然而，随着城镇发展与生态空间耦合过程中存在的矛盾与问题进一步地加大（Zhou et al.，2016；Zhang et al.，2017；Zhang et al.，2018），不合理城镇化对于生态空间的侵占和胁迫逐渐加强，城镇、农业、自然生态结构性矛盾凸显，降低了区域生态系统服务供需平衡，导致人居环境质量的降低和生态风险的增加（Kang et al.，2018；刘春艳 等，2018；Hu et al.，2019；Chen et al.，2020）。

随着中国生态文明理念的贯彻和执行，对于生态空间的管控日趋重要，为此中国相继出台了多条生态空间管控的政策和意见，如：《全国主体功能区规划》在全国尺度将中国国土空间分为优化开发区域、重点开发区域、限制开发区域和禁止开发区域；《全国国土规划纲要（2016—2030）》进一步要求明确保护主题，实行分类分级保护，切实加强环境分区管治，促进形成国土全域分类分级保护格局；《国家重点生态功能保护区规划纲要》在区域尺度提出有选择地划定一定面积予以重点保护和限制开发建设。生态分区是国土空间保护、修复、高质量开发的重要手段，是优化国土空间开发格局和维护国土安全的具体实践，是保障区域协调发展、提升人类福祉的迫切需求（Fu et al.，2004；许开鹏 等，2017）。

实施区域协调发展战略是新时代国家重大战略之一，亟待从区域角度开展生态空间分区，以便加强生态空间管控的实效性，解决区域生态产品和服务的供需矛盾。目前中国已全面建立和完善生态保护红线制度，同时对环境各要素（大气、水、海洋、水土流失等）实行分区管理，为环境保护与生态建设提供科学依据（王金南 等，2014；蒋洪强 等，2019；王成新 等，2019）。但目前在生态空间分区的研究中，针对生态空间分区的理论研究、分区方法及管控研究都相对薄弱，且不同生态空间分区因用途不同，研究方法差别很大。如：针对单一生态要素的生态管理分区（马安青等，2007；周丰 等，2007；彭建 等，2017a；Pukkala，2018）；针对不同空间尺度的综合生态分区（梁宇哲 等，2019；赵万奎 等，2019；成超男 等，2020）；针对单一用途管制的分区（丹宇卓 等，2020；梁鑫源 等，2020；刘春芳 等，2020）。生态空间分区的复杂性和多样性造成生态管控政策和目标的不一致，使生态管理不完善、技术方法不规范（蒋洪强 等，2019）。因此，构建科学合理的生态空间分区体系，对区域生态空间实施分级分类保护、修复和高质量开发，可充分提升有限的国土开发空间的利用效率，腾出更多空间，实现更大范围、更高水平的生态空间保护，为区域生态安全格局的构建提供决策依据，健全国土空间用途管理制度，是新时代生态文明建设的重要内容。

基于生态功能的生态分区，以生态空间生态压力及服务功能为主导。生态功能是评价生态空间的重要基础，不仅表征维持人类生存的一切物质和能量，还对人居环境质量、区域生态空间格局、城镇可持续发展具有重要意义（傅伯杰 等，2009；彭建 等，2017b；景永才 等，2018）。从单一的生态功能引入社会学、经济学的理念，考虑区域生态功能和社会经济特点，傅伯杰等（2001）以可持续发展为目标，以社会-经济-自然复合生态系统理论对地域进行逐级划分或合并，编制了中国生态分区方案。刘国华等（2000）进一步考虑各生态系统的形成、结构和功能及其与气候等因素的关系，揭示其区域分异规律。在此基础上，基于不同研究尺度的生态功能分区逐渐成为研究热点，研究涉及景观尺度、市县尺度、城市群尺度、流域尺度（贾良清 等，2005；Kang et al.，2018；马冰然 等，2019；祁琼 等，2020；王丽霞 等，2020）。评价指标也由单一生态要素综合为生态敏感性、生态重要性、生态系统服务等表征生态功能的指标体系（曹小娟 等，2006；赵其国 等，2007；李东梅 等，2010；张晶 等，2010；李慧蕾 等，2017；Liu et al.，2018）。《全国生态功能区划》根据区域生态系统格局、生态环境敏感性与生态系统服务功能空间分异规律，以区域生态空间的服务特征和风险特征差异将区域划分成不同生态功能的地区。虽然在分区中体现人居保障功能，但由于对生态空间服务过程和传输机制的考虑不足，忽视了区域时空尺度生态系统服务的权衡与协同关系的变化，对不同生态系统服务间的具体相互作用关系缺少统一的评判，且区域尺度忽视了服务的流通性，造成部分区域供需与实际差异较大，使得区域生态空间的评价具有较大不确定性（孙然好 等，2018；高吉喜 等，2020）。近年来，以生态系统服务供需关系为主线研究生态功能分区、探索区域生态安全格局构建已成为热点（吴平 等，2018；管青春 等，2019；贺祥 等，2020；荣月静 等，2020）。生态系统服务权衡理论立足于居民需求，为生态空间分区的政策应用性和实际指导性提供了条件。但这需要考虑生态系统服务的耦合关系和传输机制，有效识别和分类维持区域可持续发展的不同用途生态空间，并构建能以最小的面积最大限度地规避生态供需矛盾、保障区域生态安全的空间格局。

基于环境功能的生态分区，以生态空间生态质量及外在环境特征为主导。环境功能指国土空间内生态空间所提供服务的外在表现形式，提供人类生存，满足社会发展的能力，主要指与城乡物质代谢密切相关的水环境、土环境、气环境等（王金南 等，2014）。环境功能分区是按照国家主体功能定位，科学评价区域生态环境的外在特征、服务功能的分异规律和演化特征，筛选并确定区域的主体环境功能，对国土空间进行分类管控（阳平坚 等，2007；张惠远，2009；王金南 等，2013）。首先开展了基于单一要素环境功能分区的研究（张丽君 等，2005；陈亢利 等，2006；周丰 等，2007；黄艺 等，2009；贾琳 等，2015），继而《声环境功能区划分技术规范》《环境空气质量功能区划分原则与技术方法》等国家环境功能分区标准发布，并在各省市国土空间规划和生态环境保护专项规划中得到了实践应用。随着城镇化发展和城市群的成熟，单一环境要素难以满足区域尺度分区需求，尤其缺少对区域社会经济发展与环境保护的综合考虑，导致环境功能分区的衔接性、可接受性较差，难以满足国土空间规划的需要（Fang et al., 2008；王成新 等，2019；Xu et al., 2020；陆海 等，2020）。王金南等（2014）从社会-经济-自然复合生态系统的角度，基于环境功能评价和主导因素法，综合自然生态安全、人群健康维护、区域环境支撑构建了环境功能分区技术体系。随着国土空间规划的发展，生态环境部进一步提出"三线一单"空间区划形式，以生态保护红线、环境质量底线、资源利用上线为基础，匹配行政边界，划定环境管控单元，编制环境准入负面清单，构建环境分区管控体系，如：《四川省生态环境分区管控方案》明确提出，在总体生态环境管控要求的基础上，根据区域特征、发展定位和突出生态环境问题，明确各区域差别化的总体生态环境管控要求，划定优先保护单元、重点管控单元、一般管控单元。"三线一单"空间区划统筹区域生态、环境、资源，建立了全域覆盖的生态环境分区体系（王晓 等，2020），但由于数据的不完备性和评价主体的差异，造成评价单元具有差异性，以行政单元为基本单元的分区虽然方便环境管理政策的实施，但忽视了区域生态系统的连续性和连通性，造成其他生态风险的增加，且评价指标体系是否适合区域生态环境特征，是否满足居民的需求还需进一步研究。

生态空间分区是以生态空间提供生态系统服务，维系生态安全为基础，依据社会-经济-自然复合生态系统理论，统筹社会生态、经济生态、自然生态，从区域角度以山水林田湖草生命共同体理念来综合辨识分类生态空间，将各类生态空间聚类整合，形成区域综合体，进而进行生态空间保护、修复和高质量开发建设的区域或类型划分研究。目前将国土空间划分为城镇空间、农业空间和生态空间。生态空间单指自然生态空间，指以提供生态系统服务或生态产品为主导功能，为生态、经济和社会长远发展提供重要支撑的空间范围。然而城镇空间、农业空间也包含一定面积的绿地、湿地、草地等自然或人工生态空间，对维护区域环境和人类健康具有重要意义（Liu et al., 2017b; Markevych et al., 2017; Belmeziti et al., 2018），该区域也应该属于生态空间。农田同样发挥着重要的生态系统服务价值，与森林和草地相比，农田的直接服务价值所占比重远远高于森林和草地（谢高地等, 2003; 孙新章 等, 2007）。因此区域角度的生态空间分区应是独立于城镇建成区外，对自然、人工、半人工生态空间统一评价分类，而不仅仅是自然生态空间。区域尺度生态空间分区要以山水林田湖草生命共同体的理念进行综合评价，统筹考虑区域综合体的结构、过程、生态质量以及生态系统服务供需关系。随着城镇化的发展，人口、经济与生态建设、保护和修复的关系逐渐改变（Kalnay et al., 2003; DeFries et al., 2017），因此现阶段的生态空间分区在强调生态空间的特性和服务的基础上，还应注重决策者、一般居民及其他利益相关者对生态空间的要求和对生态空间与城镇发展关系的看法。生态空间分区统筹考虑现有生态分区评价标准和分类标准，基于政策目标和居民需求，识别现阶段生态空间需要提升及完善的方面，按照生态空间的生态过程和生态功能进行分区管控，满足人类所期望的生态系统状态，支撑区域可持续发展和生态文明建设。

▶ 1.2.8　国土空间修复

国土空间修复是按照山水林田湖生命共同体的理念对生态空间进行的评价和修复，需要识别区域生态系统结构和功能受损退化，确定生态环境质量降低、生态风险高、生态系统服务降低的区域（宫清华 等，2020）。国土空间重点修复区的辨识是亟待开展研究及完善的生态评价中重要的一环，是以新的视角将生态学与政策制定、城市规划相结合的新领域。通过国土空间重点修复区的辨识及治理能够科学地构建区域生态安全格局，优化生态安全屏障体系，加强生态基础设施建设，提升生态系统质量和稳定性，提高区域生态空间的生态承载力。目前，对于国土空间重点修复区辨识的研究仍处于起步阶段，主要包括构建生态安全格局、基于生态系统服务供需关系、建立综合指标体系（丹宇卓 等，2020）。方莹等（2020）利用生态环境质量模型、生态环境风险评价模型、粒度反推法、最小累积阻力模型和电路理论，通过构建区域生态安全格局，识别和确定了研究区域的国土空间生态保护修复关键区域。谢余初等（2020）在测算和分析生态系统服务供给量和需求量基础上，利用象限匹配法、双变量局部空间自相关和供需协调度来定量分析生态系统服务供需匹配关系、空间聚集程度和协调关联性，进而探讨和划分广西国土生态修复的空间分区及其管控措施与建议。刘春芳等（2020）将生态系统服务供需分析与国土空间生态修复分区结合起来，探索基于生态系统服务供需匹配程度差异的西北生态脆弱区省域国土空间生态修复分区思路与方法。丹宇卓 等（2020）基于"退化压力-供给状态-修复潜力"框架，系统评价了珠江三角洲生态系统的压力、状态与潜力，开展国土空间生态修复分区。

生态修复是指对退化或被破坏的生态系统进行修复，使其复原到以前的状态或尽可能恢复到接近以前的状态（袁兴中 等，2020）。随着区域生态学和城市生态学的发展，生态修复已扩展到国土空间规划中，从单一类型生态修复转向区域综合体，强调山水林田湖草生命共同体一体化修复。生态空间修复与传统生态修复在内涵、性质、研究对象和修复重点等方面都产生了根本区别（宫清华 等，2020）。国土空间修复是在不同空间尺度范围内，强调人与自然的互动关系，为实现国土空间格局优化、生态系统稳定、功能提升的目标，按照"山水林田湖草生命共同体"的理念，通过提升生态系统服务，优化区域生态空间结构，重建可持续发展的生态系统。国土空间修复的目的是实现可持续发展和人类福祉的提升，基于社会经济手段，通过改善生态系统的结构及人地关系，提高其生态承载能力，实现生态-经济的良性循环（彭建 等，2020）。国土空间修复体现了人在生态空间的高度融合性，不仅应考虑生态要素的特性，还应考虑社会、经济因素的空间格局，在人与自然之间建立高效的动态协同关系。

▶ 1.2.9　土地利用与覆被变化

土地利用/覆被变化是人与自然交互作用的最直接体现之一，影响着生态系统服务的格局与功能等。由于遥感影像的普及，土地利用与覆被变化的研究通常采用遥感数据进行土地资源管理规划与生态环境变化的监测。遥感技术具有真实记录、实时监测、准确高效地获取土地资源类型的变化信息等特点，常见的遥感影像类型包括实时 NOAAVHRR、QuickBird、SPOT 与 Landsat 等。对于遥感影像来说，不同分辨率的遥感影像应用范围一般不同：高分辨率的遥感影像常用于小尺度地区的精细化信息收集，中低分辨率的影像数据常用于覆盖范围广甚至全球范围的信息收集（樊风雷，2007；黎夏 等，1997；Coppin et al.，1994；Bagan et al.，2012；Sleeter et al.，2013；Coulter et al.，2016）。当前遥感影像的解译方式主要包含人工目视解译与自动影像解译，其中自动影像解译需要通过对训练样本进行监督学习，在样本空间产生合适的区分函数，并采用形成的分类器或结构参数对待识别目标进行分类，得到最终的识别结果。随着遥感影像自动解译技术的发展（Rodriguez-Galiano et al.，2012；陈秋晓 等，2004；Chen et al.，2017；Lu et al.，2007；Gome et al.，2016；王修信 等，2013），通用型遥感影像技术已广泛用于土地利用与覆被变化的研究，成为生态环境研究的重要工具。

▶ 1.2.10　区域生态环境质量评价

生态环境是维持人类社会稳定发展的重要物质基础。生态环境质量评价是一项以生态学理论为基础的系统性研究工作，其主要是对生态环境质量的优劣和可持续发展的能力进行评估，对生态环境保护具有重要的指导意义，也为资源开发、社会发展与政策制定等方面提供重要的科学依据（中国环境监测总站，2004）。

美国于 1970 年制定了《国家环境政策法（NEPA）》，这是最早致力于保护环境的国家法律之一，首次提出环境影响评价的方法（蔡玉梅 等，2005）。随后其他国家也陆续学习这一概念并结合本国自然、经济、社会等特点进行改进和完善，发布了相应的法规和指导意见。因此，如何科学高效地评估生态环境质量成为全世界学者研究的热点。

为了更好地贯彻《中华人民共和国环境保护法》，国家环境保护总局颁布了《生态环境评价技术规范》，重申了我国需要加强生态环境保护，加强我国生态环境状况及变化趋势等方面的评价研究。该标准规定了生态环境状况评价指标体系和各指标的计算方法，适用于评价县域、省域和生态区的生态环境状况及变化趋势。我国目前对环境的保护政策就已经明确指出了无论是新建工程还是改建工程都需要提出环境影响评价报告书，并且必须经过我国环境保护部门和相关单位的审批之后才可以开始设计。

随着 RS 技术和 GIS 技术的发展，关于生态环境质量的监测与评价方法越来越丰富。RS 技术凭借其获取信息时序短、监测区域范围大的优势在生态环境领域得到了广泛的应用，GIS 有强大的空间分析功能（Boyd et al., 2011；李坤阳 等，2016），许多学者将 RS 与 GIS 的优势互相结合，借助空间统计分析的数理方法可以便捷且有效地进行区域生态环境质量的动态评价，解决了过去依靠仪器实地考察和人工检测，耗时长、成本高且易受人为因素干扰等问题（朱燕 等，2019），实现了多时空尺度研究（李晟 等，2020；马义娟 等，2012；Travers-Trolet et al., 2013；Liang et al., 2011）。

完成生态环境质量评价一般需要两步：首先是选择评价指标，其次是确定指标权重。选择的评价指标应该满足代表性、全面性、结合性、简明性、方便性和适用性（Han-Shen，2015）。赵国强等（2018）以吉林省为例，选取了包含山、水、林、田、气 5 个方面的生态指标进行了生态环境质量评价。王永瑜等选取气候、植被、水环境、土壤和污染负荷等生态因子作为要素层，构建了评价甘肃省生态质量状况的综合指标体系（邵波 等，2005）。

现对指标权重的确定方法做如下综述：确定指标权重的方法主要包括客观赋权法和主观赋权法。客观赋权法是指不受人为因素影响，数学理论依据强，主要通过指标的重要程度来确定权重，对不同研究区域评价结果适应性好。常用的客观赋权方法有主成分分析法、熵权法、人工神经网络评价法、灰色关联度分析法等（刘耀彬 等，2005）。而主观赋权法是指确定指标权重主要依靠学者的实践经验和主观判断，常用的主观赋权法有德尔菲法、层次分析法（analytic hierarchy process, AHP）、综合指数法等。主观赋权法由于受到主观因素的影响，评价结果较为粗糙。该方法主要适用于难以定量评估的多层次、多目标的综合区域。

目前，国内外学术界关于土地利用变化的生态系统质量评价的研究从最开始集中于土地利用变化对气候、水文、土壤等生态环境单一要素的影响发展到了对区域整体生态环境的影响（Prenzel，2004；张杨 等，2011；李晓文 等，2003，2003a）。如全金辉等（2019）研究了土地利用变化对全氮储量的影响；姜雨青等用统计学方法分析了我国西北干旱区归一化植被指数的时空变化特征（姜雨青 等，2018）。研究范围也开始从经济落后地区逐步拓展到发达地区（李晓文 等，2003；邓伟 等，2010），如杨述河等对北方农牧交错带土地利用变化的生态环境效应进行了研究（杨述河 等，2004）；尹占娥等对上海浦东新区土地利用变化特点及其生态环境效应开展了研究（尹占娥 等，2007）；张扬等运用生态环境质量指数和生态贡献率指数对武汉市的生态环境效应进行了分析与评价（张杨 等，2011）；叶晶萍等运用遥感生态指数（remote sensing ecological index, RSEI）对寻乌水流域1995—2015年期间生态环境质量的时空演变进行了评价（叶晶萍 等，2020）；杨清可等通过土地利用转型的生态贡献率等方法，定量分析了长江三角洲核心地区土地利用转型、时空格局特征与生态环境效应（杨清可 等，2018）；杨江燕等对雄安新区进行了详细检测评估（杨江燕 等，2019）。研究尺度主要集中在单一城市（吴健生 等，2014），逐渐向经济发达的城市群区域尺度的研究发展（赵成 等，2016；杨清可 等，2018），相对来说，城市群尺度的生态系统质量评价案例较少（潘竟虎 等，2016）。除此之外，目前尚未形成统一的生态系统质量评价体系，研究者采用不同的指标对生态系统质量进行评价（宋慧敏 等，2016；许洛源 等，2011；朱永恒 等，2007；李丽纯 等，2007）。由于土地利用变化引起的生态环境效应的累积性，关于区域状况的复杂性和研究方法的准确度等因素，有待进一步深入探讨（袁悦 等，2019；于兴修 等，2004；杜习乐 等，2011）。

▶ 1.2.11 城市湿地时空格局特征

城市是人类影响和改造自然环境的程度最深的地方，它是多因素综合作用下，社会生产力发展到一定阶段的产物，是社会进步和人类文明的最集中体现。人类自古以来依水而居，湿地是城市重要的生态空间，世界上的名城古都大多与湿地密切相关，依托河、湖湿地建市是一条普遍规律。人类依托自然湿地资源，逐步推进城市化进程，将自身的发展和自然环境相互融合，形成自然、社会、经济等多位一体的城市湿地生态系统。

湿地的研究方法主要概括为空间统计、矩阵转移、景观格局指数和元胞自动机的模拟等（Wang et al., 2008；于欢 等，2010；周德民 等，2007）；研究对象主要是沿海湿地、湖泊、平原湿地等（Kelly, 2001；Procopio et al., 2008；Rooney et al., 2012；蒋卫国 等，2005），研究尺度主要集中在空间和时间异质性两个方面

（白军红 等，2005）。Munyati（2000）借助 GIS 技术与 RS 技术对 Kafue Flats 泛滥平原湿地进行动态监测；王茜等（于泉洲 等，2013；王茜 等，2006）基于 RS 技术与 GIS 技术对南四湖、洪湖等湖泊湿地的景观格局演变进行了研究；白军红等（宗秀影 等，2009，白军红 等，2008；赵锐锋 等，2006）对黄河三角洲、若尔盖高原高寒 湿地及塔里木河中下游湿地等进行了景观格局变化分析；Zhang 等（2011）对北京湿地的景观格局变化及驱动力进行了定量分析。目前的研究多集中在中小尺度的自然湿地，缺少对城市化快速发展的区域尺度湿地的研究（丁圣彦 等，2004）。随着 GIS 技术在景观格局研究中的应用，城市湿地生态系统的宏观监测和驱动力分析成为目前研究的热点之一（吕金霞，2018；Torma et al.，2013；Zhang et al.，2011；许吉仁 等，2013）。

1.2.11.1　城市湿地的定义

自 20 世纪 60 年代开始，随着对湿地广泛而深入的研究，人们才开始关注城市湿地，并将其生态功能与城市的功能结合起来考虑（Zedler et al.，2005）。面对全球快速的城市化进程带来的众多严峻的城市问题，人们逐渐意识到对城市湿地进行保护与管理的重要性与紧迫性，由此对城市湿地的定义和概念进行了相关研究。

1）国外关于城市湿地的定义

2008 年，《湿地公约》在其 27 号决议"湿地与城市化"中，明确提出了城市湿地（urban wetland）及城市边缘湿地（peri-urban wetalnd）的概念，指出城市湿地是指"位于城市（城镇）范围内的湿地"；城市边缘湿地则是指"位于与城市毗邻的城郊及乡村的湿地"。Hettiarachchi 等则强调了城市湿地是指"位于以人类为主导作用的景观之中的湿地类型"。

2）国内关于城市湿地的定义

鉴于目前国内快速的城市化进程，城市湿地同样引起了国内学者的广泛关注，并对其定义和概念进行了广泛研究。殷康前等（1998）认为城市湿地随着城市基础设施的增加，其生态属性已发生根本性变化，进而形成与自然湿地截然不同的生态系统类型。孙广友等（2004）、朱莹等（2004）根据城市湿地的分布范围，将城市湿地定义为分布于城市（镇），或城市近郊范围的湿地生态系统。王海霞等（2006）认为，城市湿地是城市生态系统的重要组成部分，指出城市湿地是以自然景观为主的城市公共开放空间，并且进一步指出城市湿地是指分布于城市核心区和近郊区域，与城市的形成和发展过程息息相关，为实现城市生态建设目标提供安全保障的各类湿地生态系统。王建华等（2007）认为，城市湿地是指城市区域之内的海岸与河口、河岸、浅水湖沼、水源保护区、自然和人工池塘以及污水处理厂等具有水陆过渡性质的生态系统类型。吴丰林等（2007）认为城市湿地是分布于城市（镇），受城市影响，在生态景观格局与生态系统服务功能价值等方面明显不同于自然湿地。汤坚等（2011）认为，城市湿地是泛指城市内及其邻近区域的湿地，可能包括所有湿地类型，常见的有河流、湖泊、水库、池塘、沼泽、水稻田和滨海湿地等类型。

综合国内外学者对城市湿地的定义，可以看出它们主要具有以下几个方面的特点：①均强调了城市湿地所处的具体位置，是指分布于城市及其周边区域内的湿地；②有些指出了城市湿地所包括的湿地类型，包括自然湿地、半自然半人工湿地、人工湿地等；有些强调了城市湿地的主要生态系统服务与自然湿地的差别；③还有些则着重强调了城市湿地本身的湿地生态系统属性，并指出了其应该包含的具体生物及非生物等生态要素。

通过总结国内外已有的对于城市湿地定义的描述及对于城市湿地的认识，城市湿地应该从以下几个方面进行全面、系统的定义：①城市是属于行政管理的地域划分；②认识城市的理论基础属于系统生态学；③城市湿地属于城市复合生态系统的重要组成部分；④城市湿地明显受人类意志的支配和干扰；⑤城市湿地本身属于湿地生态系统，故而其不仅具有独特的结构和功能，还具有重要的、特殊的生态系统功能和服务。因此，我们定义城市湿地为构成城市复合生态系统的重要组分之一，位于城市地域或毗邻城市地域范围，与城市复合生态系统其他组分具有密切的联系，并具有独特的生态系统结构、功能及服务特征的湿地生态系统类型，其类型具有多样化的特点。

1.2.11.2　城市湿地的特点

城市湿地作为融合自然、人文等多重因素的湿地生态系统类型，与自然湿地相比，有着独特的生态系统结构与组成、功能及服务特征。其特征主要表现在如下两个方面：

1）生态系统结构及组成

由于受到人类意志的支配及人类活动的强烈干扰，城市湿地在其生态系统结构及组成上与自然湿地相比差异较大。在形态特征上主要表现为面积较小，通常呈现孤立分散的孤岛式相对闭合的空间环境；在景观结构特征上主要表现为景观破碎化、斑块化较为严重，景观连通性、多样性及均匀度等较低（孔春芳 等，2012，李玉凤 等，2010）；在水文特征上主要表现为水文波动较小，水体营养水平较高等（谢长永 等，2011）；在土壤特征上，有研究表明，城市湿地土壤氮磷营养水平、pH 值、电导率均要显著高于附近的自然湿地（陈如海 等，2010）；在生物组成上，城市湿地通常呈现较低的物种丰富度和物种多样性，但又呈现较高的外来入侵物种比例（Magee et al., 1999；Ehrenfeld, 2008；Larson et al., 2016）。另外，城市湿地在生态系统类型的组成上，也呈现出多样化的特征，包括残留的自然湿地生态系统、经人工规划和改造后的半人工-半自然型生态系统，以及人工构建的人工湿地生态系统等。

2）生态系统服务功能及价值

生态系统结构和组成是提供生态系统功能与服务的基础（欧阳志云 等，2009；Fu et al., 2013），城市湿地在其生态系统结构及组成上与自然湿地相比有明显不同，因此其功能与服务与自然湿地相比也表现出显著差异。有研究表明，由于营养、水文及生物组成等的差异，城市湿地与自然湿地相比，呈现较低的硝化速率和净氮矿化速率（Stander et al., 2009；Larson et al., 2016）。同时，也有研究表明，随着自然湿地在城市化进程中逐渐演化为城市湿地，其水文、化学及生物学特征均发生了显著改变，进而导致其重要的生态系统功能——凋落物分解过程，也发生显著改变。在生态系统服务上，相比于自然湿地，城市湿地物质提供类服务趋向于弱化；相反，由于城市居民对精神文明的需求日益增加，城市湿地恰好可以成为传递精神文明的良好载体，因而其文化类服务要显著强于自然湿地（Ehrenfeld, 2000；肖思思 等，2012）。

城市湿地是城市复合生态系统的重要组成部分（王如松 等，2012），对保障城市生态安全，维护城市生态健康，促进城市可持续发展发挥着重要的作用（董鸣 等，2013），有着极高的生态价值。生态系统服务功能价值主要是指生态系统通过其过程和功能提供给人类的各种惠益（Loomes et al., 1997；Groot et al., 2002；Forests, 2005）。因此，城市湿地的功能和价值主要体现在其生态系统服务上，表现为服务功能。根据千年生态系统价值评估（The Millennium Ecosystem Assessment, MA）项目对生态系统服务（功能）的类型划分（MA 2005），亦可将城市湿地的主要功能（服务）也划分为提供、调节、支持、文化四大类；其价值则可根据联合国环境规划署（United Nations Environment Programme, UNEP）在生态系统和生物多样性经济学（The Economics of Ecosystems and Biodiversity，TEEB）对生态系统服务（功能）价值的划分（Kumar, 2011），主要分为使用价值、非使用价值及存在价值三大类，使用价值又分为直接使用价值和间接使用价值。

1.2.11.3 城市湿地景观格局指数

景观生态学是开展湿地景观时空变化研究的基础理论。景观生态学综合了地理学空间分析的优势和生态学生态过程分析的优势，以景观时空格局、生态系统服务功能和景观时空动态演变为其核心研究内容（Wiens, 1999），自 1939 年被提出以来，经过不断发展和完善已经成为研究生态系统变化的重要工具。依据景观生态学的基本原理，景观是指由不同土地利用/土地覆盖单元镶嵌组成的地理实体，在研究尺度上处于生态系统层次和地理区域层次之间。景观格局是指大小和形状不一的景观要素在空间上的排列组合，对生态过程和功能有重要的影响（陈文波 等, 2002）。量化分析景观格局是分析景观格局与生态过程相互作用的基础，能够为生态空间的规划和管理提供重要依据，因此获得了广泛的应用。20 世纪 80 年代至今，景观格局分析方法研究一直是景观生态学的重要内容。在北美和欧洲国家，景观格局分析方法很早就被引入了湿地研究领域。

湿地景观演化主要用于分析土地利用变化导致的湿地景观结构构成和空间分布结构的时空动态变化。随着 3S 技术的成熟，基于高分辨率遥感影像数据和地理统计学的景观演化分析已经成为湿地环境监测与评估的重要方法（Frohn et al., 2012）。当前，国内外对于湿地景观演化的研究主要集中在以下 3 个方面。

湿地的大小、形状及其在景观中的位置等景观格局特征的变化都对其物质和能量的循环、物种的迁移有重要影响。景观格局变化分析是对景观格局在不同时间动态变化过程的研究（陈利顶 等, 2008），常用的方法包括定性描述法、景观分类图叠加分析法和景观格局指数法，其中景观格局指数法的应用最为广泛。景观格局指数是反映景观空间结构等特征的定量化指标（邬建国, 2007）。景观格局指数包括斑块水平指数、类型水平指数和景观水平指数，不同的指数具有不同的生态学意义。在湿地景观格局特征分析中，必须根据研究对象的尺度特征（Kelly et al., 2011）和侧重研究的问题选择合适的景观格局指数（白军红 等, 2005）。

尽管国外很早就开始将景观格局指数引入湿地研究，但广泛的应用是在 20 世纪 80 年代遥感技术和地理信息技术成熟之后。目前湿地景观格局变化分析采用的主法是：结合多期遥感数据和实地调查资料完成对湿地景观的分类提取并建立连续的景观分类图集，进而选取景观格局指数量化描述湿地形态特征、空间分布特征的变化及其所产生的各类生态效应（Lausch et al., 2002；Xiao et al., 2013）。Taft 利用遥感数据分析了美国西北部威拉米特河谷（Willamette Valley）中湿地景观结构变化对越冬鸟类和哺乳动物栖息地变化的影响（Taft et al., 2006）。Kahara 等采用 5 项景观格局指标对比了美国南达科他州草原地区湿润年份（1979—1986）和干旱年份（1995—1999）湿地景观格局的变化，发现在不同的水文周期中半永久性湿地比例的变化与湿地密度呈正相关，而季节性湿地则相反（Kahara et al., 2009）。Randhir 对黑石河（Blackstone River）河流域景观格局变化后水文过程的响应进行了分析，结果表明，随着农田、森林的面积减少和景观破碎度的增加，流域内地下水循环作用减弱而河流洪峰形成的概率大大增加（Randhir et al., 2011）。

此外，湿地景观格局指数的变化也能够对湿地生态修复措施的实施效果进行反馈。美国学者 Kettlewell 在研究湿地补偿法规对湿地景观结构的影响时对比分析了凯霍加河（Cuyohoga River）流域原有湿地和补偿恢复后湿地的斑块数量、大小和密度的差异（Randhir et al., 2011）。研究发现，采取湿地补偿措施后，尽管湿地的面积有所增加，但流域的景观异质性降低，湿地个数和斑块密度减少。

1995 年至 2003 年，我国进行了首次全国湿地资源调查，3S 技术成为湿地监测的重要方法，大大提高了我国湿地研究的水平。由于人口的快速增长和经济的快速发展，湿地受到了强烈干扰，并大量消失。因此，利用景观格局指数反映不同干扰模式下湿地的受损方式和程度成为我国湿地景观演化研究的重点（见表 1-2）。20 世纪 90 年代，景观格局指数分析开始被应用于全国各重点湿地资源的分析和评价。1997 年王宪礼、肖笃宁等在研究辽河三角洲地区湿地景观格局特征时应用了景观多样性指数、优势度指数、景观破碎化指数和聚集度指数等 6 项指标。分析结果表明，该地区的湿地破碎化程度较低，具有聚集分布的特征。刘红玉采用了斑块密度指数、景观斑块形状破碎化指数、景观内部生态环境面积破碎化指数和斑块隔离度指数着重分析了三江平原湿地在 50 年间的破碎化过程。结果表明，在大规模农业开发影响下该地区湿地在斑块个体和空间结构两个方面的破碎化程度都十分显著（Antwi et al., 2008）。宫兆宁以北京市为例，采用了斑块类型面积、分维度指数和多样性指数等 6 项指标分析了高度城镇化地区湿地景观格局的变化。研究结果表明，24 年间北京湿地总量整体呈减少趋势，景观多样性呈增加的趋势，而景观连通性出现降低且破碎化程度加重（宫兆宁 等，2011）。

表 1-2　湿地景观格局变化研究中常用的景观格局指数

研究方法	指数类型	常用指数
景观格局指数	面积与密度指数	斑块数、斑块面积、平均斑块面积、斑块密度、最大斑块指数、景观类型比
	形状指数	边缘总长指数、边缘密度、平均形状指数、平均斑块分形维数
	空间分布特征指数	破碎指数、多样性指数、均度指数、聚集度指数、连接度指数、分离度指数、斑块结合度指数、蔓延度指数

1.2.11.4　城市湿地时空动态演变

随着城镇化进程的加快，有限的生态空间与人口聚集所带来的建设用地扩张之间的矛盾日益加剧，因此能提供生态服务价值的生态用地的时空演变逐渐成为研究的热点。

湿地生态空间的动态变化研究通过空间统计学方法分析湿地景观格局连续变化的趋势与规律（李胜男 等，2008）。湿地景观动态变化包括对湿地数量变化分析、湿地空间分布变化程度的分析和对湿地转化过程的模拟分析。湿地数量变化分析可反映一定时期内湿地规模的增减变化强度和速率，常用的方法包括土地利用变化强度模型、相对变化率模型（高常军 等，2010）。湿地空间分布变化程度反映了湿地在空间上的聚集情况和迁移情况，常用的方法包括斑块质心模型、景观梯度分布模型和矢量景观方向指数。湿地转化过程的分析定量描述了在外部干扰下湿地与其他土地利用类型之间，以及不同湿地类型之间的相互转化关系，分析方法有马尔可夫模型、土地利用转移矩阵等。在实践中通常选用多个模型进行组合运用，综合反映湿地景观的动态变化。Opeyemi 结合机器学习中距离和相似性度量方法和马尔可夫模型模拟了美国堪萨斯都市区建设用地扩张引起的景观变化对研究区 3 个流域湿地的潜在影响。研究结果表明，湿地面积的下降和不透水比率有着密切的关系，并预估了受影响最大的流域单元（Opeyemi et al., 2017）。国内由于长期高强度的土地开发使得湿地面积严重受损，因此，与国外相比，我国在湿地研究中更加注重对湿地景观动态变化的分析（周士园 等，2018）。白军红采用了景观类型变化度模型、马尔可夫模型和景观动态度模型分析了高寒地区湿地景观的变化特征（Bai et al., 2013）。陈铭等在沿海自然保护区湿地空间分布特征研究中采用了景观格局指数和景观梯度分布模型来反映湿地受干扰过程和退化趋势（Liu et al., 2014）。

总体来说，国内外关于土地利用时空演变的研究起源早，内容丰富全面，但是针对生态空间用地的时空演变研究相对较少，就国外研究而言，只是在土地分类系统中体现了生态用地的思想。而国内开展生态用地变化的研究主要集中在生态用地景观格局、时空演变规律、空间结构、生态系统服务功能、生态系统服务价值等方面开展独立的研究，整体的系统研究相对较少，在不同时空尺度的生态用地价值、主导功能和规划管理等方面存在较大差异（荣冰凌，2009）。因此，生态空间用地的时空演变研究也应成为研究的重点，但现阶段的研究往往忽略了生态用地的时空尺度。

1.2.11.5　城市湿地变化的驱动力分析

城市湿地生态空间演化是自然因素和人为因素共同作用的结果，驱动力分析可揭示影响湿地景观演化的原因和作用机制，为湿地的生态调控提供依据。景观演化驱动力是综合各类因子的有机整体，在特定的问题导向和特定的时空尺度下各驱动因子的重要性是不一致的（张秋菊 等, 2003）。

驱动力分析是指识别驱动因子并比较各个驱动因子之间的相对重要性，从而确定主导驱动因子（吴健生 等, 2012）。驱动因子的筛选主要采用的方式包括：依据对城市湿地生态环境变化的实际观测数据和相关资料的选取；通过专家评价根据经验确定权重；基于压力-状态-响应模型，分析潜在驱动因子与湿地景观格局响应的关系（柏樱岚 等, 2009）。

主导驱动因子的识别主要包括定性分析和定量分析两种方法，其中定性研究具有一定的主观性，难以准确地反映驱动因子的作用程度。

定量研究即通过引入数理统计模型分析各驱动因子的贡献率，以确定主导驱动因子。目前湿地景观演化驱动力定量研究中应用的主要方法包括相关性分析与回归分析法、主成分分析法、层次分析法等。景观格局与驱动因子不同的时空尺度上具有不同的作用关系。对于湿地景观演化驱动力的分析主要包括两类：单因子或特定因子与对湿地景观演化作用的分析、多因子综合驱动力分析。目前，欧美等国家重点针对水文因素、气候因素、地质变化因素和人为干扰因素等多个方面对湿地景观演化的驱动力进行了定量研究。Todd 基于水文动力学原理分析了大沼泽公园中水淹没频率、持续时间,以及淹没深度等水文条件的变化对湿地景观格局的影响。结果表明,淹没时长比和平均淹没深度对湿地植被分布有支配性作用(Todd et al., 2010)。

　　Sica 在分析阿根廷巴拉那河下游(Lower Paraná River)三角洲地区的湿地变化时,采用了回归树模型对经济-社会、土地管理和生态环境 3 个方面的 10 个驱动因子进行了量化分析。结果表明 14 年间淡水沼泽减少了三分之一,而减少面积的 70%是由畜牧业引起的,其中养殖密度、水资源分配和道路是关键驱动因子(Sica et al., 2016)。大量研究表明,人为因素已经成为湿地景观演化的主要驱动因素。人类活动对于土地利用不同的作用方式直接或间接地影响着湿地的景观演化。国内在湿地景观演化驱动力研究中更注重人为驱动因子的分析。Jiang 在分析导致黑河中游地区湿地景观破碎化的驱动力时,选取了年平均温度和年降雨量 2 项自然因素指标及人口总量、农村人均收入、地区生产总值等 8 项人为因素指标,并采用冗余分析模型计算了自然因素和人为因素的累计贡献率。结果显示,农业总产值、地区生产总值和年平均温度是引起当地湿地景观破碎化的主要原因(Jiang et al., 2014)。Zhang 分析了人为因素对长江三角洲河口湿地的干扰作用,结果表明,上游人工坝的建设、河口工程、土地复垦和生态修复工程都影响着湿地的景观演化(Zhang et al., 2015a)。

1.3　研究框架

▶ 1.3.1　研究目标

　　(1)揭示珠三角城市群区域受损生态空间的退化机理;

　　(2)集成区域生态景观的重建与受损生态空间的技术体系和修复模式;

　　(3)建立城市群区域生态基础设施的指标体系与评估方法;

　　(4)构建城市群区域生态修复技术的自然-经济-社会复合评估方法;

　　(5)为珠三角以及全国其他城市群的生态安全提供修复技术集成与管理模式。

▶ 1.3.2　科学问题

　　(1)珠三角城市群区域典型受损生态空间的退化机理;

（2）城市群区域生态景观的评价与重建方法；

（3）城市群区域典型受损生态空间的生态修复技术集成与综合优化模式；

（4）城市群区域典型受损生态空间修复技术的经济-社会复合评估方法。

▶ 1.3.3　研究内容

（1）珠三角城市群区域生态景观与典型受损生态空间的诊断与退化机理

关键受损生态空间辨识。采用遥感、GIS 和 GPS 技术方法，根据城市群生态系统辨识与代谢模拟结果，确定城市群区域典型受损生态空间网络修复和重建的边界。

区域生态景观与典型受损生态空间动态演变规律。在关键受损生态空间辨识基础上，采用遥感和 GIS 空间分析方法，研究和揭示生态景观与典型受损生态空间的动态演变规律。

区域典型受损生态空间退化机理。采用复合生态系统辨识和因子分析法，揭示区域生态景观和典型受损生态空间变化的动力学机制和退化机理。

（2）珠三角城市群区域生态景观的评价、重建与优化

城市群生态景观格局评价、重建与优化。采用景观生态学和城市空间分析方法，从景观结构、过程和功能方面提出城市群生态景观格局的评价方法。

城市群人居景观系统评价与优化。采用景观生态学和城市空间分析方法，构建人与环境和谐相处、健康发展的人居景观优化模式。

城市群生态基础设施网络评价、重建与优化。采用课题组研发的生态基础设施辨识与构建模型，对城市生态基础设施进行综合评估，提出区域生态基础设施的整体网络体系优化与生态工程技术方案。

（3）珠三角城市群区域典型受损生态空间的生态修复技术集成与综合优化模式

城市群受损矿区生态空间的生态修复技术与优化模式。对城市群区域受损矿区生态空间提出有效可行的生态修复技术与综合优化模式，建立城市群生态空间生态修复技术数据库。

城市群受损湿地系统生态空间的生态修复技术与优化模式。采用植物动物、微生物和生态工程技术，对不同湿地提出生态修复技术与优化模式。

城市群受损绿地系统生态空间的生态修复技术与优化模式。采用生态工程技术，对城市不同绿地类型提出生态修复技术与优化模式。

城市群受损生态空间综合生态修复技术集成与优化模式。采用多学科综合方法，将城市群区域受损空间作为一个整体进行生态景观的修复和重建，集成低成本、有效和可持续管理的生态修复技术和优化模式。

（4）珠三角城市群区域典型生态景观重建和受损生态空间修复技术的复合生态评估

采用成本-效益分析方法和计量经济学方法，从经济学角度评估区域典型生态景观重建和受损生态空间修复技术的成本代价、市场机制和经济可行性。

采用文献综合和社会调查等方法，从社会学角度评估区域典型生态景观重建和受损生态空间修复技术的社会可接受性、公众认可度和满意度。

采用社会-经济-自然复合生态系统理论和城市经济学研究方法，综合评估城市群区域典型生态景观重建和受损生态空间修复技术的有效性，包括低成本、高收益、社会可接受性、管理长期有效和可持续发展。

本书的相关技术在广州市增城区进行了应用与示范。

▶ 1.3.4 研究技术路线

技术路线如图 1-3 所示。

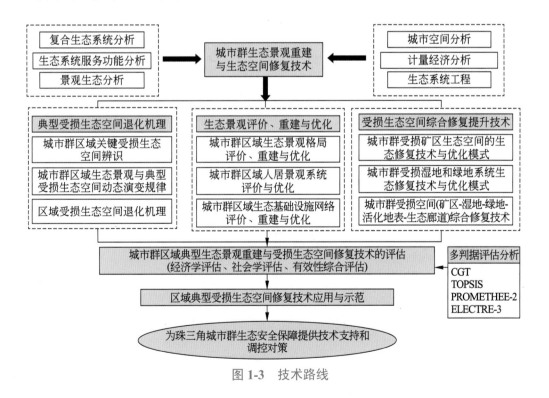

图 1-3 技术路线

第 2 章 研究区概况与研究方法 ▶

2.1 珠三角城市群研究区概况

▶ 2.1.1 自然概况

2.1.1.1 地形地貌

　　珠三角城市群呈现出"三面环山、一面临海，三江汇合、八口分流"的独特地形地貌，区域海拔范围是 0～1590 米，内有 1/5 的面积为丘陵、台地和残丘（见图 2-1）。西部、北部和东部为丘陵山地，中部为河流冲积而成的复合型三角洲，南部海岸线长达 1059 千米（见图 2-2）。珠三角城市群山地面积 1.32 万平方千米，

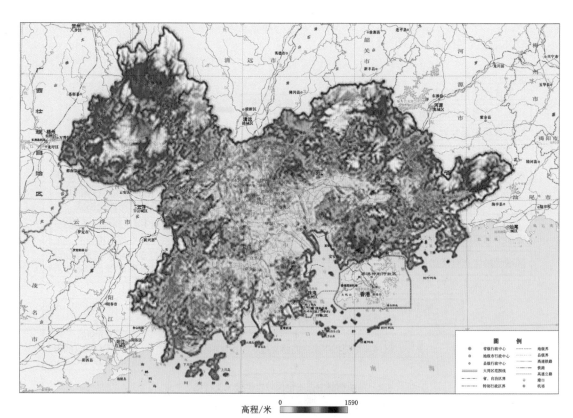

高程/米 0 ▭▭▭▭▭ 1590

图 2-1　研究区地形分布　　[审图号: GS 京(2023)1026 号]

丘陵面积 1.58 万平方千米，台地面积 3972.08 平方千米，平原面积 2.09 万平方千米。山地地层沉积物类型多、分布广，其中以第四系沉积物为主，约占 75%；在城市群边缘丘陵地带为洪积层，以粗颗粒的砂性土为主，在城市群核心区以黏性土为主，海岸带以泥质土为主（宗永强 等，2016）。

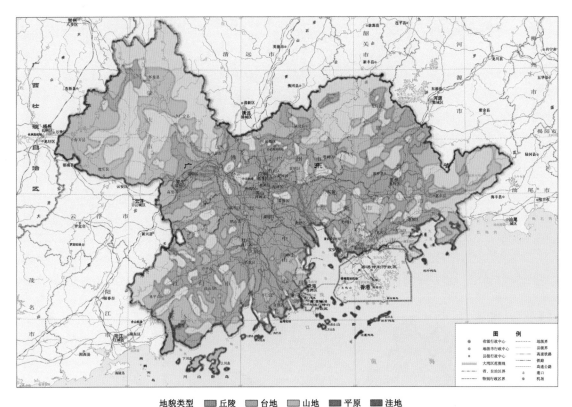

地貌类型　█丘陵　█台地　█山地　█平原　█洼地

图 2-2　研究区地貌类型　[审图号：GS 京(2023)1026 号]

2.1.1.2　气候和水文

珠三角城市群地处南亚热带，属亚热带海洋季风气候，雨量充沛，热量充足，雨热同季，年日照为 2000 小时，四季分布比较均匀。年平均气温 21.3～24.0℃，年均气温呈现北高南低的趋势，深圳、珠海平均温度较高（见图 2-3）。年平均降雨量 1100.1～2720 毫米（见图 2-4），受季风气候影响，降水在年内分配不均，集中在 4—9 月，降水占全年总量的 70%～85%，冬季天气干燥，夏季高温多雨。

珠三角城市群位于西江、北江、东江下游，包括西江、北江、东江和三角洲诸河四大水系，流域面积 45 万平方千米（见图 2-5）。河网区面积 9750 平方千米，河网密度 0.8 千米/平方千米，主要河道有 100 多条、长度约 1700 千米。水资源

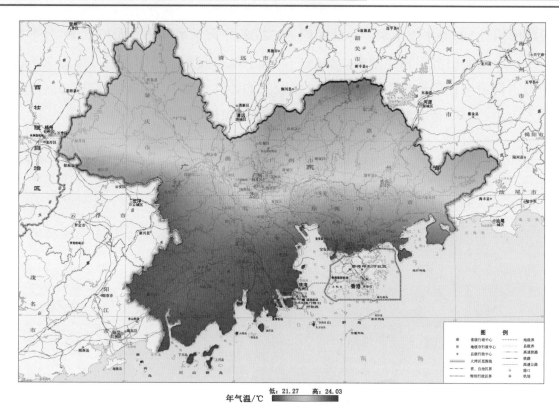

年气温/℃　低: 21.27　高: 24.03

图 2-3　研究区年均气温　　[审图号: GS 京(2023)1026 号]

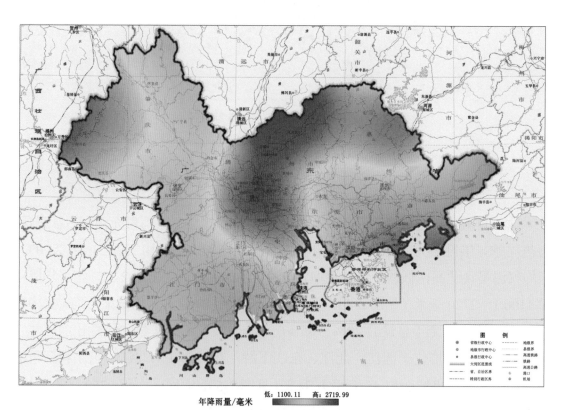

年降雨量/毫米　低: 1100.11　高: 2719.99

图 2-4　研究区年均降雨量　　[审图号: GS 京(2023)1026 号]

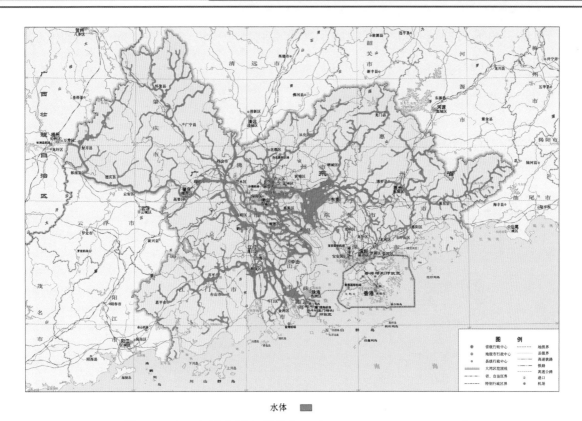

水体 ▰

图 2-5　珠三角城市群水系分布　［审图号: GS 京(2023)1026 号］

总量 3742 亿立方米，承接西江、北江、东江的过境水量合计为 2941 亿立方米，汛期流量约占全年径流量的 78%。

▶ 2.1.2　社会经济概况

2.1.2.1　城市群基本情况

　　珠三角城市群（21°17′36″N～23°55′54″N，111°59′42″E～115°25′18″E）位于中国广东省，是亚太地区最具活力的经济区之一，包括广州市、深圳市、珠海市、佛山市、惠州市、东莞市、中山市、江门市、肇庆市 9 个主要城市（见图 2-6）。珠三角城市群是中国最具活力和城镇化程度最高的地区，也是世界上最大的城市群之一（Hu et al., 2019；Jiao et al., 2019）。城镇化进程的加快，社会经济与城市发展的不平衡，社会需求的增加和公共供给的滞后，城市的快速扩张和环境压力的增大，这些已经成为区域需要解决的突出问题。尤其土地开发强度过高，土地资源需求量持续增加，导致城市发展对生态空间的压力逐渐加大，造成生态空间被侵占，生态系统退化，影响区域生态安全（Hu et al., 2019）。目前生态安全问题已对珠三角城市群可持续发展构成了严重威胁，亟待开展生态空间分区管控（黄国和 等,2016）。

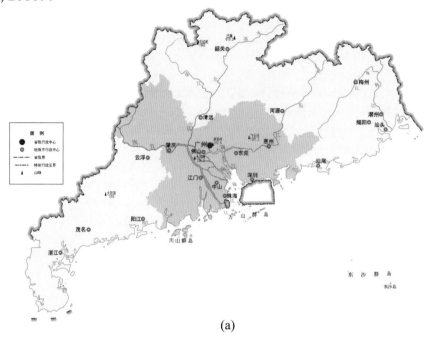

(a)

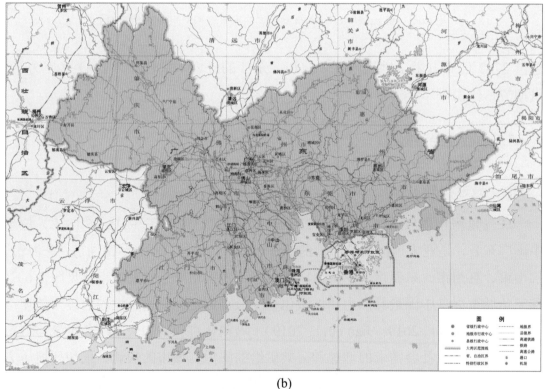

(b)

▨ 珠三角城市群

图 2-6　珠三角城市群地理位置　[审图号: GS 京(2023)1026 号]

（a）广东省珠三角城市群；（b）珠三角城市群 9 个城市范围

2.1.2.2　人口与就业

2019 年末，珠三角城市群总户籍人口约为 3726.66 万人，其中男性约 1860.81 万人，女性约 1865.83 万人。

社会从业人数约为 4872.38 万人，其中从事第一产业的人数约为 333.62 万人，从事第二产业的人数约为 1966.60 万人，从事第三产业的人数约为 2572.06 万人。城镇非私营单位就业人员总数约为 1645.24 万人，其中国有单位就业人数约为 220.95 万人，城镇集体单位就业人数约为 20.62 万人，其他单位就业人数约为 1403.68 万人。

2.1.2.3　地区生产总值与财政

珠三角城市群区域 2019 年实现地区生产总值 85454.14 亿元。按产业分，第一产业总值 1420.85 亿元，第二产业总值 35409.06 亿元，第三产业总值 48624.23 亿元。其中，广州市实现地区生产总值 23844.69 亿元，深圳市实现地区生产总值 25266.08 亿元，珠海市实现地区生产总值 3435.89 亿元，佛山市实现地区生产总值 10751.02 亿元，惠州市实现地区生产总值 4177.41 亿元，东莞市实现地区生产总值 9482.50 亿元，中山市实现地区生产总值 3101.10 亿元，江门市实现地区生产总值 3146.64 亿元，肇庆市实现地区生产总值 2248.80 亿元。

区域一般公共预算收入 8277.07 亿元，一般公共预算支出 11637.66 亿元。

2.1.2.4　对外经济贸易与旅游

按美元计价，珠三角城市群区域 2019 年实现货物进出口总额 12210.50 亿美元，包括出口 6918.86 亿美元，进口 5291.64 亿美元。其中，广州市实现货物进出口总额 1450.19 亿美元，深圳市实现货物进出口总额 4314.76 亿美元，珠海市实现货物进出口总额 422.21 亿美元，佛山市实现货物进出口总额 700.00 亿美元，惠州市实现货物进出口总额 2709.74 亿美元，东莞市实现货物进出口总额 2001.51 亿美元，中山市实现货物进出口总额 346.75 亿美元，江门市实现货物进出口总额 206.68 亿美元，肇庆市实现货物进出口总额 58.64 亿美元。

▶ 2.1.3　主要生态环境问题

珠三角城市群作为中国人口密集区和经济发达地区，具有丰富的自然资源，但随着城镇化的快速发展，城市群内部生态问题和生态风险明显增多，区域生态安全面临一定的威胁（黄国和 等，2016）。主要集中在生态空间减少和破碎化，生态系统服务功能降低，环境污染问题严重，生态承载力低，生物多样性保护形势严峻。近30年，城市群建设用地面积增长了4倍多，年均增长率达7.57%，占用了大量耕地、林地和水域，造成生态空间的人为阻隔，降低连通性，生态空间景观斑块破碎化，城市群的生态风险持续升高（叶长盛 等，2013）。城市群内人口的集聚及不透水地表的增加对区域生态系统造成严重的破坏和干扰，生态服务功能逐年下降（Hu et al.，2019）。如：原始森林生态系统被改造成以马尾松、杉树和桉树纯林为主的森林，降低了其防护功能及生态调节功能（陈家枝，2015）。湿地生态系统受到严重干扰，天然湿地面积逐步减少，1980—2015年珠江三角洲滨海天然湿地明显萎缩，转变为养殖池，人工湿地明显扩张，湿地景观的破碎化程度不断加重，人类活动对湿地的干扰强度加剧，湿地生态系统服务功能明显降低（周昊昊 等，2019）。珠三角城市群河流污染问题突出，Ⅱ、Ⅲ类水占评价河长的38.4%，Ⅳ～劣Ⅴ类水占评价河长的61.6%（孙斌，2014）。生物栖息地破碎化和孤岛化，使野生动植物赖以生存繁衍的栖息地受到破坏。自然保护区网络不完善，环境污染对水生和河岸生物多样性及物种栖息地造成影响。

2.2　示范点选择

本书在珠三角城市群区域选取广州、东莞两市开展了生态空间修复工程的应用与示范，包括广东省森林与绿地景观和受损生态空间修复示范、广州增城百花涌流域生态修复示范工程、广州增城上邵涌流域生态修复示范工程、东莞新基河生态修复示范工程、东莞黄沙河生态修复示范工程。前期研究工作为基础，在增城区，借助区域生态环境质量变化情况，根据土地利用类型的属性数据对整体生态环境进行评估，通过模糊赋值等方式快速高效地评估生态环境质量的整体状况，根据不同区域尺度建立不同的生态空间评价体系，即可以根据不同的区域尺度进行生态空间的计算和判断，从而更加准确地判断生态空间是否受损。项目组还提出一种基于改善城市河道水环境的生态护岸构建方法，通过改善城市河道水环境，方便施工，投资较少，建设周期短，易于养护且后期便于更换，运营成本较低；种植沟交错呈网格状，对水流有缓冲作用，有利于生态袋的保持，具有长期的植被恢复效益；能有效对入河污染物进行收集处理,在河道水环境治理方面具有推广应用前景。项目实施后,全区域修复效率提高约两成,公众满意度提高两成,治理成效显著。

2.3 研究方法

▶ 2.3.1 社会-经济-自然复合生态系统理论

复合生态系统即社会-经济-自然生态系统,是由社会系统、经济系统、自然系统3个子系统组成的一个复合的复杂巨系统(马世骏 等,1984;赵景柱,1995)。尤其对于城市群,这种由经济、人口的相对集聚引起的复合生态系统演化过程,不但实现了人类社会的持续存在,也对自然环境产生了不可忽视的影响(张象枢,2000)。社会-经济-自然复合生态系统理论强调能量、信息、物质间3类关系的综合,复合生态系统管理的核心是协调并整合社会、经济、自然3个要素之间的耦合关系(马世骏 等,1984)。统筹规划和系统关联复合生态系统的时、空、量、构及序关系是生态整合的精髓(见图 2-7),其复合主要包括学科、对象、方法、人员及体制的复合和关联(王如松 等,2012)。对于城市群,自然和经济是驱动其复合生态系统演替的原始动力。社会则通过管控构成复合生态系统演化的掌控力。各个不同层次复合生态系统特殊的运动规律来源于自然力和社会力两种力量的耦合控制(王如松,2000)。城市群各城市不同社会、经济、自然要素之间

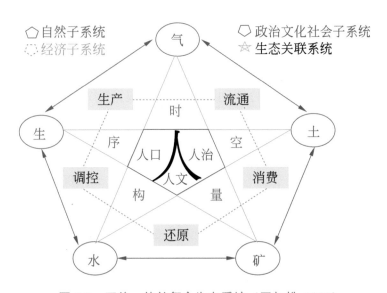

图 2-7　五位一体的复合生态系统(王如松,2000)

的差异,使每个城市对城镇化和生态政策实施均产生各自独立的响应。基于此,根据社会-经济-自然复合生态系统理论,通过生态辨识和空间分区,运用生态学原理和系统科学方法去辨识生态空间格局、质量,探究生态空间与社会、经济系统的耦合关系。通过科学区划生态空间,可进一步调整生态空间系统组分时间、空间、数量、结构、序理上的关系,达到系统各组分功能协同效应,实现系统的效益最大。

▶ 2.3.2 生态空间格局、变化特征及驱动力

本书界定具有生态系统服务价值和对于城乡生态保护具有重要作用的空间都可视为生态空间,不仅包括天然或人工林地、草地、湿地、水体等自然生态空间,还应该包括农田、郊野公园、生态廊道等提供生态系统服务的区域。通过 ArcGIS 10.2 软件分析生态空间的时空分布特征及变化特征,将研究区划分为 5 千米×5 千米的网格,计算单位网格内生态空间的变化规律,识别区域变化的热点区域,确定生态空间变化特征识别驱动因素的贡献率。其中,建设用地侵占生态空间表征为城镇化扩张,自然生态空间的增加表征生态保护和恢复,农田扩张造成的生态空间的减少表征为农业开发,水库和河流的水表面积的增加表征为水资源开发(孔令桥 等,2019)。

▶ 2.3.3 典型生态空间林地空间变化的社会-经济-自然驱动体系

林地是珠三角城市群主要存在的生态空间,对于维护区域生态安全至关重要。林地面积的减少直接影响生态系统物种组成,增加了区域生态风险,影响居民健康和福祉。量化林地变化的驱动因素有助于政策制定和土地利用管理。林地变化的驱动因素主要由自然因素和社会经济因素构成,但其评价指标体系存在较大差异(Xu et al., 2019)。虽然很难构建完善的驱动体系,但可以从相关研究中选择共性驱动因素综合表征对生态空间的驱动(Young et al., 2006)。本书系统检索了珠三角城市群周边区域及国家涉及生态空间变化驱动因素的研究,主要来自中国、日本、韩国、菲律宾、老挝、缅甸、泰国和柬埔寨。这些地区靠近珠三角城市群,具有相似的自然、地理和文化因素,但城镇化水平不同,通过对这些地区关于生态空间变化驱动力的文献研究,可相对全面地表征城市群内生态空间变化的驱动体系。本书利用 Web of Science 的高级搜索功能,对 1990 年至 2019 年(12 月)涉及

生态空间变化、生态退化驱动因素的文献进行研究。目前的驱动力研究主要集中在人口密度、GDP 密度、产业结构、牲畜数量等社会经济因素，而对自然因素和生态政策的研究较少（Bičik et al., 2001；Song et al., 2009；Polasky et al., 2011；Abu et al., 2012；Dadashpoor et al., 2018）。

如果文献中明确指出某驱动因素是生态空间变化的重要驱动因素，则将该驱动因素纳入本书的驱动体系中。否则，将文献（包括讨论）中提到的驱动因素视为备选驱动因素。综合考虑珠三角城市群的特点，如：产业、人口、政策、区位特征，本书共选取了 26 个驱动因素，其中自然因素 12 个，社会因素 8 个，经济因素 6 个（见表 2-1）。自然因素包括地理因素、气象因素和灾害因素。指标主要由地形、土壤、区位特征、温度、降雨量和土壤侵蚀组成。社会因素包括人口和城镇化扩张因素，指标主要由人口密度、人口迁移、受教育程度和不透水表面组成。经济因素包括经济发展和市场因素，指标主要由国内生产总值（gross domestic product, GDP）、产业结构、居民收入、交通运输等组成。由于社会经济数据大多由县级行政单位统计，县级行政单位是用于定量评价驱动因素的评价单元。如果驱动因素数据集不随时间变化，就直接使用该数据集。如果数据集是时间序列数据，则使用 2000—2018 年的平均值和变化率。数据均被标准化以消除量纲。

表 2-1　珠三角城市群林地变化复合驱动力

驱动力	级别	驱动力指标	单位
自然因素	I 地理因素	1. 地形（digital evaluation model, DEM）	米
		2. 地表起伏度	米
		3. 土壤化学组成	%
		4. 土壤碳组成	%
		5. 距离水体距离	千米
		6. 距离海岸线距离	千米
	II 气象因素	7. 年均蒸散发量	毫米
		8. 年均温度	°C
		9. 温度变化率	%
		10. 年均降雨量	毫米
		11. 降雨变化率	%
	III 灾害因素	12. 距离土壤侵蚀距离	千米

驱动力	级别	驱动力指标	单位
社会因素	IV 人口因素	13. 年均人口密度	人/平方千米
		14. 人口密度变化率	%
		15. 年均农村人口密度	人/平方千米
		16. 农村人口密度变化率	%
		17. 人口迁移率	%
		18. 教育水平	%
	V 城市扩张	19. 不透水地表	平方千米
		20. 不透水地表变化率	%
经济因素	VI 收入	21. GDP 密度	万元/平方千米
		22. GDP 变化率	%
		23. 农业产值密度	万元/平方千米
		24. 第三产业比重	%
		25. 农村居民人均可支配收入	万元
	VII 市场	26. 道路通达性	千米

▶ 2.3.4 地理加权回归和相对重要性

区域社会经济因素具有空间集聚性和空间非平稳性,全局统计方法不足以解释区域内的主要驱动机制,特别是在城市群尺度。采用地理加权回归(geographically weighted regression, GWR)可以通过确定特定宽度评估驱动因素的空间异质性,该方法已广泛应用于空间驱动分析(Zhang et al., 2019)。GWR 用于可视化土地变化与驱动因素之间的空间响应关系,并测量驱动因素对土地利用变化的正负影响(Ren et al., 2020),其计算公式为

$$y_i = \sum_j \beta_j(u_i, v_i) \, x_{ij} + \varepsilon_i \tag{2-1}$$

其中,y_i 是林地面积的变化,x_{ij} 是观测 i 中的第 j 个预测变量,$\beta_j(u_i, v_i)$ 是第 j 个局部参数估计系数,ε_i 是误差项。

通过对不同驱动因素的线性分析,发现驱动因素之间存在多重共线性。为了更全面地保证驱动因素的完整性,本书没有进行逐步回归,而是采用主成分分析的方法,用于消除数据之间的多重共线性。特征值大于 1 的因子被提取(见表 2-2)。

然后，利用自适应高斯核函数，根据 Akaike 信息准则确定 GWR 的最佳带宽。GWR 的解释因子表明，该模型具有一定的精度，能够解释驱动因素对林地变化的驱动作用（见表 2-3）。

表 2-2　主成分分析的方差

因子	特征值		
	总和	方差/%	累积方差/%
1	8.672	33.355	33.355
2	3.736	14.370	47.724
3	3.367	12.950	60.675
4	1.820	6.999	67.673
5	1.547	5.951	73.625
6	1.247	4.798	78.422
7	1.066	4.100	82.522

表 2-3　地理加权回归的解释因子

变量	变量			
	林地转变为耕地	林地转变为建成区	耕地转变为林地	建成区转变为林地
残差	22.093	28.030	23.910	8.598
有效性	13.944	12.624	12.624	15.874
Sigma	0.818	0.903	0.834	0.526
AICc	134.240	141.740	134.267	96.388
R^2	0.520	0.391	0.480	0.813
调整 R^2	0.332	0.185	0.304	0.724

不同驱动因素的组合具有综合影响，如坡度和土壤条件，这些因素显著影响了城镇的扩张（Xu et al., 2019）。由多个指标组成的类可以更好地解释土地利用变化的驱动因素，为决策者提供技术支持。相对重要性分析是计算驱动因素相对重要性的有效方法。约翰逊相对权重被用来量化驱动因素的相对重要性。根据驱动因素对模型 R^2 的贡献，对驱动因素进行排名（Xu et al., 2019）。约翰逊相对权重计算如下：

$$\mathrm{JRW}_j\left(u_m,v_m\right)=\frac{\beta_i\left(u_i,v_i\right)^2\times w_{ij}{}^2}{\sum_1^k \beta_i\left(u_i,v_i\right)^2\times w_{ij}{}^2} \tag{2-2}$$

式中，$\mathrm{JRW}_j\left(u_m, v_m\right)$ 是变量 j 在评价单元的相对贡献，即约翰逊相对权重；w_{ij} 是第 i 个主成分第 j 个变量的系数；$\beta_i\left(u_i, v_i\right)$ 是第 i 个主成分的地理加权回归系数；k 是主成分因子数。

▶ 2.3.5　生态空间质量评价体系

根据社会-经济-自然复合生态系统理论（Wang et al., 2011；王如松 等，2014），本书筛选决策者、利益相关者、居民和专家偏好的生态指标综合构建生态空间质量评价体系。评价指标的获取包括文献、专家知识、政府文件和居民问卷调查。如：《广东省国土空间生态修复规划（2020—2035 年）编制工作方案》提出将生态功能重要、生态系统脆弱、自然生态保护空缺区域划为重要生态空间，纳入自然保护地体系。《粤港澳大湾区发展规划纲要》明确提出强化水资源安全保障、构建生态廊道和生物多样性保护网络及建设宜居宜业宜游的优质生活圈。在与居民的访谈及问卷调查中发现居民普遍关注生活环境，如：植被覆盖度、空气质量、水体健康及生态空间社会服务质量。专家则特别关注生态空间对区域的生态安全保障和生态系统服务（如水资源、空气质量），以及生态敏感性（阳文锐 等，2007；王甫园 等，2017；刘世梁 等，2019；徐丽婷 等，2019）。基于此，考虑到珠三角城市群生态特征的特殊性和代表性，本书选取物种丰富度指数、植被覆盖度指数、水资源指数、土壤脆弱性指数、空气污染指数、户外休闲指数，景观连通性指数综合表征区域生态空间质量。

物种丰富度指数（SI），表征区域生物的丰富度，计算公式为

$$\mathrm{SI} = (\mathrm{BI} + \mathrm{HQ}) / 2 \tag{2-3}$$

其中，BI 为生物多样性指数，HQ 为栖息地质量指数，数据均标准化为 0～100。

植被指数（VI），即区域植被覆盖度，计算公式为

$$\mathrm{VI} = \frac{\sum\limits_{i=1}^{n} P_i}{n} \tag{2-4}$$

其中，P_i 是城市群 5—9 月的归一化植被指数（NDVI）的平均值，n 是 i 区域的像元，数据均标准化为 0～100。

水资源指数（WI），表征区域水资源，计算式如下：

$$\mathrm{WI} = (W + \mathrm{WR}) / 2 \tag{2-5}$$

其中，W（水域面积）来自土地利用数据，WR（水资源）以年总降雨量为特征，数据均标准化为 0～100。

土地脆弱性指数（LFI）是表征生态空间受到的压力程度，通过土壤侵蚀数据赋值来计算（见表 2-4），数据均标准化为 0～100。

表 2-4　土地脆弱指数

类型	剧烈/极强度侵蚀	强度侵蚀	中等侵蚀	其他土地压力
赋值	0.6	0.4	0.2	0.1

空气污染指数（API）以珠三角城市群 53 个监测站的空气污染指数监测数据为基础，采用克里金空间插值方法对空气质量等级进行评价，数据均标准化为 0～100。

户外游憩指数（ORI）表征生态空间的休闲娱乐潜力，利用 ESTIMAP 休闲模型（Baró et al., 2016）计算。主要评价日常生活中以自然为基础的娱乐活动。每个评价单元的得分由自然度、自然保护和亲水性表征（见表 2-5）。

表 2-5　户外休闲娱乐赋值

成分	因子	打分	距离阈值 / 米	
			50%	0%
自然度	自然生态系统	0～100	N/A	N/A
自然保护	生态公园和风景名胜	100	N/A	N/A
	自然保护区	80	N/A	N/A
亲水性	湖泊、池塘、水库和湿地距离	100	500	1000
	主要河网距离	50	500	1000

景观连通性指数（LCI）是表征城市群生态空间促进或阻碍了生态系统的联通，进而影响区域物种多样性和生态安全格局。采用 Fragstats 4.2（University of Massachusetts）移动窗口法计算，数据均标准化为 0～100。

评价指标的权重赋值是评价体系中重要的环节，对结果具有显著的影响（杨娟 等，2006）。对于指标权重的选择主要集中于主观赋权法和客观赋权法（徐建华，2002）。对于主观赋权法主要考虑其主观价值判断评价指标对于评价对象的重要程度，一般依据已有的专家知识或经验，人为确定指标权重，主要包括专家评判法、层次分析法等。主观赋权法对现有生态系统健康评价、生态风险评价具有较广泛的用途，但在评判过程中主观性较强，不同专家自身的知识结构及个人喜好不同，权重选取欠缺科学性、稳定性（曹宸 等，2018；汪翡翠 等，2018）。客观赋权法则根据收集的指标数据进行预处理，通过数理统计的方法将各指标值经过分析处理后得出权重，主要有熵权法、变异系数法、主成分分析法等，由于指标权重的选择根据样本指标值的特点来进行赋权，具有较好的规范性，客观性强（信桂新 等，2017；徐欢 等，2018）。但其容易受到样本数据的影响，对于结果并不具有很好的应用性。

在区域生态空间质量评价中，由于数据量大，且部分信息不能准确量化，尤其在指标的选取上较多侧重于政策目标及居民的选择，采取客观赋权法确认权重太过单一，并不能较好地反映政策目的及居民选择，难以真实表征评价指标的相对重要性。而采用主观赋权法，虽然权重确定的过程有较多的人为主观性，但居民及决策者的选择恰恰是评价生态空间质量的关键，主观赋权法在本书中有其科学合理性，其实用性要强于客观赋权法。

本书采用层次分析法（AHP）确定评价指标的权重值，建立了生态空间质量评价的层次结构模型。根据影响生态空间质量的相对重要性对评价指标进行两两比较，建立评价指标的相对重要度判断矩阵，并检验总排序的一致性。生态空间质量评价模型的计算公式如下：

$$ESQ = 0.18 \times OI + 0.15 \times VI + 0.09 \times WI + 0.15 \times LFI + 0.14 \times API +$$
$$0.18 \times ORI + 0.11 \times LCI \tag{2-6}$$

为使研究结果具有可比性和适用性，本书参照中国生态环境部标准（HJ 192—2015），将生态空间质量分为较好、良好、中等、差、较差 5 个等级（见表 2-6）。

表 2-6　生态空间质量分级表

级别	较好	良好	中等	差	较差
分值	ESQ ≥ 75	55 ≤ ESQ < 75	35 ≤ ESQ < 55	20 ≤ ESQ < 35	ESQ < 20
描述	丰富的生物多样性；较高的区域自净能力；适合生态保护	区域自净能力强，适合居民生活和娱乐休闲	生物多样性一般；适合居民居住，但满意度较差；需要进行生态治理	物种多样性低；区域污染较为严重；人类生活因素受到制约；居民生活满意度极低；需要生态修复	恶劣的条件，限制了人类的生命；亟须生态修复

▶ 2.3.6　生态空间人群分布特征

资源配置是社会经济学中的一个普遍问题，洛伦兹曲线和集中曲线常用于表示资源和收入的人群分布特征（Chakraborty et al., 2019）。洛伦兹曲线反映了收入或生态空间质量从低到高的人口累积百分比，曲率越大表明分布越不均匀。集中曲线反映了生态空间质量从低收入群体到高收入群体的累积百分比，集中曲线偏 y 轴弯曲表明较高品质的生态空间更集中于低收入群体。为了区分多尺度分布的差异，使用基尼系数和集中系数来区分城镇和农村地区的人群分布类型（Chakraborty et al., 2019）。基尼系数为 $0\sim1$，越接近 0，分布越均匀；集中系数在 $-1\sim1$，负值表示高品质的生态空间较多分布在低收入群体中。

基尼系数计算如下：

$$G = 1 - 2\int L(x)\mathrm{d}x \tag{2-7}$$

其中，G 是基尼系数，$L(x)$ 是洛伦兹曲线方程。洛伦兹曲线可以用函数 $L(x_i)$ 来描述。

$$y_i = L(x_i) \tag{2-8}$$

其中，y_i 是研究区 i 的累积收入或生态空间质量，x_i 是研究区 i 的累积人口。

集中系数计算如下：

$$C = 1 - 2\int C(x)\mathrm{d}x \tag{2-9}$$

其中，C 是集中系数，$C(x)$ 是集中曲线方程。集中曲线可以用函数 $C(x_i)$ 来描述。

$$y_i = C(x_i) \tag{2-10}$$

其中，y_i 是研究区 i 的累积生态空间质量，x_i 是研究区 i 的按收入排序后的累积人口。

▶ 2.3.7　生态系统健康评价

生态系统健康是指生态空间在受到外力压力下维持自身健康结构、自我调节和恢复的能力，采用"活力-组织力-恢复力"模型对其进行综合评价（Peng et al., 2015）。

$$\mathrm{EH} = \sqrt[3]{VOR} \tag{2-11}$$

其中，EH 为生态系统健康指数；V 为活力，指输入到生态系统的所有能量，本书以植被净初级生产力表示。

O 为组织力，主要受生态空间内景观格局影响，以景观连通性、景观异质性、林地和湿地景观特征进行综合表征（Peng et al.，2015；Kang et al.，2018），所有数据均归一化为 0～100 以消除量纲，计算公式为

$$O = 0.35 \times LC + 0.35 \times LH + 0.3 \times IC \tag{2-12}$$

$$O = 0.1 \times AWMPFD + 0.25 \times FN_1 + 0.15 \times SHDI + 0.1 \times MSIDI + 0.1 \times CONT +$$
$$0.1 \times FN_2 + 0.05 \times CONNECT_1 + 0.1 \times FN_3 + 0.05 \times CONNECT_2 \tag{2-13}$$

其中，O 为组织力，LC 为景观连通性，LH 为景观异质性，IC 为重要生态空间（林地、湿地）的景观连通性，AWMPFD 为面积加权的平均拼块分形指数，FN_1 为景观破碎度指数，SHDI 为香农多样性指数，MSIDI 为修正辛普森多样性指数，CONT 为景观蔓延度，FN_2 为林地景观破碎度指数，$CONNECT_1$ 为林地景观连通性，FN_3 为湿地景观破碎度指数，$CONNECT_2$ 为湿地景观连通性。运用 Fragstats 4.2 移动窗口法计算各景观格局指数。

R 为恢复力，指生态系统受到外界干扰后所保持的稳定性及恢复速率，表征生态系统的弹性，主要由调节生态过程和生态功能的服务指标决定。本书选取决策者普遍关注的生态系统服务中的水资源供给量表征生态空间的恢复力，可以更好地反映区域生态系统的弹性和可持续性。水资源供给量采用 InVEST 模型计算，该模型是一种定量评价生态系统服务的综合模型，已在北美和中国广泛应用，并产生了良好的模拟结果（王蓓 等，2016；Bai et al.，2018；Hu et al.，2019；孔令桥 等，2019）。

▶ 2.3.8 生态空间分区

生态空间受社会、经济、自然因素的多重影响，在构建生态空间分区评价指标体系时，评价指标的选取直接决定了评价结果的科学性与适用性（王甫园 等，2017；徐欢 等，2018）。在新时期生态文明思想的指导下，对于生态空间分区评价指标的选取，应按照"山水林田湖草生命共同体"的理念及社会-经济-自然复合生态系统理论（王如松 等，2014；林坚 等，2018），对生态空间格局、生态系统特性及服务功能进行综合评价，明确生态空间存在的问题，以及未来区域生态保护修复所面临的形势与挑战。在系统分析上述生态空间评价方法上，本书建议指标筛选应达到 3 个目标：① 指标体系全面衡量并统筹考虑区域生态空间退化过

程和方向，采用能够综合反映生态空间的状态、结构、功能，包括外在特征及内在机理的指标；② 从区域角度综合评判各类生态空间及相互影响机制，要充分考虑生态空间时间尺度分布特征及人为压力与生态空间状态变化之间的联系，指标选取应该代表影响区域生态空间受损及退化的主要驱动力；③ 评价指标应具有概括性及普适性，符合当地政策目标及居民需求，选择易于获取和影响重大的因子或者模型，同时要容易监测，具有技术和经济可行性，以便定期地为政府决策、科研及满足居民要求等提供生态空间现状、变化及趋势的统计总结报告。基于此，本书在上述研究的基础上建立了以生态空间质量、生态系统服务、生态系统健康为主的综合评价体系。生态空间质量、生态系统服务决定着生态系统的效益和居民生活环境的质量，直接影响着城乡居民的可用性和舒适性，是政策目标的主要内容。生态系统健康反映生态系统的内在稳定性和抗干扰性，生态系统健康评价强调生态系统的完整性，为生态系统损害评价提供依据。

生态空间分区标准应从区域角度出发，以"山水林田湖生命共同体"的理念，结合区域内部生态空间现状及生态系统受损类型，识别区域内需要保护或修复的生态空间。由于生态空间质量和生态系统健康对生态空间整体状况具有不同的侧重，应综合二者进行聚类归并和趋同性分析。基于此，本书采取阈值法对生态空间进行分区（Bai et al., 2018），参照《珠江三角洲全域空间规划（2015—2020 年）》《珠江三角洲环境保护规划纲要（2004—2020 年）》《珠江三角洲环境保护一体化规划（2009—2020 年）》《粤港澳大湾区发展规划纲要》等内容，将阈值取值为生态空间质量指数和生态系统健康指数累加面积百分含量的 10%、25%、75%，将生态空间质量和生态系统健康划分为差、一般、良和优 4 个级别。在生态空间分区管控中，综合生态空间质量和生态系统健康分级范围，将两个优的区域确定为重点保护区，含有一个差的区域和两个一般的区域为重点修复区，含有一个一般的区域为潜在修复区，其余均为生态保育区。该分类方法可根据政策目标和国土空间规划合理调整阈值取值范围，具有较大的灵活性。

2.4 数据来源

本书中主要涉及的数据包括土地利用数据、气象数据、地形数据和社会经济数据等，具体的数据信息如表 2-7 所示。生态空间数据来源于中国科学院资源环境科学数据中心，该数据源已经在国家土地资源调查、水文、生态研究中发挥着重要作用，具有一定的科学指导价值（Hu et al., 2019；Jiao et al., 2019；Chen et al., 2020）。

表 2-7　数据需求与来源

数据名称	数据描述	数据类型（分辨率）	数据源
生态空间数据	2000、2017、2018年土地利用数据	栅格（30米）	中国科学院资源环境科学与数据中心（http://www.resdc.cn），以美国陆地卫星 Landsat 遥感影像数据作为主要数据源，通过人工目视解译获取
高程、地势起伏度	DEM	栅格（30米）	ASTER 全球数字高程模型（Slater et al., 2011）
土壤基础数据	世界土壤数据库	栅格（1000米）	http://www.iiasa.ac.at/Research/LUC/Extemal-World-soil-database/HTML/
归一化植被指数	植被覆盖度	栅格（250米）	https://ladsweb.modaps.eosdis.nasa.gov
植被净初级生产力	NPP	栅格（1000米）	http://ladswed.nascom.nasa.gov
海岸线距离	到最近海岸线的距离	栅格（30米）	美国国家海洋和大气管理局（https://www.noaa.gov/）
土壤侵蚀数据	按照土壤侵蚀强度分级	栅格（1000米）	中国科学院资源环境科学与数据中心
气象因素	蒸散发量、温度、降雨量	气象站点数据按照克里金插值为栅格数据（30米）	国家气象科学数据中心（http://data.cma.cn）
AQI	空气污染指数	监测点数据按照克里金插值为栅格数据（30米）	中国生态环境部环境数据中心（http://datacenter.mee.gov.cn）

　　生物多样性代表生物群落中物种和个体数量。考虑到实验数据的可用性和空间代表性，参照谢高地等（2015）的研究结果，确定以土地利用表征生物多样性。栖息地质量是为生态系统生物的生存和繁殖提供的必要的物理、化学和生物条件，以生态环境质量指数为标准，通过土地利用类型进行划分（见表 2-8）。

表 2-8　不同土地利用类型 BI 和 HQ 权重

指数	水田	旱地	林地	灌木丛	其他林地	高覆盖草地	中覆盖草地	低覆盖草地	河流	湖泊	湿地
BI	0.21	0.13	2.41	1.57	1.57	1.64	0.82	0.27	2.43	2.43	2.55
HQ	0.07	0.04	0.26	0.09	0.09	0.13	0.06	0.02	0.03	0.08	0.17

BI——生物多样性指数；HQ——栖息地质量指数。

社会经济数据主要来自广东省及珠三角城市群各城市统计年鉴，国民经济和社会发展统计公报和中国城市统计年鉴。在生态空间质量人群分布特征分析中，东莞市和中山市由于缺乏数据，没有被纳入。深圳市仅有城市统计数据，本书只分析其城市分布特征。由于社会经济数据的可用性，收入和生态空间质量均为平均值，并假设在县一级均匀分布。

▶ 2.4.1　土地利用遥感数据

土地利用/土地覆盖变化的遥感数据来源于中国科学院资源环境科学与数据中心（http://www.resdc.cn），数据的生产制作是由刘纪远等以 Landsat TM/ETM 遥感影像为主要数据源，通过人工目视解译生成。本数据的空间精度为 1 千米×1 千米，土地利用数据集包括了 1980 年、1990 年、1995 年、2000 年、2005 年、2010 年和 2015 年 7 期遥感数据。该数据库将中国土地利用类型分为耕地、林地、草地、水域、建设用地和未利用地 6 个一级类型和 25 个二级类型。基于中国地市行政边界矢量数据，通过 Arcgis 10.2 进行数据处理得到 1980—2015 年各地级市的土地利用数据。

▶ 2.4.2　湿地遥感数据来源

以珠三角海岸滩涂以上陆域边界范围内的湿地为研究对象，采用 2000 年、2005 年、2010 年和 2015 年 4 期土地利用矢量数据，数据源来自中国科学院资源环境科学与数据中心（http://www.resdc.cn/），精度达 90% 以上，符合制图要求。将湿地类型中的二级分类按照主导功能一致的原则归并为水田、水库坑塘、湖泊、河渠、滩涂、滩地、沼泽地共 7 种主要湿地类型；考虑遥感解译的最小地物单元，扣除细小地物，将上述 7 种湿地类型再分为人工湿地（水田、水库坑塘）

和自然湿地（湖泊、河渠、滩涂、滩地、沼泽地）。由此得到珠三角城市群 2000年、2005 年、2010 年、2015 年共 4 期的湿地空间分布图。

▶ 2.4.3 社会经济数据

通过统计年鉴获取常住人口数、人均国内生产总值（GDP）、粮食产量、科研实验经费投入等社会经济数据，降水量、温度等气象数据主要通过国家气象科学数据中心（http://data.cma.cn）获取。

第 3 章

珠三角城市群生态景观演变规律与时空特征

城市扩张是城市化在空间上的最突出特征之一。当下，许多发展中国家正经历着城市化浪潮，城市群是世界城市化的新趋势，也是我国城市化的基本特点（窦金波，2010）。由于城市群地区通常经济发达、人口聚集，从而推动城市在地域空间上的动态演变（刘纪远 等，2005），使得景观格局动态演变复杂化，进而深刻影响生态系统的结构功能，造成一系列的生态问题，严重影响区域和全球的可持续发展（曾辉 等，2000；Dinda et al.，2021；焦利民 等，2021；李锋 等，2011；Deng et al.，2009）。因此，研究城市群尺度上空间增长特点和时空演化规律，对提高城市群规划管理水平和保障城市群生态安全等方面具有重要的参考价值。党的十九大报告提出以城市群为主体形态，促进大中小城市和小城镇协调发展，珠三角城市群作为亚太地区最具活力的经济区之一，是我国城市群发展水平的典型代表，研究其城市扩张时空特征，对于国家合理制定政策，实现城市群可持续发展具有参考作用。

随着中国城镇化进程的加快，许多学者纷纷开展中国城市化研究（林中立 等，2019）。目前，对于单一城市扩张的时空演变特征及其驱动机制的研究较多（翟涌光 等，2020；曹晓丽 等，2018；陈妤凡 等，2019），揭示城镇用地扩张与结构演变的驱动机制。近年来，随着遥感及 GIS 技术的发展，地表观测数据的获取和处理更加便捷，这为大尺度监测、分析城市扩张提供了有利条件，便于开展对城市群尺度上的城市扩张研究，目前的这些研究加深了对珠三角城市群城市扩张规律的认识。然而，覆盖整个城市群的多时空尺度长时间序列的城市扩张研究以及各个城市之间的比较研究仍较为缺乏，而且当前研究大都侧重于在不同时间截面上横向对比分析城市用地空间格局，而对各个城市扩张过程中时序特征的相似性和差异性研究略显不足。

因此，本章将采用 GIS 空间分析与景观格局指数相结合的方法，分析 1980—2015 年期间珠三角城市群尺度上城市的时空演变和景观格局特征，并基于城市尺度对城市扩张过程时序特征的相似性与差异性进行对比研究，结合自然社会因素对其驱动力进行探讨，该研究旨在进一步深入了解珠三角城市群的城市化水平和城市扩张的时空规律，以期为珠三角城市群的规划、建设及可持续发展提供科学依据。

3.1　研究方法

▶ 3.1.1　城市空间扩张指标

城市扩张的速度和强度是研究城市扩张特征的重要指标。城区扩张速率（M_{ur}）表示城区用地扩张面积的年增长速率，用以表征城市扩张的总体趋势。城区扩张强度指数（I_{ur}）的实质是用各空间单元的土地面积对每年的城市平均扩张速度进行标准化处理，使不同时期城区扩张的速度具有可比性，其计算公式如下：

$$M_{ur} = \frac{\Delta U_{ij}}{\Delta t_{ij} \times ULA_{ij}} \times 100 \tag{3-1}$$

$$I_{ur} = \frac{\Delta U_{ij}}{\Delta t_{ij} \times TLA_{ij}} \times 100 \tag{3-2}$$

其中，ΔU_{ij} 为 j 期间第 i 个研究单元城区扩张面积；Δt_{ij} 为 j 期间的时间跨度；ULA_{ij} 为 j 时段初期第 i 个研究单元城区面积；TLA_{ij} 为第 i 个研究单元土地总面积，本书的城区面积用城市建设用地面积来表达。

▶ 3.1.2　城市空间形态变化指标

城市空间形态变化状况可以用景观格局指数来分析和描述，进而定量化分析景观格局的结构组成和空间配置等特征。本书分别从景观水平和斑块类型两个尺度选用被国内外广泛使用且意义明确的指标进行景观格局分析。本书采用AWMPFD（面积加权平均斑块分形维数）及 LSI（景观形状指数）来测定景观和斑块形状的复杂程度，NP（城镇斑块数量）及 AI（聚集度指数）用于表达城镇景观的破碎化程度与聚集程度。其中，LPI（最大城镇斑块指数）是最大斑块面积与城镇总面积的比值，而不是区域总面积。其计算公式及生态学意义比较常见，在此不再阐述，所有指标的计算采用 Fragstats 4.2 程序。

3.2　珠三角城市群扩张过程的时空分异特征

3.2.1　珠三角城市群扩张过程的整体特征

　　研究发现，珠三角城市用地持续增加（见图 3-1）。1980—2015 年，珠三角城市群的城市用地从 2688.3 平方千米增加到 7245.2 平方千米，净增长 4556.9 平方千米，占整个城市群面积的百分比由 5.0%增长到 13.4%，扩张了近 3 倍。城市用地增加呈明显的加快趋势，1980—2000 年和 2000—2015 年期间分别扩张 1513.1 平方千米、3043.8 平方千米，年均增加量分别为 75.7 平方千米和 202.9 平方千米；扩张速率也由 2.8%增加到了 4.8%。扩张强度由 0.14%提高到了 0.38%，珠三角 35 年来的平均扩张强度为 0.24（见表 3-1 和表 3-2）。

　　□ 行政边界　■ 1980年建成区　■ 1980—2000年城市扩张区　□ 2000—2015年城市扩张区

图 3-1　珠三角城市群 9 个城市扩张叠加图　[审图号: GS 京(2023)1026 号]

表 3-1　珠三角城市群的城市用地结构

年份	珠三角城市面积 / 平方千米	百分比 / %
1980	2688.3	5.0
2000	4201.4	7.8
2015	7245.2	13.4

表 3-2　珠三角城市群在 1980—2015 年期间城市增长情况

时段	扩张面积 / 平方千米	扩张速率 / %	扩张强度 / %
1980—2000	1513.1	2.8	0.14
2000—2015	3043.8	4.8	0.38
1980—2015	4556.9	4.8	0.24

▶ 3.2.2　珠三角各个城市扩张的空间分异特征

　　由图 3-2 和图 3-3 可知，各城市建成区面积扩张差异明显。其中，东莞与广州一直大面积扩张，分别扩张了 949.1 平方千米、881.8 平方千米，其次是佛山与深圳，分别扩张了 801.2 平方千米、552.2 平方千米，这些面积扩张较大的城市主要分布在研究区中部的城镇密集带及沿海地区；而城区面积扩张较小的是珠海、肇庆和中山；各个城市的增长方式是边缘式增长与填充式增长并存。扩张速率较快的城市主要有中山、东莞和珠海。扩张强度较大的城市主要有东莞、深圳和

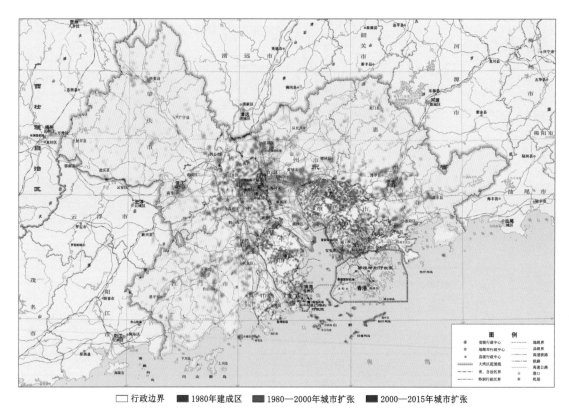

□ 行政边界　■ 1980年建成区　■ 1980—2000年城市扩张　■ 2000—2015年城市扩张

图 3-2　珠三角 9 个城市的城市扩张叠加图　［审图号：GS 京(2023)1026 号］

中山等。由此发现，中山由于总面积较小，虽然扩张强度及速率均较高，但城区扩张面积相对较小。

以下基于时间尺度探究珠三角城市群的时空演变特征。1980 年，珠三角建成区面积较大的城市是广州、江门和惠州，分别为 553.0 平方千米、439.6 平方千米和 384.8 平方千米；发展到 2000 年时，建成区面积最大的是广州、东莞和深圳，达到了 823.3 平方千米、630.4 平方千米、564.8 平方千米。这 20 年间，深圳发展迅速，扩张面积最多，扩张了 315.9 平方千米，从而发展为以广州和深圳为双中心的城市群结构特征。其次是东莞 314.9 平方千米，广州的扩张面积居第三位，江门和惠州的扩张面积较小。经过 2000—2015 年这 15 年的发展，相对偏内陆地区的江门和惠州的城市扩张区域退出前三甲（1980 年统计显示，江门和惠州的建成区面积在珠三角城市群中分别位列第二、第三位），而广州、东莞和佛山的建成区面积位于前三位；广州作为广东省省会，在政治、经济等方面均占优势，同时，城市人口急剧增加，推动了城市的迅速扩张。深圳居于第四位，由于其土地面积有限以及生态环保政策的实施，其城市发展程度已经不能简单地通过城市面积来表达了。在 2000—2015 年，东莞、中山、珠海、佛山等相继进入大城市之列，双核模式逐步演化为网络化、多中心模式。珠三角地区城市间联系更紧密，功能更完善，逐步发展为城乡一体的多层次城镇体系。

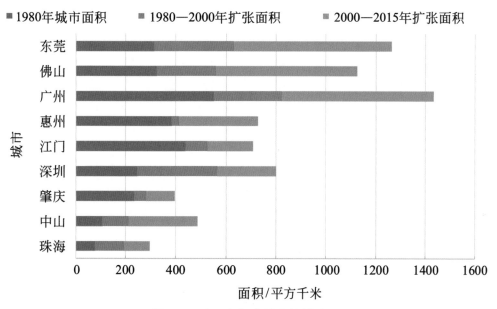

图 3-3　珠三角各个城市的扩张面积

3.3 珠三角城市群扩张速率与扩张强度的差异分析

▶ 3.3.1 珠三角城市群扩张速率与扩张强度特征

随着城市化进程加快，珠三角城市用地不断扩张，但由于各城市的定位及地理位置等原因，扩张特征各异（见图 3-4）。除了深圳与珠海的扩张速率分别由 1980—2000 年的 6.3%、7.6% 下降为 2000—2015 年的 2.8% 和 3.6% 外，其他城市的扩张速率均持续增加。其中，中山的扩张速率居首位，由 1980—2000 年的 4.9% 上升到 2000—2015 年的 8.6%，其次为东莞。深圳与珠海的扩张速率下降，一方面受到土地资源的限制，另一方面严守生态环保政策，在 1980—2000 年这两个城市飞速发展，在 2000—2015 年发展速度减缓是合理的。

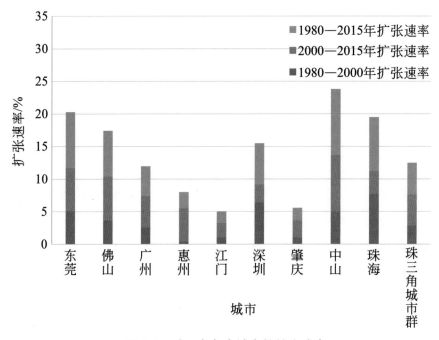

图 3-4　珠三角各个城市的扩张速率

通过研究扩张强度，可以比较分析城市时空扩张的强弱。从图 3-5 中发现，珠三角各城市间的扩张强度差异明显，但各城市扩张程度均在增加。扩张强度较大的城市多集中在土地资源相对欠缺的区域中心及沿海城市，比如东莞、深圳及中山等，这些城市扩张速率快，扩张强度普遍较高。尤其是东莞，扩张强度由 1980—2000 年的 0.65% 增加到 2000—2015 年的 1.8%，居珠三角城市群之首，这主要是受到当地社会经济飞速发展的影响，主要驱动力包括服务业、投资等因素。扩张强度较小的多集中在土地资源相对富足的周边偏内陆城市，比如肇庆、江门和惠州等地，这些城市扩张速率慢，扩张强度低。

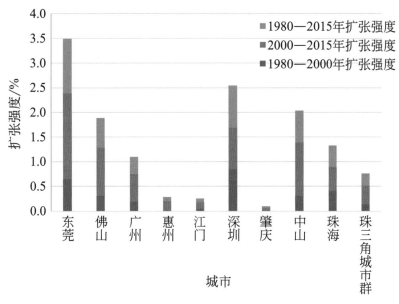

图 3-5　珠三角各个城市的扩张强度

▶ 3.3.2　珠三角城市群扩张速率与扩张强度的空间分异

对珠三角各城市用地扩张速率进行层次聚类分析，主要分为三类。随着经济的快速增长，在这 9 个城市中，高速扩张的城市是中山、东莞和珠海；中速扩张的城市有佛山、广州和深圳；低速扩张的城市是肇庆，江门和惠州（见图 3-6）。因此，处于高强度扩张的城市是东莞和深圳；中强度扩张的城市包括佛山，中山和珠海；而处于低强度扩张的城市有广州、肇庆、江门和惠州（见图 3-7）。

东莞扩张的强度和速度均处于高级水平，沿海城市（中山、珠海、深圳）的扩张强度和速度均比内陆城市（肇庆、江门、惠州）高。扩张强度较小的多集中在土地资源相对富足的内陆城市，一方面是受地形、地理位置、土地面积较大等条件限制；另一方面由于这些城市的经济发展相对较慢，对城市扩张的推动力较弱。比如广州作为广东省的省会，基于扩张速率，还处于中等水平，但基于扩张强度被划分为低强度扩张城市，这除了与土地面积有关，也与响应环保政策和地处偏内陆等原因有关。

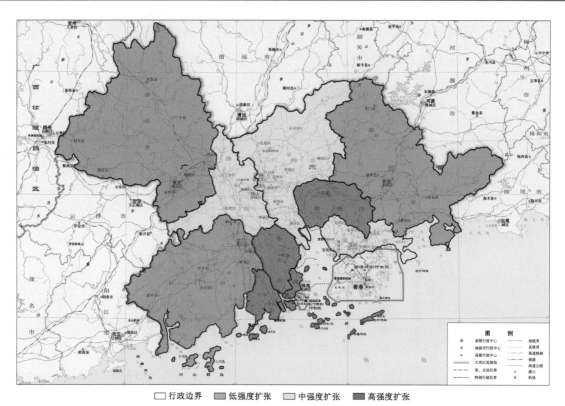

行政边界　　低强度扩张　　中强度扩张　　高强度扩张

图 3-6　1980—2015 年珠三角各个城市扩张速率的空间分布　　[审图号: GS 京(2023)1026 号]

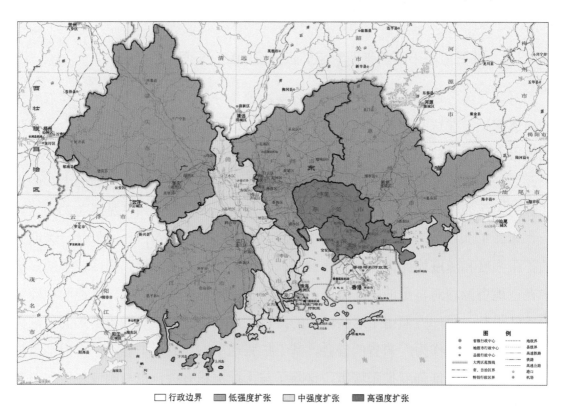

行政边界　　低强度扩张　　中强度扩张　　高强度扩张

图 3-7　珠三角各个城市扩张强度的空间分布　　[审图号: GS 京(2023)1026 号]

3.4　珠三角城市群城市景观格局演变分析

▶ 3.4.1　珠三角城市群整体的扩张格局特征

基于斑块数分析发现（见图 3-8），1980—2015 年，珠三角城市群的斑块数先减少后增加，这与珠三角城市扩张形式有关，1980—2000 年珠三角城市群的发展

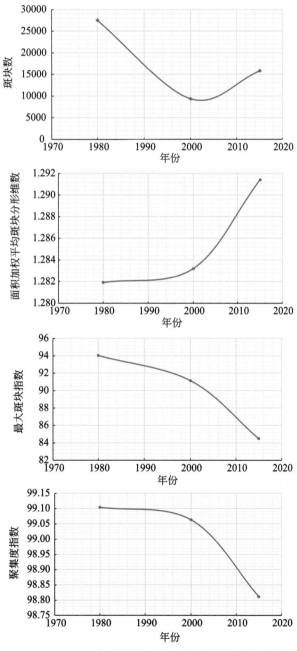

图 3-8　1980—2015 年珠三角城市群整体扩张格局指数的变化

以填充式城市扩张为主，而 2000 年以后，以外延式扩张为主，即开发区大力扩张使得斑块数增多。基于面积加权平均斑块分形维数分析可以看出，珠三角城市群的分形维数基本上都在 1.28～1.30。其中，在 1980—2000 年增长平缓，在 2000—2015年增长较大，总体持续增长。这说明珠三角城市用地空间结构趋于复杂，城区边界破碎程度增加、形状不规则性增强。基于最大斑块数与聚集度指数研究可以看出，最大斑块数与聚集度指数均呈下降趋势，1980—2015 年，珠三角城市群的最大斑块数由 94 下降为 84，聚集度指数由 99.1 下降为 98.8，均说明珠三角城市群景观趋于破碎化。

▶ 3.4.2 珠三角城市群各个城市的扩张格局特征

城市扩张主要有 4 种类型，分别为填充型、外延型、廊道型和卫星城型。一般而言，城市形成是 4 种扩张类型综合作用的结果，而城市形状的变化则是城市用地扩张的结果，城市用地扩张类型与城市建成区形状及聚集度存在一定的相关关系（王新生 等, 2005）。

3.4.2.1 城市景观形状指数变化

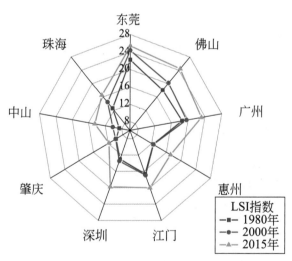

图 3-9 珠三角城市群各个城市景观形状指数的变化

由图 3-9 可知，基于时间尺度，1980—2015 年，各个城市的景观形状指数呈逐年增加的趋势，说明珠三角城市景观的形状趋于复杂化；基于空间而言，各个城市的形状变化特点差异明显，东莞的形状指数最突出，说明东莞城市景观的形状比较复杂；其次是佛山和广州，而这 3 个城市的扩张也比较快速，说明发展快速的城市景观形状相对复杂；而形状指数较小的城市分别是肇庆、中山和珠海，这 3 个城市景观形状简单的原因也各有不同，肇庆发展比较缓慢，基于城市规划发展比较规整；中山扩张速度较快，形状还简单，可能与地理位置及地形等因素有关；而珠海的形状简单可能与岛屿众多和矢量化精细程度有关。

3.4.2.2　城市景观聚集度指数的变化

城市外围轮廓形态聚集度计算结果（见图 3-10）显示，珠三角 9 个城市中 3 个时期的聚集度均保持较高水平的城市主要包括肇庆、惠州和江门，说明这些城市的土地集约化程度较高，主要是由于这些城市偏内陆，还受到地形及经济等因素的影响，各城市发展相对独立，城市间联系较弱，不易受外界环境影响，城市内部环境相对稳定。

3 个时期聚集度始终较低且逐渐下降的城市主要包括东莞、深圳和佛山，尤其是东莞，35 年来，经济发展迅速，流通性较高，城市内部环境的稳定性也最弱，结构较松散。总体来看，珠三角各城市的聚集度均下降，说明城市用地集约程度和结构紧凑度均降低。

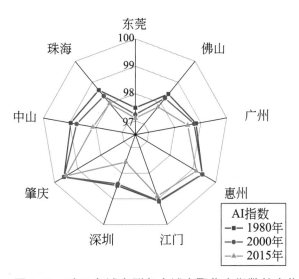

图 3-10　珠三角城市群各个城市聚集度指数的变化

3.5　小结

为了进一步加深对珠三角城市群城市扩张规律的认识，解决覆盖整个城市群的多时空尺度长时间序列的城市扩张比较研究较为缺乏的问题，本书运用遥感和

GIS 手段提取城市的空间特征信息，并结合城市空间扩张和空间形态景观格局等指标，基于多时空尺度定量分析了 1980—2015 年珠三角城市群城市扩张时空演变的格局特征，并对各个城市扩张过程的时序特征的相似性与差异性进行了对比研究，并结合自然社会因素对其驱动力进行探讨。主要研究内容如下：

（1）通过研究珠三角城市的扩张情况发现，珠三角城市用地面积均持续增加。1980—2015 年，城市用地面积扩张近 3 倍，城市用地扩张速率明显加快，扩张强度不断增强。

（2）基于时间尺度可以看出，1980 年，以广州为中心的单核模式，经过改革开放 20 年的发展，2000 年时，深圳崛起，与广州形成双核发展模式；又经过 15 年，至 2015 年，由双核模式逐渐向网络化、多中心模式演化，即深圳与东莞，广州与佛山、中山等城市共同发展。

（3）通过对珠三角各城市建成区的扩张速率与扩张强度的比较研究发现，基于数量分析，1980—2000 年与 2000—2015 年两个阶段，除了深圳与珠海的扩张速率降低外，其他城市的扩张速率均提升；空间分布特征表现为扩张迅速的城市多集中在土地资源相对欠缺的中心区域偏沿海地带；扩张相对较慢的城市多集中分布在土地资源相对富足的周边偏内陆区域。

（4）采用分形维数与聚集程度可以看出，珠三角城市用地空间结构趋于分散，破碎化现象明显，形状趋于复杂。同时发现，扩张较快的城市形状更复杂，结构趋于分散；扩张较慢的城市形状更规则，分布更聚集。

综合来看，本章的研究工作清晰揭示了珠三角城市扩张的发展脉络，同时，也发现珠三角城市化现象突出，这些研究有助于珠三角城市群的规划、建设和可持续发展，也可以为后期研究城市化对珠三角区域生态系统服务价值的影响奠定基础。

近年来，随着珠三角城市化进程加快，生态环境问题突出，公众逐渐意识到保护生态环境的重要性，政府也高度重视区域生态文明建设。如何科学评价区域生态环境质量，发现影响生态环境质量的关键因素，对于实现珠三角的可持续发展有着重要意义；而对于珠三角生态环境质量的整体把握，也有助于后期的课题研究找到新的突破口。因此，本书采用生态环境质量指数，基于多时空尺度综合评价了珠三角城市群及各个城市的生态环境质量，该研究有助于揭示珠三角城市群区域的生态环境质量时空演变规律，整体把握珠三角城市群的生态环境质量，发现该区域存在的生态建设与城市发展中存在的问题，为下一步深入研究找到突破口。

4.1　研究方法

▶ 4.1.1　生态系统质量指标

由于土地利用二级分类系统具有较高分辨率，且体现了明显的生态差异性，可以据此对二级分类体系下的土地利用类型构建生态环境质量指标体系，即将土地利用变化类型和过程结合起来，通过建立土地利用/土地覆盖与区域生态环境质量的关联，追踪土地利用变化的样式、数量和空间特征，来定量分析区域生态环境质量变化的数量和空间特征。在本书中，结合专家评分和层次分析法，参考国内相关研究，对二级分类体系下的土地利用类型所具有的生态环境质量进行模糊赋值，其结果如表 4-1 所示。

▶ 4.1.2　区域生态环境质量综合指数

想要定量评估某一区域的生态环境质量的总体状况，需要综合考虑区域内各

表 4-1　土地利用分类系统及其生态环境质量指标

一级类型		二级类型		生态质量指数赋值
编号	名称	编号	名称	
1	耕地	11	水田	0.30
		12	旱地	0.25
2	林地	21	有林地	0.95
		22	灌木林	0.65
		23	疏林地	0.45
		24	其他林地	0.40
3	草地	31	高覆盖度草地	0.75
		32	中覆盖度草地	0.45
		33	低覆盖度草地	0.20
4	水域	41	河渠	0.55
		42	湖泊	0.75
		43	水库坑塘	0.55
		45	滩涂	0.45
		46	滩地	0.55
5	建设用地	51	城镇用地	0.20
		52	农村居民点	0.20
		53	其他建设用地	0.15
6	未利用地	61	沙地	0.01
		64	沼泽地	0.65
		65	裸土地	0.05
		66	裸岩砾地	0.01

种类型的土地利用所具有的生态质量及各种类型所占的面积比例，其表达式为

$$EV_t = \sum_{i=1}^{N} LU_i \times C_i / TA \qquad (4\text{-}1)$$

式中，EV_t 为区域生态环境质量综合指数；LU_i 和 C_i 为该区域内 t 时期第 i 种土地利用类型的面积和生态环境质量指数；TA 为该区域总面积；N 为区域内土地利用类型数量。

▶ 4.1.3　土地利用类型转变的生态贡献率

生态贡献率是指某一种类型的土地利用时空变化所导致的区域生态环境质

量的改变，其表达式为

$$LEI = (LE_{t+1} - LE_t)\, LA\, /\, TA$$

式中，LEI 为土地利用变化类型生态贡献率；LE_{t+1}、LE_t 分别为某种土地利用类型变化初期和末期的生态环境质量指数；LA 为该类型变化的面积；TA 为区域总面积。

4.2　综合生态环境质量指数分析

由上述公式可以得到珠三角城市群 2000—2015 年的区域生态环境质量指数时空演变状况，结果表明 2000—2015 年，珠三角城市群区域的生态环境质量指数年均下降 0.11%，从 0.63 下降到 0.61。说明在 2000—2015 年，总体来看，珠三角城市群区域的生态环境质量维系着一定程度的稳定，同时，生态环境质量出现恶化，并呈下降趋势。

2000—2015 年有改善和恶化珠三角区域生态环境质量的两种趋势并存，说明珠三角城市群在一定程度上维持生态平衡，但实际上这两种趋势在一定程度上互相抵消，因此总体能够维持区域生态质量的动态平衡稳定。由表 4-2 可知，

表 4-2　导致区域生态环境改善的主要土地利用类型变化及贡献率

		土地利用类型变化	变化面积/公顷	贡献率	占贡献率的比例/%
导致生态环境改善	退耕还林	水田-有林地	843.63	0.0001	1.48
		旱地-有林地	3046.90	0.0004	5.75
		旱地-其他林地	2473.39	0.0001	1.00
		高覆盖度草地-有林地	2809.50	0.0001	1.52
		其他建设用地-有林地	422.74	0.0001	0.91
		小计	9596.16	0.0008	10.66
	退耕还水	旱地-水库坑塘	4091.89	0.0002	3.31
		其他林地-水库坑塘	918.66	0.0001	0.87
		小计	5010.55	0.0003	4.18
	林地内部转化	灌木林-有林地	1070.65	0.0001	0.87
		疏林地-有林地	4072.78	0.0004	5.49
		其他林地-有林地	41001.09	0.0042	60.80
		小计	46144.52	0.0047	67.16
		总计	60751.22	0.0057	81.99

2000—2015 年致使珠三角区域生态环境质量改善的土地利用转变类型主要包括退耕还林、退耕还水和林地内部的相互转化。其中林地内部转化的生态贡献率为67.16%；退耕还林的生态贡献率为10.66%；退耕还水的生态贡献率为4.18%。

由表 4-3 可知，2000—2015 年导致珠三角区域生态环境质量恶化的土地利用转变类型主要包括城乡建设用地规模的扩大和土地退化。城乡建设用地规模的扩大主要表现为耕地、林地和水域向城乡建设用地的转化。土地利用类型转换为城乡建设用地部分占生态恶化贡献率的46.55%，土地退化部分占生态恶化贡献率的35.79%。总体上，珠三角区域同时存在着生态改善和恶化的两种趋势，但其生态环境质量保持着稳定的态势。

表 4-3　导致区域生态环境恶化的主要土地利用类型变化及贡献率

		土地利用类型变化	变化面积/公顷	贡献率	占贡献率的比例/%
导致生态环境恶化	城市扩张	有林地-其他建设用地	18458.40	−0.003	13.25
		有林地-城镇用地	17094.48	−0.002	11.50
		其他林地-城镇用地	17402.84	−0.001	3.12
		水田-城镇用地	58649.13	−0.001	5.26
		水田-其他建设用地	37714.09	−0.001	5.08
		水库坑塘-农村居民点	10326.77	−0.001	3.24
		水库坑塘-其他建设用地	16231.56	−0.001	5.10
		小计	175877.27	−0.01	46.55
	土地退化	有林地-高覆盖度草地	13534.70	−0.001	2.43
		有林地-其他林地	67589.16	−0.007	33.36
		小计	81123.86	−0.008	35.79
		总计	369879.96	−0.021	82.35

4.3　生态环境质量空间分异

土地利用类型不同的区域的生态环境质量具有明显差异性，近 15 年来，珠三角区域土地利用的变化给各个城市的生态环境质量带来了不同程度的影响（见图 4-1 和图 4-2）。就空间尺度而言，肇庆、惠州和江门的生态环境质量指数

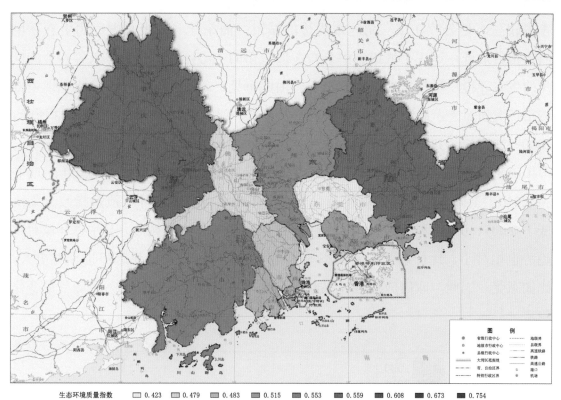

生态环境质量指数　　▢ 0.423 ▢ 0.479 ▢ 0.483 ▢ 0.515 ▢ 0.553 ▢ 0.559 ▢ 0.608 ▢ 0.673 ▢ 0.754

图 4-1　2000 年珠三角区域生态环境质量分布状况　　[审图号: GS 京(2023)1026 号]

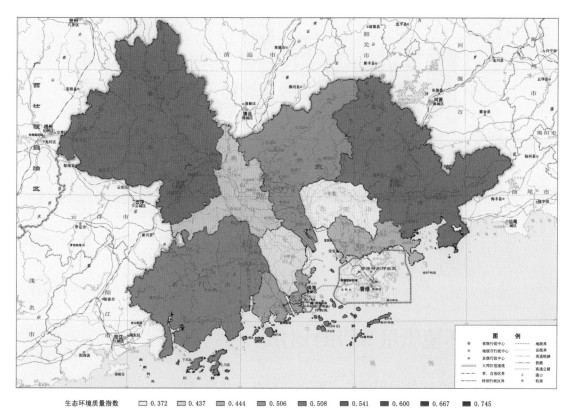

生态环境质量指数　　▢ 0.372 ▢ 0.437 ▢ 0.444 ▢ 0.506 ▢ 0.508 ▢ 0.541 ▢ 0.600 ▢ 0.667 ▢ 0.745

图 4-2　2015 年珠三角区域生态环境质量分布状况　　[审图号: GS 京(2023)1026 号]

普遍较高，是分散在珠三角区域周边的城市；而东莞、佛山与中山的生态环境质量指数最低，这 3 个城市集中分布在珠三角的中心区域；作为广东省省会的广州的生态环境质量指数处于中间水平。由此可见，珠三角区域生态环境呈现中部城市环境质量差，周边城市环境质量好的特点。就时间尺度而言，如图 4-3 所示，2000—2015 年，珠三角城市群区域的生态环境质量指数普遍降低，东莞、深圳与中山的生态环境质量指数明显下降，生态环境质量指数分别降低了 0.051、0.047 和 0.046；下降程度较轻的城市是惠州、珠海和江门，生态环境质量指数分别降低了 0.007、0.007 和 0.008。由此可见，生态质量整体好的城市，其生态环境恶化趋势也相对小，比如惠州；而生态质量相对差的城市，其恶化趋势也相对更大，比如东莞。因此，政府应加强环保监管力度，平衡各个城市的生态环境质量变化趋势。

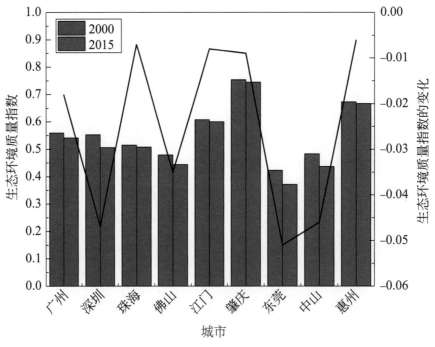

图 4-3　2000—2015 年珠三角各个城市生态环境质量指数

4.4　生态环境质量等级的划分

基于 SPSS.20 软件，采用欧式距离法对珠三角区域的生态环境指数进行聚类分析，根据结果可以将研究区 9 个行政单元划分成 5 个生态质量等级（见表 4-4）。

表 4-4　珠江三角洲生态环境质量等级评定标准

生态质量指数	等级划分
<0.3	生态质量低值区
0.3~0.45	生态质量较低区
0.45~0.6	生态质量一般区
0.6~0.75	生态质量较高区
>0.75	生态质量高值区

由图 4-4 和图 4-5 的整体分析来看，珠三角所有城市的生态环境质量都高于低值区；在 2000 年时，东莞的生态环境质量最差；至 2015 年，东莞、佛山、中山的生态环境质量均处于较低水平；大多数城市的生态环境质量均处于一般水平以上；只有在 2000 年时，肇庆的生态指数高于 0.75，生态环境质量被划分到最高水平。具体分析如下：

（1）生态质量低值区：生态环境质量指数均低于 0.30。珠三角区域的城市的生态质量指数均大于 0.3，说明珠三角生态环境质量的整体水平没有最差的，都处于较低水平以上。

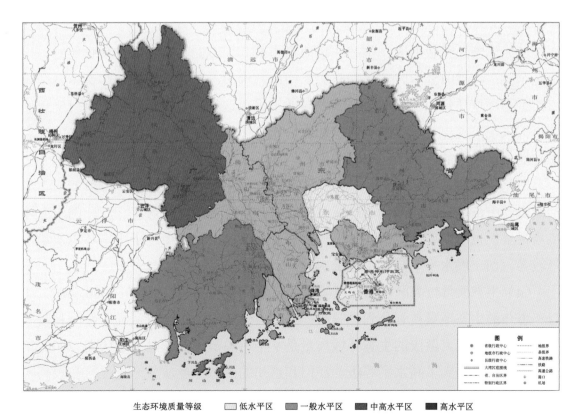

生态环境质量等级　　□ 低水平区　■ 一般水平区　■ 中高水平区　■ 高水平区

图 4-4　2000 年珠江三角洲城市群的生态环境质量等级　　［审图号：GS 京(2023)1026 号］

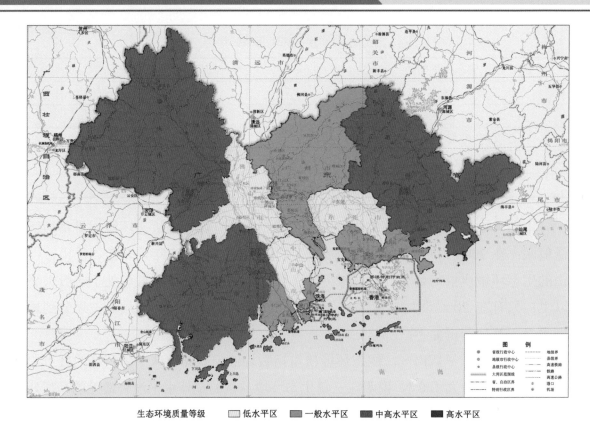

生态环境质量等级　□ 低水平区　■ 一般水平区　■ 中高水平区　■ 高水平区

图 4-5　2015 年珠江三角洲城市群的生态环境质量等级分布图　［审图号: GS 京(2023)1026 号］

（2）生态质量较低区：生态环境质量指数介于 0.3～0.45。在 2000 年时，主要是东莞；在 2015 年时，包括东莞、中山、佛山。对比发现中山和佛山两个城市的生态环境质量由一般水平降到了较低水平。这是因为中山和佛山近 15 年的城市扩张现象突出，城市用地面积加大，城市化速度加快，而生态价值高的地类如林地、草地等的面积在研究期间不断下降。

（3）生态质量一般区：生态环境质量指数介于 0.45～0.60。在 2000 年时，包括佛山、中山、珠海、深圳、广州；在 2015 年时，深圳、珠海、广州的生态环境质量虽然也下降了，但是还处于一般水平；而佛山和中山由于生态环境质量下降较多，由一般水平下降到了较低水平。

（4）生态质量较高区：生态环境质量指数介于 0.60～0.75。在 2000 年时，江门和惠州的生态质量被划分到该等级；在 2015 年时，肇庆也从高等级降到较高等级。对比发现，肇庆的生态环境质量是 9 个市中最好的，只有肇庆在 2000 年时的生态质量达到了高水平等级。江门和惠州的生态环境质量一直保持在较高区是因为江门和惠州的生态环境基础较好，拥有大量的生态价值高的土地如林地、草地等，而且靠近内陆地区，不易受自然灾害的影响。

（5）生态质量高值区：生态环境质量指数均高于 0.75。只有在 2000 年时肇庆的整体生态质量属于高值区。因为肇庆的土地利用以林地、水域、草地等生态价值较高的土地利用类型为主，生态效果好。

4.5　小结

根据 Lansat 卫星遥感影像的解译结果，采用土地利用程度、综合生态环境质量指数、生态贡献率等指标进行量化，通过揭示土地利用/土地覆被与区域生态环境质量的相关性，实现对珠三角生态环境效应的定量评价。从综合生态环境质量、各个城市生态环境质量的空间分异特征及其等级划分等多角度对珠三角城市群 15 年间的生态环境质量变化进行了系统分层的比较分析，并为后期重点研究珠三角湿地生态空间损失和城市扩张指明研究方向。

（1）2000—2015 年，珠三角土地利用变化主要表现为耕地、林地、水体和未利用地的面积减少，建设用地和草地的面积呈现增加的态势。其中，伴随着快速城市化，建设用地面积增加了 3044.02 平方千米，增加量占 2015 年建设用地总量的 42.1%，其中 23.09%，11.29% 和 7.04% 分别来源于对耕地、林地和水域的侵占。从空间分布来看，这些建设用地集中分布在广州、佛山、东莞、中山等城市。可见，珠三角区域的空间城市化现象显著。同时，林地中有 147.55 平方千米退化为草地，说明林地生态系统受损现象明显，有待加强保护。耕地中有 213.15 平方千米转变为水域，说明广东省的退耕还湖政策效果显著。

（2）2000—2015 年，珠三角生态环境在一定程度上维持着相对平衡，但总体略微下降。2000—2015 年，珠三角城市群的综合生态环境质量指数下降了 0.02，年均下降了 0.11%，其中林地、水域和耕地的下降幅度最大，并且生态环境质量同时存在改善和恶化两种相反趋势，珠三角区域导致生态环境质量改善的土地利用转变类型主要包括退耕还林、退耕还水和林地内部的相互转化等；而导致生态环境质量恶化的土地利用转变类型主要包括城乡建设用地规模的扩大和土地退化。从研究结果可以发现，导致生态环境变化的主导因素是生态贡献率高的生态用地林地、水域和草地等类型与其他生态贡献率低的非生态用地之间的相互转变，其中城市空间扩张，湿地面积的损失等土地利用转移对区域生态环境质量下降的影响最为明显。因此，后期可以加大对珠三角湿地和城市扩张的研究。

（3）珠三角生态环境虽然在 2000—2015 年维持着总体的平衡，但不能忽视各个城市的生态环境质量指数均有不同程度的下降，下降幅度最大的城市是东莞、深圳与中山；生态环境质量指数的空间分异特点表现为周边且偏内陆城市的生态环境质量指数偏高，比如肇庆、惠州和江门等；而中心区域为沿海城市的生态环境质量指数偏低，比如东莞、佛山与中山等；且生态环境质量指数的高低与区域生态环境基础差异有关。生态环境质量指数相对高的城市，其生态环境恶化趋势也相对更小，比如惠州；而生态环境质量指数偏低的城市，其恶化趋势也相对更大，比如东莞。因此，在土地利用中应充分利用系统的自我修复功能，达到恢复和改善生态环境质量的目的。同时要加大生态环境重建的力度，限制导致生态环境质量降低的人类活动。

第 5 章　珠三角城市群生态空间总体诊断与退化机理

5.1　珠三角区域近 15 年土地利用变化与生态退化演变特征

近 10 年来，珠三角城市群在国家发展和改革委员会划分的 22 个城市群中，城市用地规模增长速度最快，位列 22 个城市群之首。珠三角区域面积约 5.3 万平方千米，主要以林地及耕地为主，2000—2015 年林地、耕地、水域面积逐渐减少，其中林地减少 803 平方千米，降低了 2.69%；耕地减少 1906 平方千米，降低了 13.31%；水域减少 256 平方千米，降低了 6.45%；草地面积增加 50 平方千米，增加了 4.67%；建筑面积增加 2977 平方千米，增加了 71.86%（见图 5-1）。

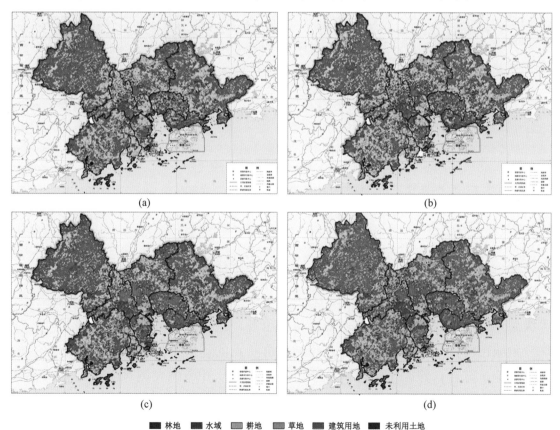

　■ 林地　　■ 水域　　■ 耕地　　■ 草地　　■ 建筑用地　　■ 未利用土地

图 5-1　近 15 年珠三角区域土地利用演变特征　　[审图号: GS 京(2023)1026 号]

(a) 珠三角城市群 2000 年土地利用图；(b) 珠三角城市群 2005 年土地利用图；(c) 珠三角城市群 2010 年土地利用图；(d) 珠三角城市群 2015 年土地利用图

近 15 年，珠三角城市群总退化面积约 2.0 万平方千米，约占总面积的 37.8%，林地、耕地退化现象严重。其中，轻度退化面积 8035 平方千米，占总退化面积的 39.7%；中度退化面积 8840 平方千米，占总退化面积的 43.6%；重度退化面积 3383 平方千米，占总退化面积的 16.7%（见图 5-2）。

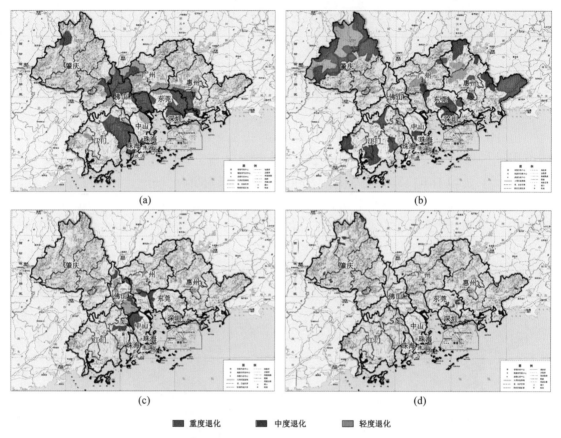

图 5-2　近 15 年珠三角区域总体生态退化空间分布　［审图号：GS 京(2023)1026 号］

（a）耕地；（b）林地；（c）水域；（d）草地

▶ 5.1.1　珠三角城市群关键受损生态空间辨识与诊断（工具包）

受损生态空间辨识包括评价指标体系构建、评价单元确定、评价模型构建、等级划分等内容。本工具包从城市群角度出发，在总结前人研究的基础上，针对珠三角城市群特点，提出适合珠三角城市群特点的评价指标体系；基于复合生态系统理论，综合自然因子、经济因子、社会因子，并考虑人类对生态环境的需求和生态城市评价指标，确定对生态系统服务影响显著的因子作为评价指标并建立指标体系，对城市群内生态空间质量时空变化进行综合评估，明确城市群内部生态空间质量的差异性和受损性；再基于时间尺度，按照国际上相关生态标准综合评判其受损程度，划分边界。

针对珠三角城市群，考虑指标的可获取性和科学性，开发受损生态空间诊断的工具包，包括指标体系、权重与分级方法。

1. 城市群受损生态空间诊断指标体系

（1）生物丰度指数，评价区域内生物的丰贫程度，用生物栖息地质量和生物多样性综合表示；

（2）植被覆盖度指数，评价区域植被覆盖程度，用评价区域单位面积的归一化植被指数表示；

（3）水网密度指数，评价区域内水的丰富程度，用评价区域内单位面积的河流总长度、水域面积和水资源量表示；

（4）土地胁迫指数，评价区域内土地质量遭受胁迫的程度，用评价区域内单位面积的水土流失、土地沙化、土地开发胁迫类型面积表示；

（5）污染负荷指数，评价区域内所受纳的环境污染压力，用评价区域单位面积所受纳的污染负荷表示；

（6）空气指数，评价区域内空气质量状况，用评价区域内单位面积空气质量指数及湿润指数表示；

（7）居民满意指数，评价区域内居民对生态景观的满意状况；

（8）景观连通性指数，评价区域内生态景观的连通性。

2. 评价指标权重

采用主观赋权与客观赋权相结合指标权重计算方法，对主观赋权法（德尔菲法）与客观赋权法（熵权法）确定的权重按照组合赋权法进行综合计算，能更好地客观反映生态质量各个评价指标的权重（见表 5-1）。引入理想点模型，对评价指标数据进行标准化处理，构建规范化决策矩阵，通过理想点法使各评价单元准则层指标信息的变异能够准确地保留，从而得到能正确反映评价单元之间差异的正负理想解，实现单元土地生态质量差异性的科学评价。

表 5-1　生态空间各项评价指标权重

指标	生物丰度指数	植被覆盖度指数	水网密度指数	土地胁迫指数	污染负荷指数	空气指数	居民满意指数	景观连通性指数
权重	0.25	0.15	0.1	0.1	0.05	0.1	0.15	0.1

3. 城市群受损生态空间分级

对珠三角城市群生态空间质量进行综合评估，确定不同时空特征下珠三角城市群生态空间质量指数（UAEI），根据生态环境状况指数与基准值的变化情况明确城市群内部生态空间质量的差异性和受损性，如果城市群生态空间质量指数呈现波动变化，则该区域生态环境敏感，受到外界扰动较大，存在一定程度受损情况。

$$\Delta UAEI = UAEI_i - UAEI_j \qquad (5-1)$$

其中，$\Delta UAEI$ 表示城市群生态空间质量指数变化值，$UAEI_i$ 和 $UAEI_j$ 表示不同时期城市群生态空间质量指数。

根据城市群生态空间质量指数波动变化幅度，将城市群生态空间分为 4 级，即正常、轻度受损、中度受损、重度受损（见表 5-2）。

表 5-2　受损生态空间状况分级

级别	正常	轻度受损	中度受损	重度受损
变化值	$\|\Delta UAEI\| < 1$	$1 \leqslant \|\Delta UAEI\| < 3$	$3 \leqslant \|\Delta UAEI\| < 8$	$\|\Delta UAEI\| \geqslant 8$
描述	生态空间质量无明显变化，不存在受损状况	生态空间质量略微变差，存在较轻程度的受损	生态空间质量明显变差，存在一定程度的受损	生态空间质量显著变差，存在较大程度的受损，亟须开展生态修复

本书仅考虑退化现象，即 $\Delta UAEI$ 为负值的情况；部分参照环保部《生态环境状况评价技术规范（HJ192—2015）》

4. 城市群生态空间退化特征

2000—2015 年，珠三角城市群总退化面积约 1.8 万平方千米，约占总面积的 32.8%，表现为林地、耕地、水域受损现象严重。其中，轻度受损面积 0.72 万平方千米，占总面积 13.3%；中度受损面积 0.51 万平方千米，占总面积 9.4%；重度受损面积 0.55 万平方千米，占总面积 10.2%。其中重度受损生态空间主要集中于珠江沿岸，集中于广州—佛山—中山—东莞（见图 5-3）。

珠三角城市群区域耕地受损严重（见图 5-4），其中 53.4% 的耕地存在受损，主要以轻度、中度受损为主，重度受损面积占总面积的 7%，主要分布于广州市的花都区、白云区；佛山市南海、顺德和中山市北部、南部区域，是下一步耕地生态治理的重点区域。

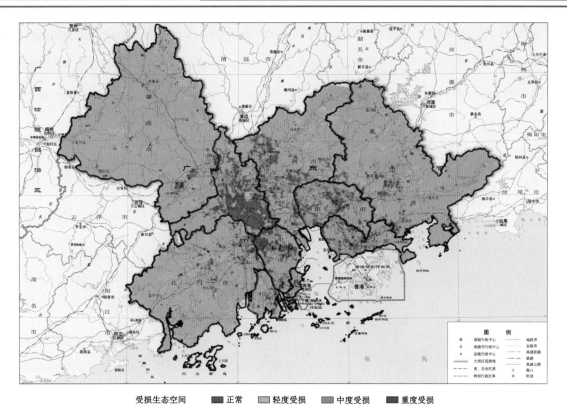

受损生态空间　■ 正常　■ 轻度受损　■ 中度受损　■ 重度受损

图 5-3　2000—2015 年珠三角区域总体生态退化空间分布　［审图号: GS 京(2023)1026 号］

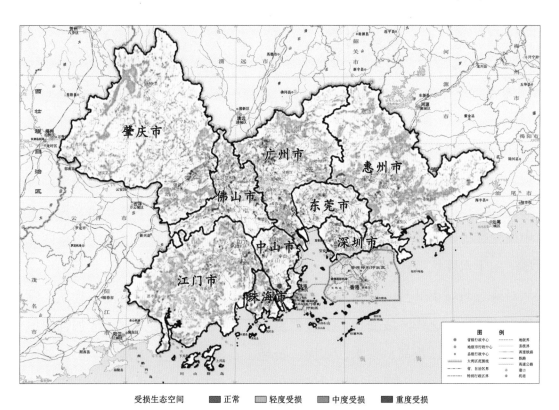

受损生态空间　■ 正常　■ 轻度受损　■ 中度受损　■ 重度受损

图 5-4　2000—2015 年珠三角区域耕地退化空间分布　［审图号: GS 京(2023)1026 号］

珠三角城市群区域林地质量较好，其中 18.7% 的林地存在受损，主要以轻度受损为主，重度受损面积占总面积的 5.4%，主要分布在肇庆市和惠州市耕地周边区域（见图 5-5）。

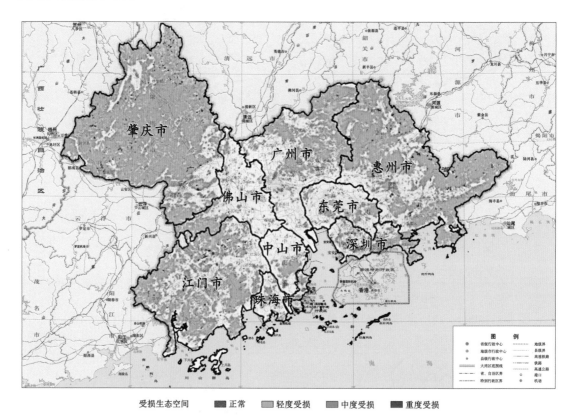

图 5-5   2000—2015 年珠三角区域林地退化空间分布   ［审图号: GS 京(2023)1026 号］

珠三角城市群区域草地面积较小，其中 60.4% 的草地存在受损，主要以轻度受损为主，重度受损面积占总面积的 17.6%，主要分布于肇庆市和惠州市的边缘区域、江门市西部（见图 5-6）。珠三角城市群区域 24.7% 的水域存在受损，主要以中度受损为主，占 20.9%，主要分布于佛山市禅城区、顺德区和中山市西北部区域，由于水库坑塘转变为水田，生态质量显著降低（见图 5-7）。

对珠三角城市群县区受损生态情况进行分级（见图 5-8），南海、禅城、顺德为优先治理区，这些区域受损情况较严重，主要以湿地受损为主，应加强湿地保护与建设；白云、花都、三水、萝岗、黄埔、番禺、东莞、南沙、中山、蓬江、端州为重点治理区，主要通过快速城市化，以城市建设用地扩张为主，应主要加强城市景观连通和小型绿色空间的建设。

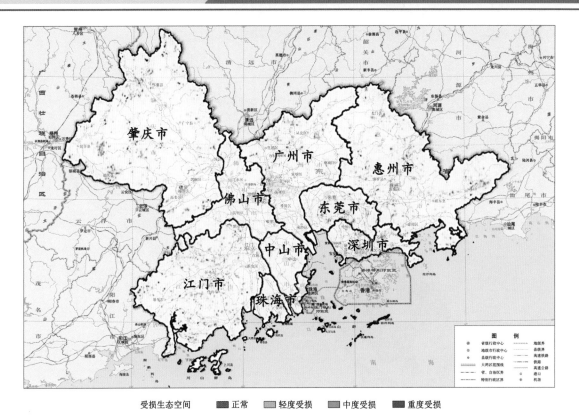

受损生态空间　■ 正常　▨ 轻度受损　▨ 中度受损　■ 重度受损

图 5-6　2000—2015 年珠三角区域草地退化空间分布　　［审图号: GS 京(2023)1026 号］

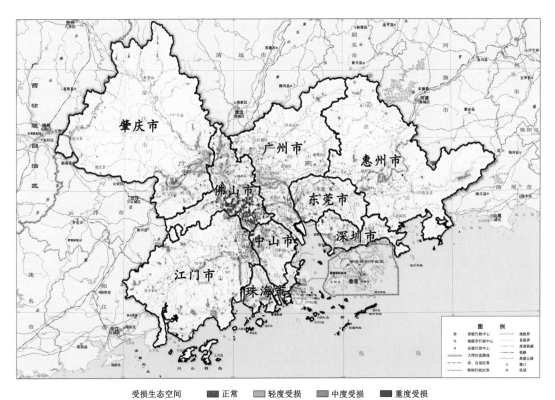

受损生态空间　■ 正常　▨ 轻度受损　▨ 中度受损　■ 重度受损

图 5-7　2000—2015 年珠三角区域水域退化空间分布　　［审图号: GS 京(2023)1026 号］

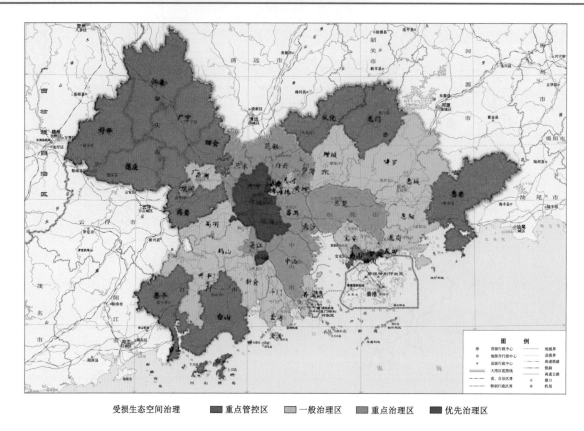

受损生态空间治理　　■ 重点管控区　　■ 一般治理区　　■ 重点治理区　　■ 优先治理区

图 5-8　珠三角城市群受损生态空间治理图　　［审图号: GS 京(2023)1026 号］

▶ 5.1.2　受损生态空间退化机理

生态退化的原因主要由自然因素和人为因素共同决定，对于珠三角城市群，人为因素占主导地位，基于复合生态系统理论，突出珠三角生态特点，筛选驱动指标，包括自然指标、社会指标、经济指标。

（1）自然指标：降雨侵蚀力、地表高程、温度、风速、到水域距离；

（2）社会指标：人口密度、夜间灯光强度、城镇生活污水处理率（%）、城镇生活垃圾无害化处理率（%）、到城镇距离、到道路距离、生态环境知晓度、受教育程度；

（3）经济指标：产业结构、单位 GDP 能耗（%）、单位 GDP 建设用地使用面积（%）、环境保护投资占 GDP 比重（%）、固废处理率（%）。

针对城市群受损生态空间进行驱动指标综合分析，采用逻辑斯谛回归分析和 CCA 排序分析等方法研究生态空间退化的驱动力机制。

5.2 城市群生态空间格局特征

珠三角城市群的生态空间面积约为 4.61 万平方千米，占城市群面积的 85.7%，生态资源丰富（见图 5-9）。从表 5-3 可以看出，林地空间面积最大，总面积约 2.9 万平方千米，占生态空间面积的 63.1%，城市群面积的 54%。林地空间分布在城市群周边区域，起到天然的生态安全屏障作用，对区域生态安全尤为重要。其次为耕地空间，总面积约 1.2 万平方千米，占生态空间面积的 26.9%，城市群面积的 23%。耕地主要以水田为主，占生态空间面积的 19.2%，主要分布在河流湿地周边区域。水域空间总面积约 0.4 万平方千米，占生态空间面积的 7.7%，城市群面积的 6.6%。水域面积主要以水库坑塘为主，占生态空间面积的 4.9%，占水域面积的 62.9%。城市群内各城市的生态空间占比均较高，肇庆、惠州、江门的生态空间占比达 90% 以上，东莞占比较低，但也达到 49%。除佛山、中山的耕地空间占比

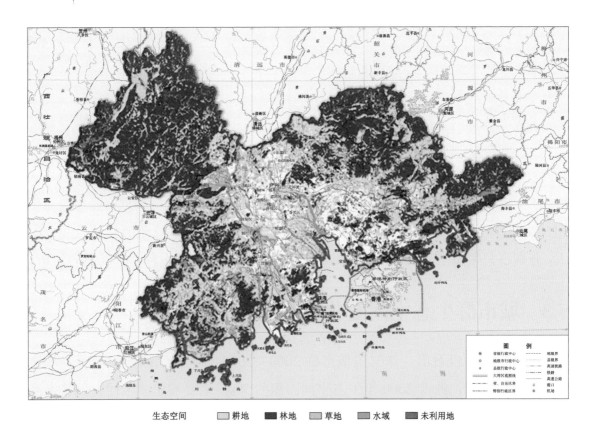

生态空间　□耕地　■林地　□草地　□水域　■未利用地

图 5-9 珠三角城市群生态空间分布图（2018 年）　［审图号：GS 京(2023)1026 号］

表 5-3　珠三角城市群生态空间类型及占比

一级类型	二级类型	面积/平方千米	占比/%
耕地	水田	8867.1	19.23%
	旱地	3525.1	7.64%
林地	有林地	23971.2	51.98%
	灌木林	890.8	1.93%
	疏林地	2396.7	5.20%
	其他林地	1828.8	3.97%
草地	高覆盖度草地	950.2	2.06%
	中覆盖度草地	109.6	0.24%
	低覆盖度草地	9.4	0.02%
水域	河渠	1202.2	2.61%
	湖泊	0.8	0.00%
	水库坑塘	2242.2	4.86%
	滩涂	39.5	0.09%
	滩地	78.8	0.17%
未利用地	沙地	2.2	0.00%
	沼泽地	1.1	0.00%
	裸土地	4.0	0.01%

最大外，其余城市的林地空间均为占比最大。广州、肇庆、江门、惠州的耕地面积超过 2000 平方千米，是城市群主要的农产品供给区。肇庆、惠州的林地空间占比大，分别占总生态空间面积的 24.2%、15.6%，是保障城市群生态安全的核心城市。

5.3　城市群生态空间变化特征

从表 5-4 可以看出，珠三角城市群 2000—2018 年生态空间面积显著降低约 0.35 万平方千米，约占 2000 年生态空间面积的 7%，主要被建成区侵占。其中耕地减少面积最大，约 1943.4 平方千米，约占原始耕地面积的 13.6%，主要被建成区侵占，其次为林地侵占。林地面积减少约 940.3 平方千米，约占原始林地面积的

表 5-4　珠三角城市群生态空间转移矩阵（2000—2018）

2000 年	2018 年	面积/平方千米	占比/%	2000 年	2018 年	面积/平方千米	占比/%
耕地	林地	345.15	5.43%	水域	耕地	561.08	8.83%
耕地	草地	19.56	0.31%	水域	林地	62.49	0.98%
耕地	水域	485.68	7.64%	水域	草地	10.44	0.16%
耕地	建设用地	2124.34	33.41%	水域	建设用地	634.21	9.98%
耕地	未利用地	0.26	0.00%	水域	未利用地	0.25	0.00%
林地	耕地	298.28	4.69%	未利用地	耕地	2.52	0.04%
林地	草地	178.24	2.80%	未利用地	林地	1.00	0.02%
林地	水域	95.64	1.50%	未利用地	草地	0.09	0.00%
林地	建设用地	971.93	15.29%	未利用地	水域	2.34	0.04%
林地	未利用地	0.56	0.01%	未利用地	建设用地	6.09	0.10%
草地	耕地	19.56	0.31%	建设用地	耕地	150.17	2.36%
草地	林地	88.20	1.39%	建设用地	林地	107.50	1.69%
草地	水域	13.61	0.21%	建设用地	草地	4.92	0.08%
草地	建设用地	94.11	1.48%	建设用地	水域	79.32	1.25%
草地	未利用地	0.05	0.00%	建设用地	未利用地	0.05	0.00%

3.1%，主要被建成区侵占，约 864.4 平方千米。水域面积减少约 591.9 平方千米，约占原始水域面积的 14.3%，主要被建成区侵占，约为 554.9 平方千米，其次为耕地，转移面积约 75.4 平方千米。珠三角城市群生态空间共有 0.6 万平方千米发生了转变，各生态空间类型主要由城镇建成区侵占，但其中也存在农田和林地、水域相互转换的现象，尤其耕地与水域的相互转化面积近似。总体上，自然生态空间面积减少，人工生态空间面积增加。

城市群内各城市的生态空间类型变化具有差异性（见图 5-10），其中广州市的生态空间被建成区侵占面积最大，约 702.3 平方千米，占广州市面积的 9.7%。其次为东莞市和佛山市，侵占 665.1～655.2 平方千米，占各市面积的 27.3%、17.1%。深圳市虽然仅侵占了 390.4 平方千米，但侵占率较大，为 20.1%。各城市耕地是被侵占的主要生态空间，但在东莞市、深圳市、广州市、江门市和惠州市也有大面积的林地被建设用地侵占。中山市主要为水域被建设用地侵占。而在珠海市主要发生的生态空间类型转换为耕地被水域侵占。

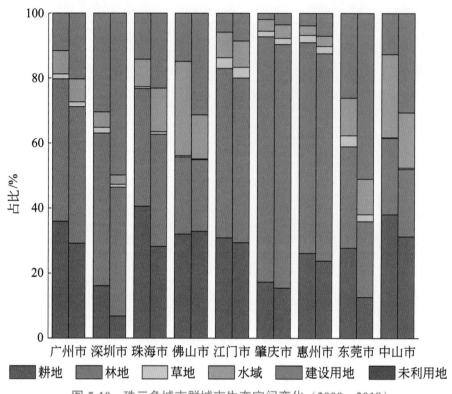

图 5-10　珠三角城市群城市生态空间变化（2000—2018）

同一市内柱状图左侧为 2000 年，右侧为 2018 年

　　珠三角城市群生态空间变化的热点区域主要集中于城市群中部，位于广州市南部、佛山市北部、中山市北部、深圳市北部和东莞市，主要位于城市开发边界内。城郊区域生态空间变化强烈，尤其是佛山市和东莞市生态空间的变化最剧烈，生态空间变化率超过 50% 的面积分别占市域面积的 22.5% 和 17.6%（见图 5-11，图 5-12）。通过图 5-13 可以看出，耕地被侵占的热点集中于广州市中部和南部、佛山市东北部、中山市中部、深圳市北部、东莞市，深圳市北部、珠海南部；林地被侵占的热点集中于广州市东南部、佛山市西北部、江门市北部、中山市中部、深圳市北部、东莞市、深圳市；草地被侵占的热点集中于深圳市北部、东莞市东南部；水域被侵占的热点集中于佛山市和中山市交界处、深圳市和东莞市西南交界处。生态空间扩张的热点主要集中于东莞市、广州市南部、深圳市和珠海市靠近海岸带的区域以及江门市中部。城镇化发展对生态空间变化作用明显，主要侵占耕地和林地，城镇扩张具有较强的空间驱动作用。

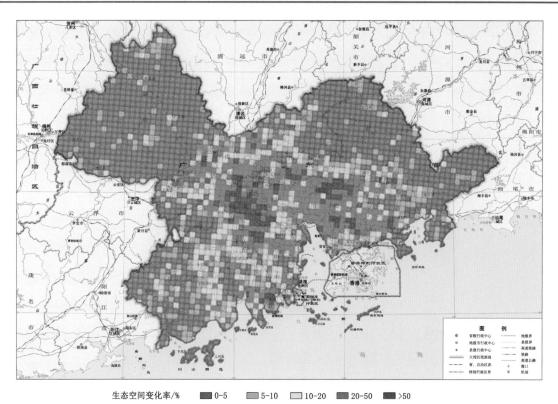

生态空间变化率/%　■ 0-5　■ 5-10　□ 10-20　■ 20-50　■ >50

图 5-11　珠三角城市群生态空间变化率　[审图号: GS 京(2023)1026 号]

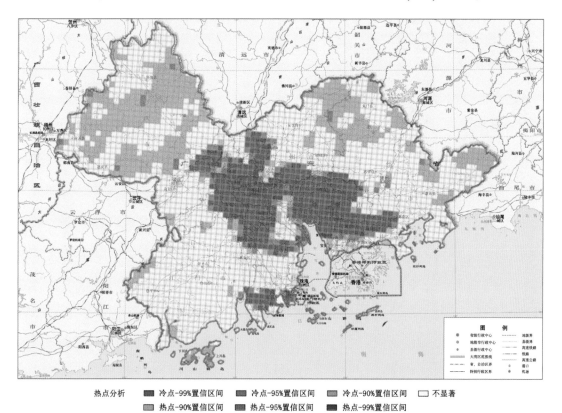

热点分析　■ 冷点-99%置信区间　■ 冷点-95%置信区间　■ 冷点-90%置信区间　□ 不显著
　　　　　■ 热点-90%置信区间　■ 热点-95%置信区间　■ 热点-99%置信区间

图 5-12　珠三角城市群生态空间变化热点　[审图号: GS 京(2023)1026 号]

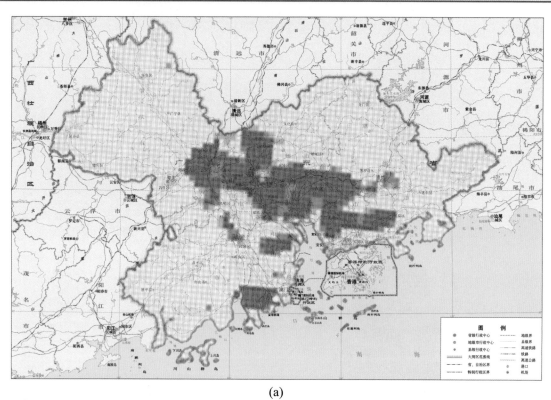

(a)

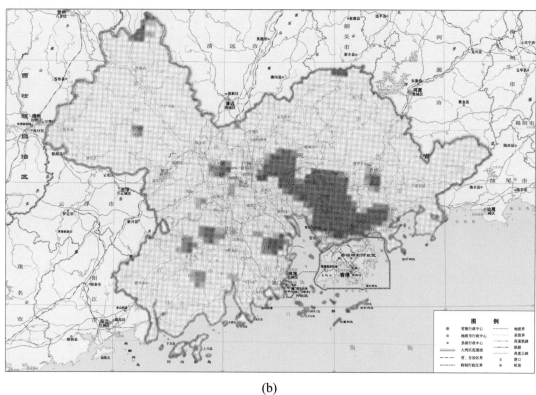

(b)

图 5-13 珠三角城市群生态空间与建成区变化热点 ［审图号：GS 京(2023)1026 号］

（a）耕地；（b）林地；（c）草地；（d）水域；（e）居民用地；（f）未利用地

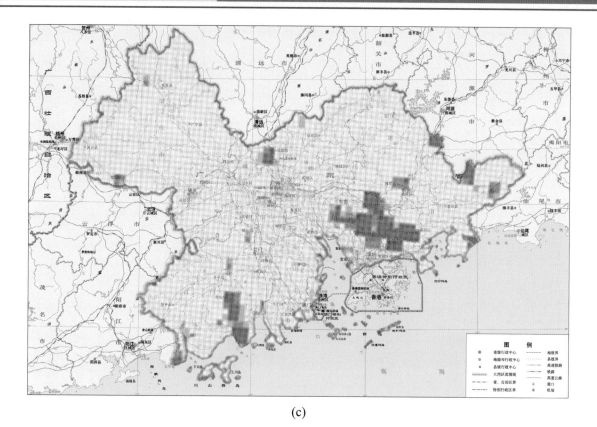

(c)

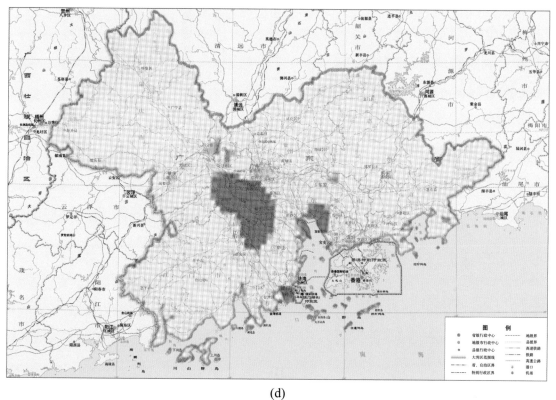

(d)

图 5-13　（续）　［审图号：GS 京(2023)1026 号］

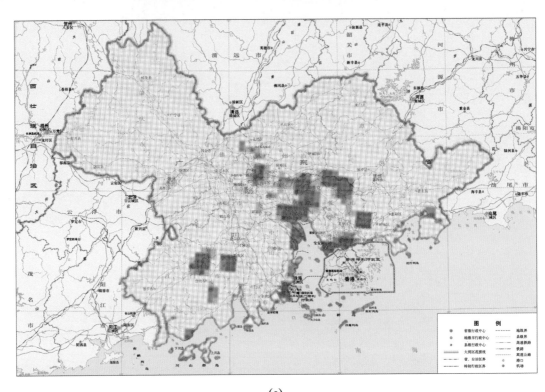

(e)

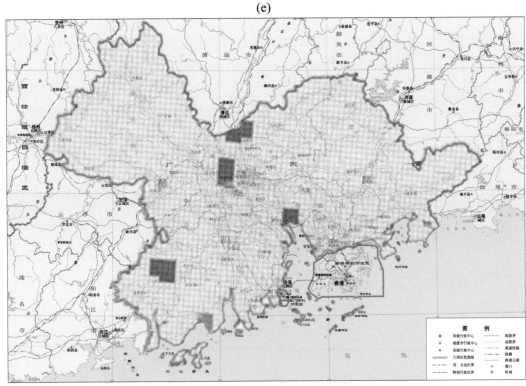

(f)

热点分析　■ 冷点-99%置信区间　■ 冷点-95%置信区间　■ 冷点-90%置信区间　□ 不显著

　　　　　　■ 热点-90%置信区间　■ 热点-95%置信区间　■ 热点-99%置信区间

图 5-13 （续） 　[审图号: GS 京(2023)1026 号]

5.4   城市群生态空间变化的驱动因素

将城市群生态空间的驱动因素按照侵占类型分为城镇化、生态建设、水资源开发和农业开发（见图 5-14）。城镇扩张是改变生态空间的主要驱动，城镇扩张共侵占了约 3830.7 平方千米的生态空间，生态空间变化中城镇扩张贡献率为 62.9%。其中城镇扩张主要侵占耕地，约有 2124.3 平方千米耕地，971.9 平方千米林地、634.2 平方千米水域被侵占。虽然城市群耕地面积显著降低，但农业扩张仍是影响城市群生态空间变化的第二驱动力，农业扩张造成区域 1031.6 平方千米的面积变化，贡献率为 16.9%。耕地主要侵占水域，面积约 561.1 平方千米，主要侵占河渠和水库坑塘，其次为林地，面积为 298.3 平方千米。生态建设和保护仍面临较大的压力，生态建设面积增加了 551.2 平方千米，但多以人工生态系统为主，尤其湿地生态建设和保护薄弱。城市群水资源开发导致湖泊、河流的水表面积增大，尤其是水库坑塘面积增加。城市群水体面积增加约 676.6 平方千米，耕地所受影响最大，被水库和河流淹没的面积约 485.7 平方千米。珠三角城市群各城市生态空间类型变化的驱动因素也存在差异，但城镇扩张是改变各城市生态空间的首要驱动力，从肇庆市的 41.1% 到深圳市的 86.3%（见图 5-15）。农业扩张在江门市、佛山市、惠州市、广州市、东莞市、中山市是第二驱动力，但驱动力影响差异较大，其中佛山市农业扩张达到 37.3%，东莞市仅为 9.4%。水资源开发在肇庆市和珠海市是第二驱动力，分别贡献了 26.3%、37.3%。

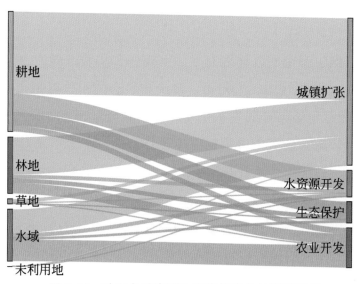

图 5-14   珠三角城市群生态空间变化的驱动因素

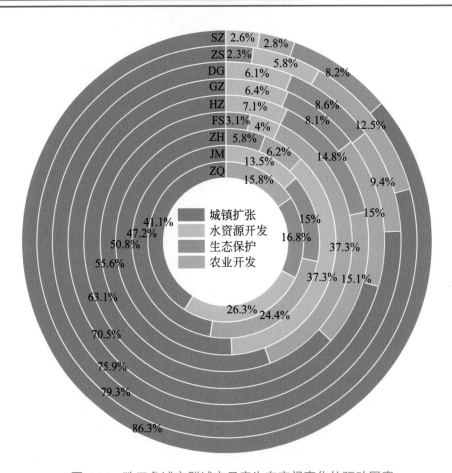

图 5-15　珠三角城市群城市尺度生态空间变化的驱动因素

GZ：广州市；SZ：深圳市；ZH：珠海市；FS：佛山市；JM：江门市；ZQ：肇庆市；DG：东莞市；ZS：中山市；HZ：惠州市（下同）

5.5　小结

　　珠三角城市群生态空间以林地为主，主要分布在城市群周边区域，其中以肇庆市、惠州市林地面积较多。广州市、肇庆市、江门市、惠州市耕地分布较广。2000—2018 年珠三角城市群的生态空间面积共减少了 0.35 万平方千米，其中耕地减少面积最大。珠三角城市群生态空间共有 0.6 万平方千米发生了转变，各生态空间类型主要被建成区侵占，但其中也存在农田、林地、水域相互转换的现象。生态空间变化的热点区域主要集中于城市群中部，以佛山市和东莞市的生态空间变化最为强烈。城镇扩张是改变生态空间的主要驱动力，城镇扩张驱动贡献了 62.9%，主要为侵占耕地。生态建设面积增加了 551.2 平方千米，但较多以人工生态系统为主。

第 6 章

珠三角城市群湿地生态空间变化特征及其驱动机制

近年来，随着城市化进程的加快，以及对城市湿地资源不合理利用或对湿地生态空间过度占用等人类活动的增加，城市湿地面积不断减少，城市湿地的生态系统严重退化；国家对区域生态安全的重视，极大地推动了城市湿地各项基础理论和应用研究工作的开展（曹新向 等,2005；王建华 等,2007）。

随着粤港澳大湾区作为顶层设计纳入国家战略，珠江三角洲地区的经济活力被持续激发，对生态安全提出了更高的要求，而开展珠三角湿地时空变化监测，对于保障当地的湿地生态安全具有重要意义。

目前的研究多集中在中小尺度的自然湿地，而关于多时空城市群尺度的城市湿地的系统研究有待补充完善。随着 RS 技术与 GIS 技术在景观格局研究中的应用，湿地生态系统的宏观监测和驱动力分析成为目前研究的热点之一（Zhang et al.,2011；吕金霞 等, 2018）。基于第 4 章生态环境质量的基础评估研究发现，城市湿地生态空间的受损严重影响了珠三角区域生态环境质量的提升。因此，研究珠三角的城市湿地时空演变特征及其驱动因素具有重要意义。

本章基于珠三角城市群的土地利用数据，提取了 2000 年、2005 年、2010 年、2015 年 4 期湿地类型分布图，综合运用 GIS 空间分析和景观格局指数方法，研究了 2000—2015 年珠三角城市群湿地景观的时空变化特征，并结合珠三角城市群自然因素和社会经济特征，运用主成分分析方法探究了快速城市化背景下湿地变化的主要驱动力，以期为珠三角区域城市湿地管理提供科学依据。

6.1 研究方法

▶ 6.1.1 湿地类型转移矩阵

利用马尔可夫模型（井云清 等,2017）构造土地利用类型的转移概率矩阵，

该矩阵可全面、具体地刻画土地利用类型变化的结构特征和各土地利用类型变化的方向（白军红 等，2008），其数学表达式为

$$
\begin{bmatrix}
P_{11} & \cdots & P_{1n} \\
\vdots & \ddots & \vdots \\
P_{n1} & \cdots & P_{nm}
\end{bmatrix}
\tag{6-1}
$$

其中，P 为湿地面积（平方千米）；n 和 m 分别代表研究期初与研究期末的湿地类型，P_{nm} 为第 n 类湿地转化为第 m 类湿地的转移速率。4 个研究时段分别为 2000—2005 年、2005—2010 年、2010—2015 年和 2000—2015 年。

▶ 6.1.2 景观格局指数分析法

景观格局指数能够高度浓缩景观空间格局信息，反映其结构组成和空间配置等方面的特征。因此，使用景观格局指数来表征珠三角城市群湿地的景观格局特征。运用 Fragstats 4.2 软件计算研究区景观格局指数。在类型水平上，选取最大斑块指数表征优势景观类型，选取平均斑块面积表征景观的分布状况，选取面积加权平均斑块分形维数表征景观形状的复杂性，选取聚集度指数表征景观的破碎程度；在景观水平上，选取斑块个数与斑块密度分析景观破碎程度，选取最大斑块指数与周长面积分形维数研究景观结构特征，选取聚集度与香农多样性指数研究景观丰富度。各指数的具体说明、计算方法参见文献（邬建国，2007）。

6.2 城市湿地的分布现状

截至 2015 年，珠三角区域湿地面积为 12559 平方千米，约占珠三角土地面积的 23%。

（1）从类型上看：自然湿地面积为 1274 平方千米，占湿地总面积的 10%；人工湿地面积为 11286 平方千米，占比约 90%。在自然湿地中，河渠呈扇状分布，面积为 1160 平方千米，占比约 10%；其余自然湿地共占比为 1%。在人工湿地中，水田约为 8708 平方千米，占湿地总面积的 69%；其次为水库坑塘，面积为 2577 平方千米，占比约 21%。

（2）从地理分布看：江门、广州、肇庆和东莞等市湿地分布广泛，占珠三角湿地总面积的 72%。其中，江门市与广州市的湿地面积最多，珠海市与中山市的湿地面积比较接近，分别为 440 平方千米和 412 平方千米；深圳市湿地面积最少。

6.3　城市湿地时间变化规律

　　2000—2015 年，珠三角地区湿地面积时空分布如图 6-1、图 6-2 所示。总体研究表明，珠三角湿地资源持续受损，但受损趋势逐渐减缓。湿地景观共损失 1613 平方千米，较 2000 年损失了 11%。近些年损失趋势逐渐减缓，湿地保持量远大于湿地损失量。其中，2000—2005 年，湿地损失 1012 平方千米；2005—2010 年，湿地损失 370 平方千米；2010—2015 年，湿地损失 231 平方千米。研究表明，2000—2005 年湿地减幅最大，2010—2015 年湿地减幅最小，说明 2000—2015 年珠三角湿地持续缩减，但缩减趋势逐渐减缓。

　　基于湿地类型分析，2000—2015 年，各湿地类型的面积均出现不同程度的损失，在人工湿地中，湿地损失总量 1615 平方千米。其中，水田损失 1325 平方千米，水库坑塘损失 290 平方千米，自然湿地整体增加了 1 平方千米，主要是滩地增加了 19 平方千米。其余类型的湿地均受损，其中河渠受损较严重，减少了 10 平方千米，

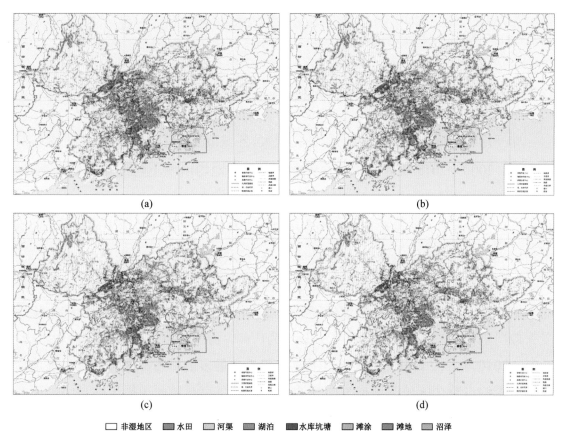

(a)　　　　　　　　　　　　　　　(b)

(c)　　　　　　　　　　　　　　　(d)

□ 非湿地区　■ 水田　□ 河渠　■ 湖泊　■ 水库坑塘　■ 滩涂　■ 滩地　■ 沼泽

图 6-1　2000—2015 年珠三角湿地的类型和分布　　［审图号：GS 京(2023)1026 号］
(a) 2000 年；(b) 2005 年；(c) 2010 年；(d) 2015 年

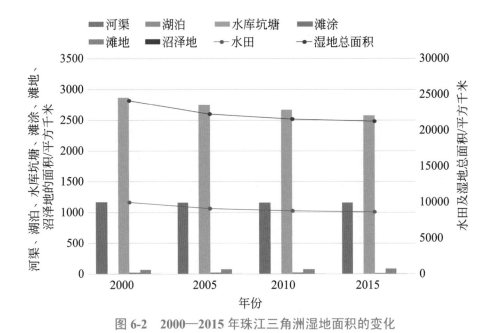

图 6-2　2000—2015 年珠江三角洲湿地面积的变化

而滩涂和沼泽地分别减少 7 平方千米和 1 平方千米。因此，在珠三角湿地损失中，人工湿地缩减占据主导地位。

6.4　城市湿地空间变化规律

　　珠三角地区近 15 年的湿地面积变化较大，各城市的变化也各不相同（见图 6-3、图 6-4）。2000—2015 年，研究区内 9 个城市的湿地均出现不同程度的损失，湿地受损最严重的是佛山和广州，其次是中山和惠州，这 4 个城市损失的面积之和为 1247平方千米，约占整个区域湿地受损面积的 77%；珠海市湿地面积损失的最少；东莞市与深圳市的自然湿地面积增加比较明显，分别增加了 8 平方千米和 3 平方千米。

　　同时，各地区湿地受损的空间格局也存在时间尺度上的差异。2000—2005 年，除了珠海市的湿地面积稍许增加外，其他城市湿地面积均受损，其中，佛山湿地受损最严重，损失了 287 平方千米；其次为广州，湿地受损较轻的是江门和肇庆。2005—2010 年，佛山和广州依旧是湿地面积损失最多的城市，这两个城市湿地损失的面积约占整个区域湿地损失面积的一半，珠海市湿地面积损失的最小。而东莞市的自然湿地面积增加最明显，增加了 8 平方千米；广州市的自然湿地受损最明显，丧失了 6 平方千米；2010—2015 年，各城市湿地的受损趋势明显减缓，广州和佛山湿地面积总共损失了 110 平方千米，而深圳的湿地损失最少。

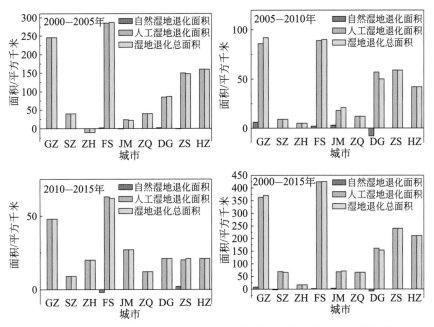

图 6-3　2000—2015 年珠三角城市群各个城市的湿地损失面积

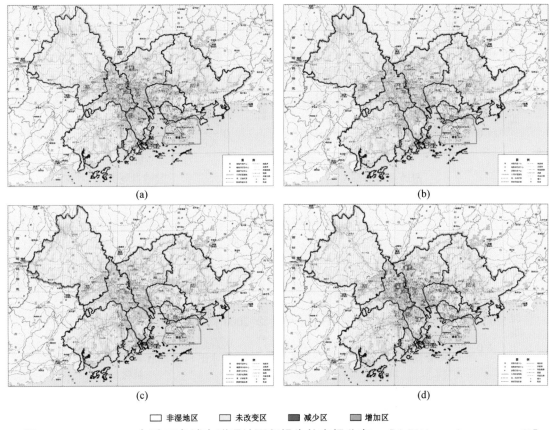

□ 非湿地区　□ 未改变区　■ 减少区　■ 增加区

图 6-4　2000—2015 年珠三角城市群湿地面积损失的空间分布　[审图号: GS 京(2023)1026 号]

（a）2000—2005 年；（b）2005—2010 年；（c）2010—2015 年；（d）2015—2020 年

6.5 城市湿地的时空转移特征

▶ 6.5.1 湿地类型间的转移

通过图 6-5 发现，珠三角湿地的主要类型为水田、河渠和水库坑塘。2000—2015年，各湿地类型间出现不同程度的转移。2000—2005 年，在人工湿地中，水田相对较多地转移为水库坑塘，约有 141 平方千米；在自然湿地中，河渠转为滩地相对较多，约有 8 平方千米。2005—2015 年，湿地类型之间的转移不太显著，10%的滩涂被开垦为水田，水库坑塘中约有 6 平方千米退化为滩地。总体而言，近 15年里，水田中有 2%被开发为水库坑塘，约为 165 平方千米；11% 的滩地被开垦为水田，这是人类活动影响湿地类型转移的具体体现。河渠与水库坑塘分别有 8平方千米、9 平方千米退化为滩地，这是湿地受损的显著表现。

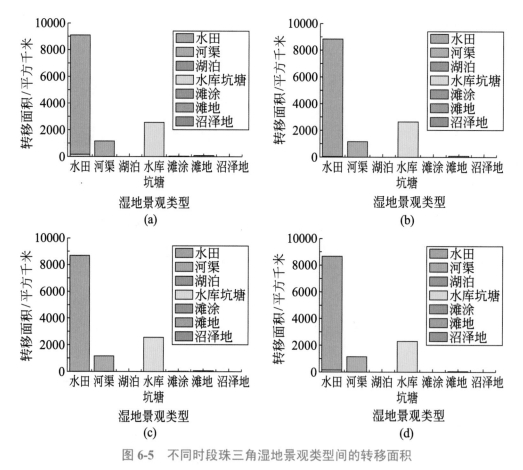

图 6-5　不同时段珠三角湿地景观类型间的转移面积

（a）2000—2005 年；（b）2005—2010 年；（c）2010—2015 年；（d）2000—2015 年

▶ 6.5.2　湿地与非湿地间的转移

如图 6-6 所示，2000—2015 年，湿地景观减少了 11%，约 1702 平方千米。其中，97%被建设用地占用，约 1656 平方千米；建设用地共增加了 3068 平方千米，其中 54% 来源于对湿地的侵占。因此，建设用地扩张是湿地景观减少的主要原因。其中，2000—2005 年，1062 平方千米 湿地被建设用地侵占，而 2005—2015 年共损失 599 平方千米，说明建设用地侵占湿地的时间主要发生在 2000—2005 年。

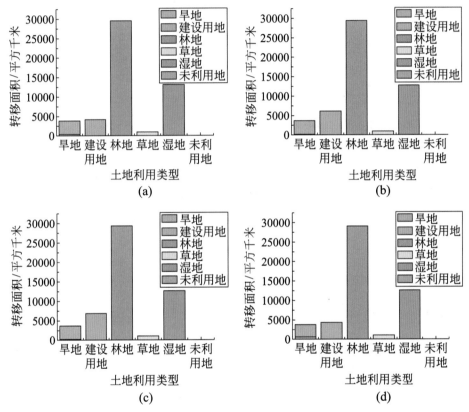

图 6-6　不同时段珠三角湿地与非湿间的转移面积

（a）2000—2005 年；（b）2005—2010 年；（c）2010—2015 年；（d）2000—2015 年

6.6　城市湿地景观格局特征分析

▶ 6.6.1　类型水平上的城市湿地景观格局特征

图 6-7 显示了各时期景观格局指数在斑块类型水平上的变化趋势。2000—2015 年，河渠的最大斑块指数（LPI）最大，其次是水田。这在一定程度上说明

了珠三角城市群水田和河渠是优势景观类型，而且水田的最大斑块面积呈减小趋势，说明水田呈现破碎化；而滩地呈现增加趋势，其他类型的趋势相对平缓。河渠的平均斑块面积（MPS）最大，其次为水田；湖泊、滩涂、滩地及沼泽地的MPS 较小，说明其分布零散。

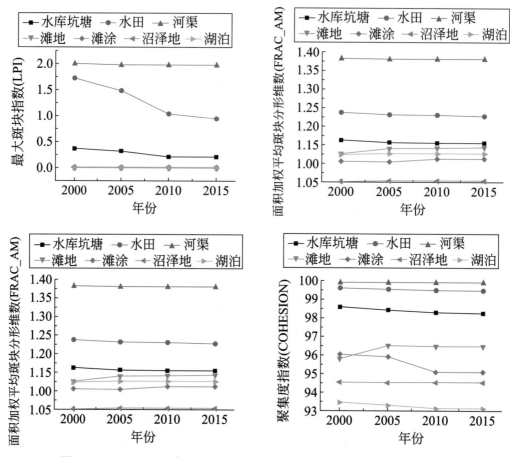

图 6-7　2000—2015 年珠三角城市群湿地在类型尺度上的景观指数变化

▶ 6.6.2　景观水平上的城市湿地景观格局特征

通过景观格局指数的运算，得出了珠三角的湿地景观结构特征。图 6-8 为不同时期珠三角城市群景观水平上的景观指数。密度越大，斑块则越小，景观的破碎程度就越高。2000—2015 年，斑块个数（NP）和密度（PD）均逐年增加，其中 2015 年 NP 达到最大值（19326 个），2015 年相对于 2000 年 PD 增加了 0.077，说明珠三角湿地景观的破碎化程度加剧。在 2000—2005 年 NP 急剧增加，说明人类活动强度增加，城市化速度加剧；而 2005 年之后，由于生态环境保护

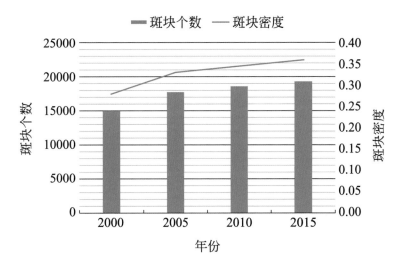

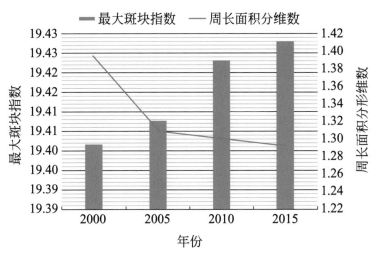

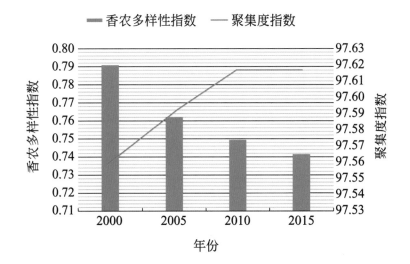

图 6-8　2000—2015 年珠三角城市群湿地在景观尺度上的景观指数变化

政策的实施和保护力度的加强,景观破碎化趋势减缓,最大斑块指数呈减小趋势。2000—2005 年,该趋势剧烈减小,2005 年后减小的趋势减缓,说明最大斑块类型的优势度在整个景观中的地位在下降;周长-面积分形维数(PAFRAC)基本处于 1.3 附近,说明珠三角城市群景观结构不稳定,易受人类活动的影响。聚集度指数(AI)呈现逐渐增加并趋于平缓的趋势,最大值出现在 2015 年为 97.62,空间分布最均匀。香农多样性指数(SHDI)呈现逐渐损失的趋势,说明各景观类型趋于单一化,景观丰富度降低,其波动过程与聚集度相反。

6.7 城市湿地时空演变的驱动因素分析

▶ 6.7.1 主成分分析结果

湿地景观变化的驱动因子包括自然和人为因素,考虑到珠三角城市化进程较快,选取了包括气候、人口和社会经济在内的 8 个指标,分别为年降雨量(mm)、年气温值(℃)、总人口数(万人)、GDP(亿元)、人均 GDP(元)、第一产业值(亿元)、第三产业值(亿元)、建设用地面积(平方千米)。分析结果表明:第 1 主成分解释了总变量的 81.46%,第 2 主成分解释了总变量的 15.93%。建设用地面积、常住人口数和第三产业值在第 1 主成分上的载荷较大;这些因子反映了社会经济和城市发展水平,因此第 1 主成分可以认为是人口和社会经济的代表;降雨量和温度在第 2 主成分上的载荷较大,因此第 2 主成分是气候因素的代表。

▶ 6.7.2 湿地受损的主导因素

6.7.2.1 人口城市化、经济城市化对湿地生态空间变化的影响

社会经济发展是影响珠三角城市湿地变化的主要因素。2000—2015 年,珠三角城市群的人口持续增长,经济迅猛发展,第三产业值呈现直线上升趋势,同时三大产业协同发展,持续攀升(见图 6-9)。

根据人口和经济对湿地面积的影响分析可知(见图 6-10),常住人口数与第三产业值对湿地面积变化的解释率 R^2 分别为 0.78 和 0.71,均与湿地面积成负相关,说明第三产业值的发展与人口的增加都会加大对水资源的需求量,增加生态环境压力。

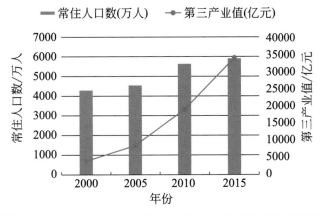

图 6-9　2000—2015 年珠三角地区人口和第三产业值的变化

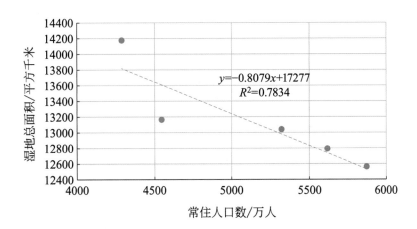

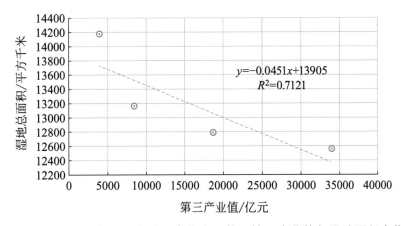

图 6-10　2000—2015 年珠三角地区常住人口数、第三产业值与湿地面积变化的关系

6.7.2.2　土地城市化对湿地生态空间变化的影响

随着人口数量与产业结构调整，珠三角城市群建设用地规模不断加大。根据城市扩张对湿地面积的影响分析可知（见图 6-11 和图 6-12），建设用地对湿地受损的解释率 R^2 是 0.99，说明城市扩张与湿地面积受损呈显著负相关，城区面积

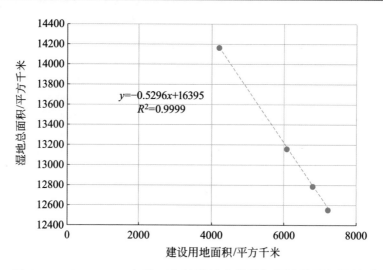

图 6-11　2000—2015 年珠三角地区城市扩张与湿地总面积的关系

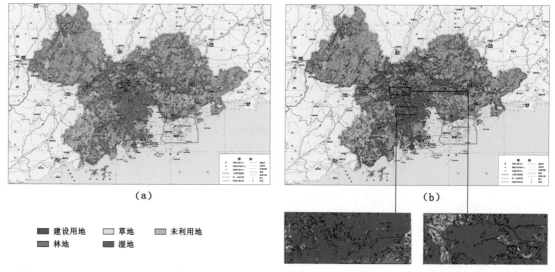

■ 建设用地	□ 草地	▨ 未利用地
▨ 林地	▨ 湿地	

图 6-12　2000—2015 年珠三角地区城市扩张与湿地景观的关系　[审图号: GS 京(2023)1026 号]
（a）2000 年；（b）2015 年

不断扩大，湿地面积不断减少。其中湿地丧失的 97% 的区域转化为建设用地，使得城区面积由 2000 年的 4202 平方千米增长到 2015 年的 7246 平方千米，增长了近一倍。整体而言，2000—2015 年，珠三角城市湿地受损程度呈现逐步减缓的趋势。

6.8　小结

基于目前研究中关于多时空城市群尺度的城市湿地的系统研究有待完善的需求，本章开展了关于珠三角城市群区域于 2000—2015 年城市湿地的时空演变特征研究及其驱动因素分析等工作。通过运用 GIS 空间分析和景观格局指数方法，研究了 2000—2015 年珠三角区域城市湿地生态系统的时空演变特征，并结合珠三角城市群的自然因素和社会经济特征，运用主成分分析方法探究了快速城市化背景下湿地变化的主要驱动力，以期为城市区域湿地管理提供科学依据。主要研究结论如下：

（1）通过研究湿地资源分布发现：2000—2015 年，珠三角湿地面积缩减了 11%，约为 1613 平方千米。其中，受损类型主要是水田（82%）；受损区域主要分布在佛山、广州、中山和惠州等城市（77%）；受损原因主要是建设用地扩张（97%）。

（2）通过研究湿地时空转移发现：2000—2015 年，97%的受损湿地是被建设用地侵占，其中建设用地侵占湿地的时间主要发生在 2000—2005 年（63%），有 11%的滩地被开垦为水田，说明人类活动对湿地类型转移的影响。同时，水田被开发为水库坑塘的现象明显；河渠与水库坑塘主要退化为滩地，这是湿地退化的显著表现。

（3）景观格局指数分析结果表明，珠三角湿地景观结构相对稳定，水田和河渠是珠三角城市群的优势景观类型，河渠的形状最复杂，湖泊的破碎化程度最高，其他湿地类型的破碎化程度逐年增加，但景观类型趋于单一化，景观丰富度降低。

（4）湿地受损驱动力的分析结果表明：城市扩张是珠三角湿地受损的外在表现，人口增加与社会经济快速发展是导致建设用地侵占湿地景观的内在原因。此外，气候和政策等因素也对湿地景观变化存在一定影响。

综合来看，本章开展了基于多时空尺度对珠三角的湿地景观的格局演变研究，为珠三角城市湿地管理提供了理论依据，并分析了导致湿地受损的主要因素，尤其是城市用地对湿地生态空间的侵占，为进一步深入研究珠三角城市扩张过程奠定了基础。

第 7 章

珠三角城市群林地生态空间变化特征及其驱动机制

7.1 城市群多尺度林地空间变化特征

2000—2018 年，珠三角地区林地面积净减少 940.3 平方千米，其中造林面积 604.3 平方千米，毁林面积 1544.6 平方千米。林地变化主要是林地与耕地、建成区的相互转化（见图 7-1）。林地面积的减少主要是被建成区侵占，占 62.9%，其次是耕地侵占，占 19.3%。林地减少的区域主要集中在广州市和东莞市的城市开发边界。林地面积的增加以耕地转化为主，占 57.1%，建成区转化 17.8%。林地增加的区域在空间上分布较分散，主要集中在城市群的西部和南部（见图 7-2）。各城市林地面积均有不同程度的减少（见图 7-3）。从总量上看，林地面积减少主要集中在东莞市和江门市，林地面积增加主要集中在江门市和肇庆市。但从单位面积来看，林地面积减少和增加均集中在东莞市和深圳市。除深圳市、珠海市的林地面积增加以建成区转化为主外，其他城市均以耕地转化为主。所有城市的林地面积减少都主要是被建成区占用。

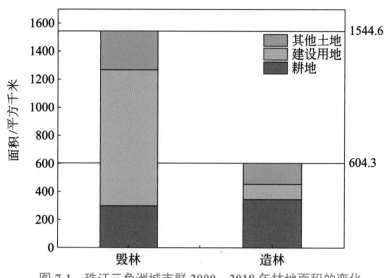

图 7-1　珠江三角洲城市群 2000—2018 年林地面积的变化

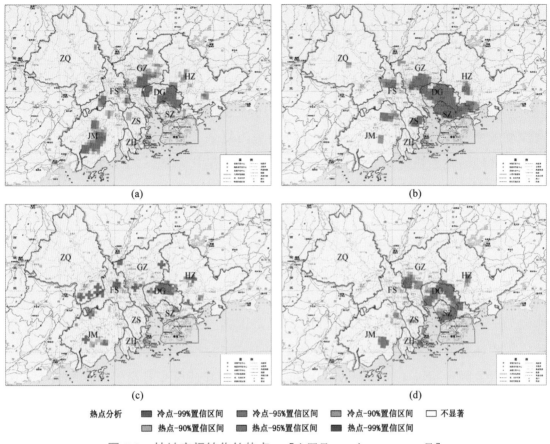

图 7-2　林地空间转化的热点　［审图号：GS 京(2023)1026 号］

（a）林地转化为耕地；（b）林地转化为建设用地；（c）耕地转化为林地；（d）建设用地转化为林地

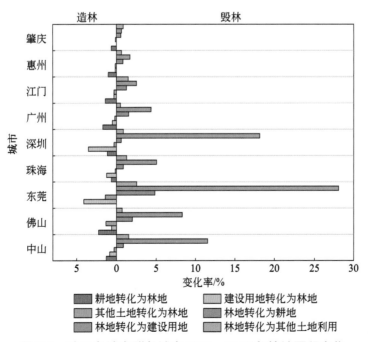

图 7-3　珠三角城市群各城市 2000—2018 年林地面积变化

7.2 林地面积减少的驱动分析

城市群各城市林地减少的面积虽然存在一定差异,但不同城市的部分驱动因子具有一致的驱动效应(林地转换为耕地的 16 个驱动因子,林地转化为建成区的所有驱动因子)。林地转化为耕地的驱动作用更为复杂(见图 7-4(a))。农村人口变化率对林地转化为耕地具有明显的正驱动作用(标准化系数 > 0.2)。特别是在惠州,农村人口变化率的标准化系数 > 0.4,具有较强的正驱动作用。人口迁移、第三产业、不透水地表面积对林地转化为耕地具有明显的负驱动作用(标准化系数 < −0.2)。

林地转化为建成区的驱动效应在各城市间无差异(见图 7-4(b))。人口变化率对城市林地转为建成区具有明显的正向驱动作用,而道路通达性和农业产值对林地转为建成区具有明显的负驱动作用。从相对重要性分析,地理和气象因素的驱动效应(29.4%~47.6%)仍低于社会经济因素(52.4%~70.6%)。人口因素和收入因素在林地面积减少中起主导作用(见图 7-5)。在林地转化为耕地的过程中,地理和气象因素超过了人口和收入因素。林地转为建成区受社会经济影响较大,基本处于主导地位。

先前的研究表明,林地减少的根本原因是农业扩张(Shi et al., 2017)。在珠三角城市群,林地减少的主要原因是建成区的扩张,且主要位于城市开发边界内。这主要是因为该地区是土地规划政策的优先发展地区。在城市规划政策中,城镇化的周边地区通常更容易被住宅、商业和工业用地所占据(Jiao et al., 2019)。在生态管理中对生态空间保护的忽视,导致林地面积减少。在城市开发边界之外的农村地区,林地减少主要是由于农业扩张。农村人口对林地面积的减少影响显著,主要是由于农村人口的增加提高了对土地和粮食的需求,农民必须继续开垦农田以满足需求(Lark et al., 2015),这也体现为地理因素和市场因素的正向驱动作用。居民选择地理位置适宜、土壤肥沃的地区发展耕地,但这主要发生在城镇化程度较低的地区,如肇庆市。随着城镇化的快速发展,城市提供了大量的非农业岗位,珠三角地区大量的农民迁移到城市从事非农业工作,使农村劳动力急剧减少,在一定程度上造成了耕地的弃耕,但为了满足农民工生活、工作的需要,增加了城市地区开发边界内林地向建成区的转化。目前,在珠三角城市群,农村人口增长造成的林地面积减少的压力因人口迁移而逐渐减小,但这加剧了高度城镇化地区的林地面积的减少。这与本书的结果一致,即所有城市的林地面积的减少主要是被建成区侵占。

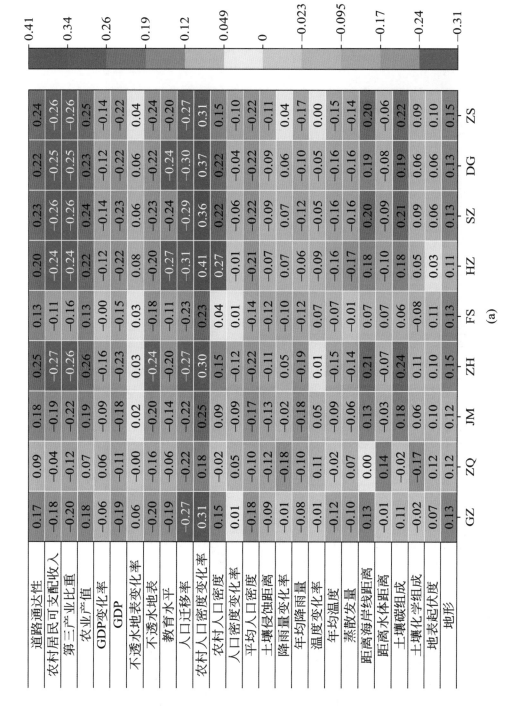

图 7-4　城市群不同城市林地空间减少的地理加权回归系数

(a) 林地转化为耕地；(b) 林地转化为建设用地，数值为地理加权回归标准化系数

色标：0.28, 0.23, 0.17, 0.11, 0.058, 0.002, 0, −0.054, −0.11, −0.17, −0.22, −0.28

	GZ	ZQ	JM	ZH	FS	HZ	SZ	DG	ZS
道路通达性	−0.24	−0.18	−0.23	−0.28	−0.22	−0.25	−0.26	−0.25	−0.27
农村居民可支配收入	0.18	0.16	0.17	0.17	0.17	0.15	0.15	0.16	0.17
第三产业比重	0.09	0.10	0.10	0.09	0.10	0.06	0.06	0.07	0.09
农业产值	−0.21	−0.17	−0.20	−0.24	−0.19	−0.22	−0.23	−0.22	−0.23
GDP变化率	0.17	0.16	0.16	0.15	0.17	0.13	0.13	0.14	0.15
GDP	0.09	0.11	0.09	0.07	0.10	0.03	0.04	0.05	0.07
不透水地表变化率	0.12	0.06	0.12	0.18	0.10	0.18	0.20	0.18	0.17
不透水地表	0.15	0.15	0.15	0.15	0.15	0.12	0.12	0.13	0.15
教育水平	−0.08	−0.06	−0.06	−0.07	−0.07	−0.10	−0.09	−0.09	−0.07
人口迁移率	0.09	0.05	0.09	0.13	0.07	0.10	0.12	0.11	0.12
农村人口密度变化率	0.19	0.12	0.15	0.20	0.15	0.25	0.24	0.23	0.20
农村人口密度	0.13	0.08	0.12	0.17	0.11	0.19	0.19	0.18	0.16
人口密度变化率	0.23	0.17	0.22	0.28	0.21	0.27	0.28	0.26	0.26
平均人口密度	0.13	0.14	0.13	0.11	0.14	0.08	−0.09	0.10	0.12
土壤侵蚀距离	−0.06	−0.05	−0.05	−0.05	−0.06	−0.05	−0.05	−0.05	−0.05
降雨量变化率	−0.14	−0.10	−0.12	−0.14	−0.12	−0.15	−0.15	−0.15	−0.14
年均降雨量	0.09	0.10	0.11	0.11	0.10	0.09	0.10	0.10	0.11
温度变化率	−0.01	−0.02	−0.03	−0.02	−0.02	−0.01	−0.01	−0.01	−0.02
年均温度	0.18	0.13	0.16	0.20	0.16	0.19	0.19	0.19	0.19
蒸散发量	0.10	0.07	0.09	0.10	0.09	0.10	0.10	0.10	0.10
距离海岸线距离	−0.18	−0.14	−0.17	−0.19	−0.16	−0.18	−0.19	−0.18	−0.19
距离水体距离	−0.03	−0.02	−0.03	−0.05	−0.03	−0.04	−0.04	−0.04	−0.04
土壤碳组成	−0.05	−0.06	−0.06	−0.05	−0.06	−0.03	−0.03	−0.04	−0.05
土壤化学组成	−0.07	−0.07	−0.07	−0.07	−0.07	−0.07	−0.07	−0.07	−0.07
地表起伏度	−0.12	−0.10	−0.12	−0.14	−0.11	−0.13	−0.14	−0.13	−0.14
地形	−0.14	−0.10	−0.13	−0.16	−0.12	−0.14	−0.15	−0.14	−0.15

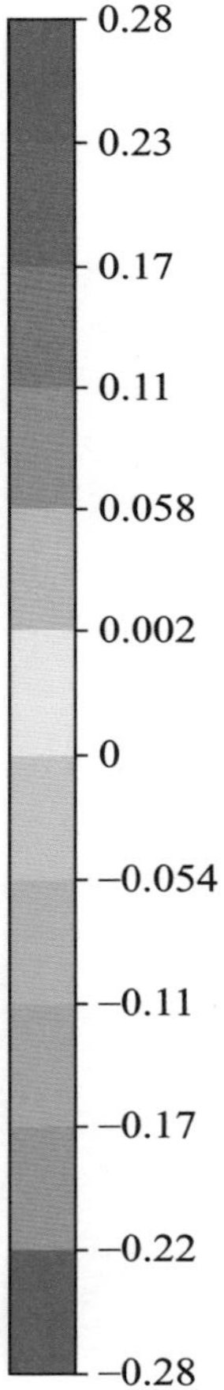

(b)

图 7-4 （续）

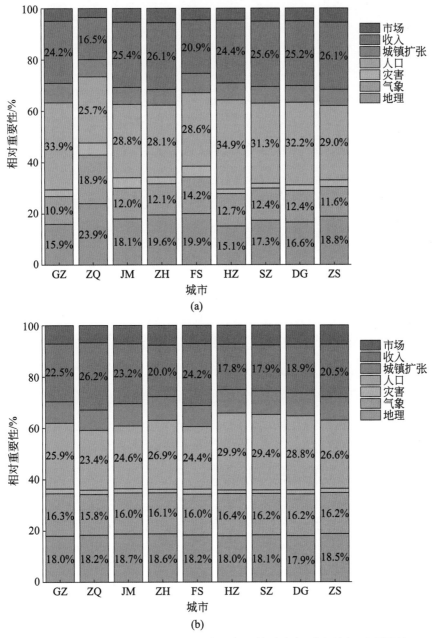

图 7-5　城市群不同城市不同驱动因素对林地空间减少的相对重要性

（a）林地转化为耕地；（b）林地转化为建设用地

　　社会经济因素是林地面积减少的主导因素（Kleemann et al., 2017；Ren et al., 2020）。城市群的发展和人口的持续增长必然会侵占生态空间。现阶段的生态政策只是减小了这一过程的速度和规模，使得侵占的类型和位置发生了一定程度的变化。珠三角城市群实施了退耕还林、生态保护、生态修复和生态建设等政策以促进绿色发展，2000—2005 年的森林减少率为 1.26%，并逐渐下降；2015—2018 年的森林减少率为 0.33%，这些结果与珠三角城市群和城市范围内相关文献中的研究结果一致（Hu et al., 2019；Jiao et al., 2019）。由于生态政策、人口迁移、经济集聚，以及城市群中不同城市的差异性影响，林地与人口增长、经济变化之间的关系变得更加复杂（Keenan et al., 2015）。预测和评价林地变化不仅应考虑地理、气象和社会经济驱动因素，还应考虑生态政策（Lambin et al., 2001）。决策者应了解林地变化的时空过程，筛选林地变化的主要驱动因素，及时调整生态政策。在本书中，农村人口密度和人口迁移对林地变化的影响最显著，应作为林地管理的首要考虑因素。如何平衡城市居民尤其是流动人口的需求，是当前城市生态建设和生态管理的重要内容。首先需要加强对城市开发边界内林地的监测和评价（Zhou et al., 2016），加强对该地区林地的保护和修复。城市需要更多的生态空间来满足高度城镇化地区的大量人口迁移，城市开发边界内的林地可以提供更多的生态系统服务（Jim et al., 2009）。因此，生态建设的重点应在城镇开发边界内将组团绿地的开发与分散小绿地的增加相结合，建设满足居民需求的绿色基础设施。政府还应发挥主导作用，鼓励和引导社会力量、社会资本、民营企业参与城市林地的建设和保护，建立多元化的绿色基础设施建设和管理机制，发挥市场机制在资源配置方面的决定性作用。

7.3　林地面积增加的驱动分析

　　与林地空间的减少相比，城市群不同城市的驱动因子对林地面积增加有较强且相似的驱动作用（耕地转化为林地有 21 个因子，建成区转化为林地有 24 个因子）（见图 7-6）。农村人口变化率和不透水地表的变化对耕地转化为林地有明显的正向驱动作用。人口密度、第三产业、GDP 对耕地转化为林地有明显的负驱动作用。地理因素、人口因素和城市扩张因素对耕地转化为林地有正向的驱动作用，其他因素对耕地转化为林地有负驱动作用。建成区转化为林地的驱动因素较多，且驱动作用较强。GDP、人口密度、农村居民人均可支配收入、第三产业对建成区转化为林地具有明显的正向驱动作用，特别是 GDP 变化率具有较强的正驱动作用。土壤条件和到海岸线的距离对建成区转化为林地有明显的负驱动作用。地理、气象因素对林地面积增加的驱动作用仍低于社会经济因素的驱动，自然因素的驱动作用低于林地面积减少的驱动（见图 7-7）。人口因素在耕地转化为林地中起主导作用，收入因素在建成区转化为林地中起主导作用。

	GZ	ZQ	JM	ZH	FS	HZ	SZ	DG	ZS
道路通达性	-0.01	-0.00	0.06	0.11	0.01	0.02	0.05	0.03	0.08
农村居民可支配收入	-0.17	-0.13	-0.19	-0.25	0.16	-0.21	-0.22	-0.21	-0.23
第三产业比重	-0.19	-0.18	-0.21	-0.23	-0.19	-0.21	-0.22	-0.21	-0.22
农业产值	0.08	0.06	0.13	0.19	0.09	0.11	0.13	0.12	0.16
GDP变化率	-0.08	0.05	-0.10	-0.14	-0.07	-0.12	-0.13	-0.12	-0.12
GDP	-0.21	-0.19	-0.22	-0.25	-0.21	-0.23	-0.24	-0.23	-0.24
不透水地表变化率	0.29	-0.23	0.23	0.23	0.25	0.29	0.27	0.28	0.25
不透水地表	-0.17	-0.17	-0.20	-0.24	0.18	0.17	-0.19	-0.18	-0.22
教育水平	-0.12	-0.07	-0.13	-0.16	-0.10	-0.18	-0.17	-0.16	-0.15
人口迁移率	-0.08	-0.09	-0.10	-0.12	-0.09	-0.08	-0.09	-0.08	-0.11
农村人口密度变化率	0.28	0.23	0.27	0.30	0.26	0.34	0.33	0.32	0.30
农村人口密度	0.20	0.13	0.16	0.17	0.16	0.26	0.24	0.24	0.18
人口密度变化率	0.18	0.14	0.09	0.06	0.14	0.14	0.11	0.13	0.09
平均人口密度	-0.20	-0.18	-0.21	-0.24	-0.20	-0.21	-0.22	-0.22	-0.23
土壤侵蚀距离	-0.10	-0.11	-0.13	-0.14	-0.11	-0.09	-0.11	-0.10	-0.13
降雨量变化率	0.01	-0.06	-0.00	0.05	-0.02	0.05	0.05	0.05	0.04
年均降雨量	-0.02	-0.05	-0.11	0.14	-0.06	-0.04	-0.08	-0.06	-0.11
温度变化率	-0.04	0.11	0.02	0.02	-0.00	-0.06	-0.03	-0.04	0.00
年均温度	-0.09	-0.05	-0.09	0.15	-0.08	-0.10	-0.12	-0.11	-0.13
蒸散发量	-0.12	-0.05	-0.11	0.17	-0.09	-0.16	-0.17	-0.16	-0.16
距离海岸线距离	0.09	0.05	0.12	0.19	0.08	0.12	0.14	0.13	0.16
距离水体距离	-0.07	-0.02	-0.05	-0.07	-0.04	-0.12	-0.11	-0.11	-0.07
土壤碳组成	0.12	0.08	0.17	0.23	0.12	0.18	0.21	0.18	0.20
土壤化学组成	-0.01	-0.05	0.03	0.08	-0.02	0.06	0.08	0.06	0.06
地表起伏度	0.02	0.03	0.07	0.10	0.04	-0.00	0.03	0.02	0.08
地形	0.07	0.06	0.10	0.15	0.08	0.06	0.09	0.07	0.12

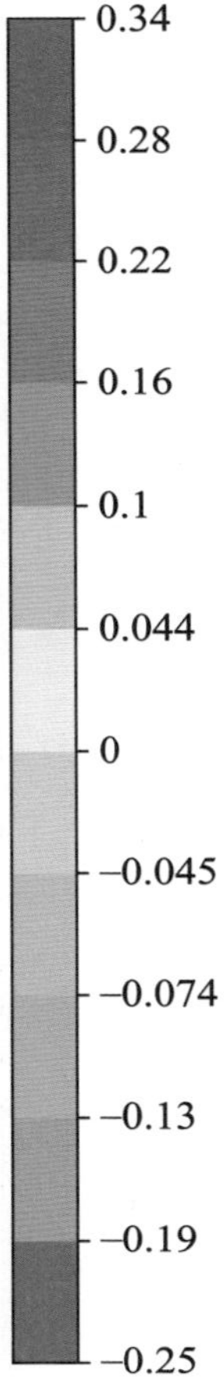

图例：0.34　0.28　0.22　0.16　0.1　0.044　0　-0.045　-0.074　-0.13　-0.19　-0.25

(a)

图 7-6　城市群不同城市林地空间谱增加的地理加权回归系数

（a）耕地转化为林地；（b）建设用地转化为林地，数值为地理加权回归标准化系数

颜色标尺：0.54 / 0.3 / 0.15 / 0 / −0.15 / −0.3 / −0.45

	GZ	ZQ	JM	ZH	FS	HZ	SZ	DG	ZS
道路通达性	-0.15	-0.10	-0.16	-0.20	-0.14	-0.15	-0.18	-0.17	-0.19
农村居民可支配收入	0.2	0.24	0.33	0.41	0.29	0.37	0.41	0.39	0.38
第三产业比重	0.23	0.22	0.27	0.27	0.24	0.19	0.23	0.22	0.27
农业产值	-0.16	-0.11	-0.18	-0.23	-0.15	-0.16	-0.21	-0.19	-0.22
GDP变化率	0.39	0.29	0.39	0.48	0.35	0.51	0.53	0.50	0.45
GDP	0.34	0.29	0.34	0.40	0.32	0.39	0.40	0.39	0.38
不透水地表变化率	-0.19	-0.16	-0.18	-0.24	-0.17	-0.26	-0.28	-0.25	-0.22
不透水地表	0.29	0.25	0.29	0.36	0.27	0.32	0.35	0.34	0.34
教育水平	-0.02	-0.03	-0.04	-0.03	-0.03	-0.01	-0.02	-0.01	-0.02
人口迁移率	-0.11	-0.03	-0.06	-0.19	-0.04				-0.14
农村人口密度	-0.01	-0.03	-0.01	0.01	-0.02	0.03	0.03	0.02	-0.00
农村人口密度变化率	-0.13	-0.12	-0.13	-0.10	-0.13	-0.11	-0.08	-0.10	-0.11
人口密度变化率	0.05	0.00	0.07	0.12	0.04	0.09	0.14	0.11	0.11
平均人口密度	0.36	0.31	0.37	0.43	0.34	0.41	0.43	0.42	0.41
土壤侵蚀距离	-0.16	-0.12	-0.14	-0.10	-0.14	-0.15	-0.10	-0.13	-0.12
降雨量变化率	-0.14	-0.08	-0.15	-0.19	-0.13	-0.18	-0.20	-0.19	-0.18
年均降雨量	0.12	0.06	0.11	0.26	0.08	0.29	0.35	0.29	0.21
温度变化率	-0.04	-0.00	0.00	-0.12	0.01	-0.20	-0.22	-0.18	-0.08
年均温度	0.13	0.09	0.13	0.17	0.12	0.12	0.14	0.14	0.17
蒸散发量	0.10	0.05	0.11	0.16	0.09	0.13	0.16	0.14	0.15
距离海岸线距离	-0.17	-0.10	-0.17	-0.26	-0.14	-0.23	-0.28	-0.25	-0.23
距离水体距离	0.02	0.01	0.06	0.05	0.04	0.01	0.03	0.02	0.04
土壤碳组成	-0.17	-0.09	-0.17	-0.32	-0.13	-0.34	-0.41	-0.35	-0.27
土壤化学组成	-0.14	-0.04	-0.13	-0.28	-0.09	-0.35	-0.40	-0.34	-0.23
地表起伏度	-0.06	-0.02	-0.04	-0.15	-0.03	-0.17	-0.21	-0.18	-0.12
地形	-0.08	-0.05	-0.07	-0.14	-0.06	-0.13	-0.16	-0.14	-0.13

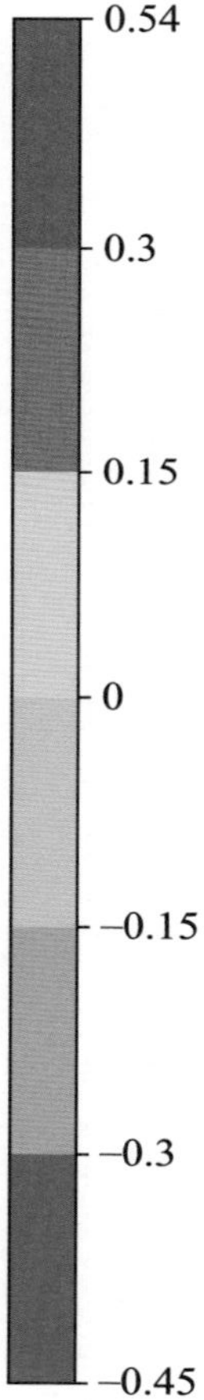

(b)

图7-6 （续）

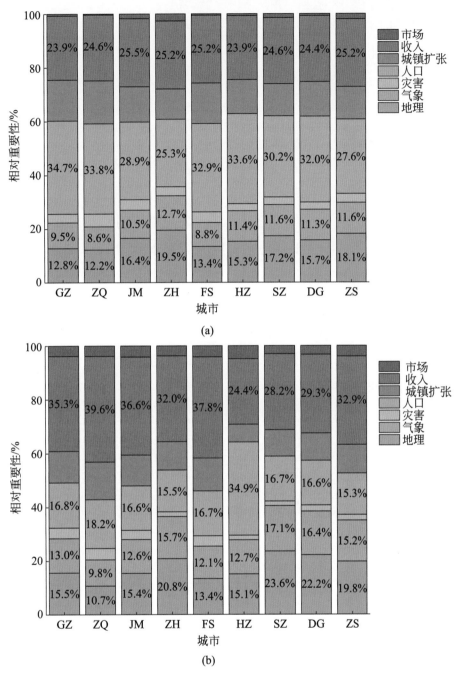

图 7-7　城市群不同城市林地空间增加的相对重要性

（a）耕地转化为林地；（b）建设用地转化为林地

林地面积的增加主要受城市生态政策的影响（Lambin et al., 2001）。本书的结果证明，使林地面积增加的驱动力在所有城市都具有一致的驱动效果，这主要由于城市群内各城市在生态建设和保护、国土空间规划过程中采用了相同的标准，退耕还林、生态修复、生态保护红线政策在当地林地保护和建设中发挥了重要作用（Jia et al., 2018）。林地增加的面积主要由耕地转化而来，这与珠三角实施"退耕还林"政策密切相关。采用地理加权回归模型的结果进一步揭示了本研究列出的驱动因素可以结合起来解释政策在造林中的驱动效应。地形和地表起伏对林地的增加具有正驱动作用，水土流失或土壤侵蚀距离具有负驱动作用。这主要是因为退耕还林政策是以水土流失严重或坡度大于 6° 的耕地为基础并进行核算的。距离土壤侵蚀和海岸线的远近对建成区转化为林地具有负驱动作用，主要是因为珠三角城市群在生态敏感区实施生态修复政策，重点在侵蚀区进行生态造林，在海岸线附近建设沿海防护林。由于生态政策的制定是基于对自然因素的评价，生态保护政策对林地增加的影响主要体现在自然因素上。地理加权回归分析的结果还表明，农村人口是耕地转化为林地的正向驱动力。农村地区大量劳动力的流失改变了传统农业管理模式，政府实施了财政激励措施，鼓励退耕还林（He, 2014）。人口密度和建成区转化为林地具有正向的驱动作用，这主要发生在高度城镇化地区。然而，在许多研究区，人口密度的增加是林地减少的主要原因（Ren et al., 2020），这是由于珠三角开展生态承载力分析，为了满足区域生态安全和可持续发展，政府必须建设生态空间以满足居民需求。但建成区转化为林地主要集中在生态保护和生态修复区，面积较小，难以满足居民的需求。政府需要在城市和城市开发边界之间建立生态保护空间，增加林地面积，提高林地质量，构建城市群的网络化生态廊道，建设多层次的绿色基础设施，完善绿地系统，营造差异化的生态景观。

7.4 小结

针对珠三角城市群城镇化特点，结合相关文献研究，筛选出 26 个自然、社会和经济驱动因素，利用地理加权回归模型和相对重要性模型定量评估驱动因素对林地变化的驱动作用。林地面积总体呈现减少的趋势，但减少速度在逐年降低，其中林地面积增加 604.3 平方千米（以耕地转换为主），林地面积减少 1544.6 平方千米（主要被建成区侵占）。社会经济驱动因素在林地变化上起主要的驱动作用，尤其是农村人口密度和人口迁移。林地面积减少的区域主要发生在城市开发边界附近。此外，居民受教育程度也对林地面积的减少有影响，这主要表现在城镇化程度较低的区域且影响较弱。

8.1　城市群生态空间质量的空间格局及变化规律

　　珠三角城市群生态空间质量分布特征见图 8-1，2000 年和 2017 年区域生态空间质量以良好和中等为主，占 76.7%~83.1%，其中良好为主体，占 46.8%~49.9%。差、较差的面积为 7.7%~10.1%，较差和较好的生态空间均占比较少，特别是较差的面积仅为 0.01%~0.02%，生态质量较好的面积为 0.08%~0.39%。2000—2017 年，生态空间质量良好和较好的区域明显提升，尤其是生态空间质量较好的区域由 2000 年的 42 平方千米增加到 2017 年的 210.2 平方千米。但生态空间质量差的面积也有所增加，增加了 947.4 平方千米，占比 25.2%。生态空间质量较差的区域虽然只增加了 7.1 平方千米，但与 2000 年相比增加了 7 倍多。生态空间质量好和较好的区域面积虽然有所增加，但并不是在原来的位置上扩大，而是主要由中等和良好的区域转变而来。部分良好和较好的生态空间质量降低，呈现退化趋势，生态质量较好的约 27 平方千米（65.5%）和生态质量良好的约 1859 平方千米（7.6%）均存在一定程度的退化。珠江三角洲城市群变化最为剧烈的是生态空间质量中等的地区，约 3916.2 平方千米（20%）的生态空间得到了提升，约 1829 平方千米（9.4%）的生态空间质量降低。

　　以乡镇尺度为评价单元，识别 2000—2017 年生态空间质量变化特征（见图 8-2）。2000—2017 年，尽管只有 20.9% 的乡镇生态空间质量呈下降趋势，61% 的乡镇生态空间质量呈上升趋势，但生态空间质量总体呈下降趋势，从 52.8% 到 51.5%。2000 年生态空间质量数值分布在 30~69，5 个乡镇生态空间质量较差，60.9% 的乡镇生态空间质量中等，38.1% 的乡镇生态空间质量良好。2017 年生态空间质量数值分布在 35~64，65.9% 的乡镇生态空间质量中等，34.1% 的乡镇生态空间质量良好。大约 65.5% 的生态空间质量较好的区域和 7.6% 的生态空间质量良好的区域有退化。珠三角地区的生态管理措施虽然改善了区域生态空间

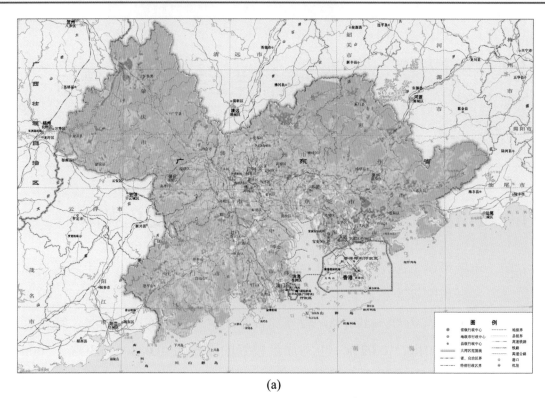

(a)

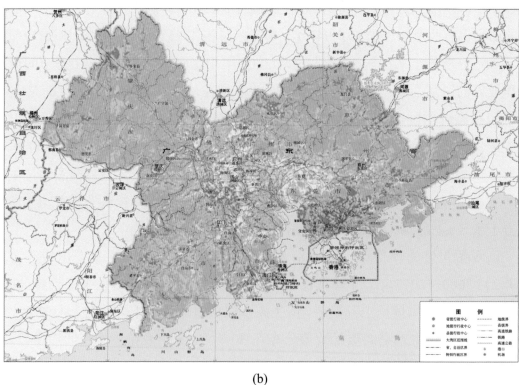

(b)

生态空间质量 ■较差 ■差 □中等 ■良好 ■较好

图 8-1　珠三角生态空间质量的空间分布格局　［审图号: GS 京(2023)1026 号］

（a）2000 年；（b）2017 年

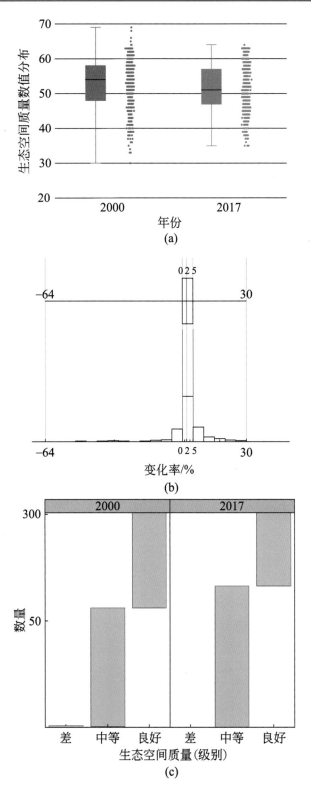

图 8-2 珠三角生态空间质量的数值分布和变化特征

（a）生态空间质量的数值分布；（b）2000—2017 年生态空间质量的变化率；

（c）不同级别的生态空间质量评价单元数量

质量，但改善效果不明显，变化率主要集中在2%～5%，部分乡镇的生态环境质量显著下降（最多下降64%），造成区域总体生态空间质量有所下降。

8.2　城市群9个城市的生态空间质量及变化规律

由于生态本底的差异，城镇化水平和生态管理的差异，城市群内各城市生态空间质量存在差异（见图8-3）。除肇庆市的生态空间质量较好外，其他城市生态空间质量均中等，东莞市的生态空间质量总体最低。2000—2017年，不同城市的生态空间质量呈现不同的变化趋势，但数值总体变化不大。深圳市生态空间质量增幅最大，从41.8上升到44.8，而佛山的生态空间质量下降最大，从47.4下降到42.6。总体来看，城市群中心城市呈现明显的下降趋势，沿海城市则呈现上升趋势。广州市、佛山市、东莞市、中山市生态空间质量呈下降趋势，深圳市、珠海市、江门市、惠州市生态空间质量呈上升趋势，肇庆市整体处于稳定状态。

就各级生态空间质量而言（见图8-4）。2000—2017年，城市各级生态空间质量发生了显著变化，但各城市生态空间质量高值区域均有所增加。广州市、珠海市、江门市生态空间质量的主要分布由中等变为良好，佛山市、东莞市、中山市生态空间质量的主要分布由中等变为较差。珠三角城市群城市生态质量较好的

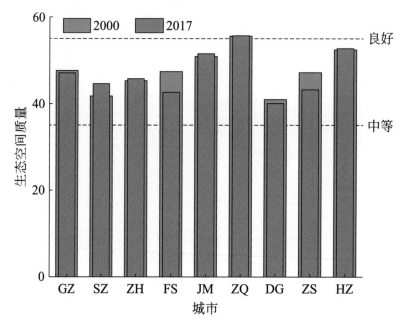

图8-3　珠三角城市群城市尺度生态空间质量

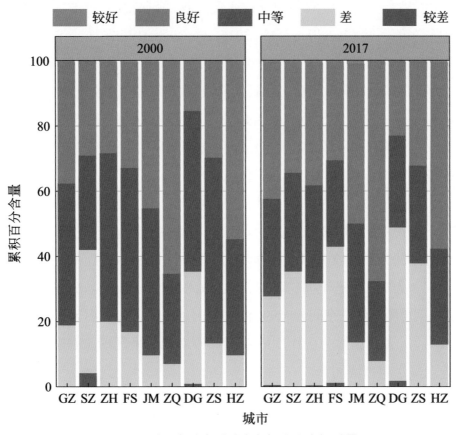

图 8-4　珠三角城市群城市各级生态空间质量

面积均有增加。深圳市生态质量较差的区域由 2000 年的 4.5%大幅下降至 2017 年的 0.4%。江门市、肇庆市生态质量较差的区域趋于稳定，其他城市的则面积扩大，尤其是佛山市和东莞市，生态质量较差的区域面积扩大了 1.3%和 0.9%。除深圳市外，其他城市生态空间质量差的面积均有增加，其中佛山市和中山市增幅最大，分别为 24.8%和 24.1%。生态质量中等的面积除深圳市增加外，其他城市均有减少，其中中山市下降幅度最大，达到 27.1%。除佛山市生态质量好的面积减少外，其他城市生态质量好的面积均有增加，其中珠海市的增幅最大（9.8%）。

8.3　城市群生态空间质量与人群分布特征

改善区域生态空间质量和增强生态系统服务是实现城市可持续发展的首要目标（Chen, 2015a；Schröter et al., 2017；Langemeyer et al., 2018）。特别是在高度城镇化的城市群，生态系统服务的供需失衡极为突出（Bryan et al., 2018；Yan et al.,

2018)。如何满足生态系统服务的供需平衡，这是可持续发展的关键，其实质是生态空间分布的平衡（Yahdjian et al., 2015；Ouyang et al., 2016）。自 2004 年以来，珠三角城市群先后实施了多项生态建设和修复工程，人工生态空间面积扩大，但生态系统健康风险和生态系统服务供需失衡仍然在增加（Dong et al., 2019；Hu et al., 2019）。造成这种不平衡的原因是缺乏对不同品质生态空间在不同人群多层次尺度分布的理解。基于此，本书将结合生态空间质量评价模型和人口经济数据，定量研究珠三角城市群生态空间在不同人群的分布特征。

珠三角城市群城乡尺度生态空间质量差异较小，主要从广州市（0.1）到东莞市（3.3），差异主要集中在生态空间质量的高值区和低值区（见图 8-5）。总体上，城市群生态空间分布和收入分配相对均衡（基尼指数< 0.2）。生态空间分布的公平性高于收入分配（生态空间的基尼指数<收入的基尼指数）（见图 8-6）。在城乡尺度上，珠三角城市生态空间分布的公平性高于农村地区（见图 8-7），尤其是惠州，分布最为均匀（基尼指数 = 0.01）。在江门和肇庆农村地区的生态空间质量分布的公平性普遍高于城市地区。

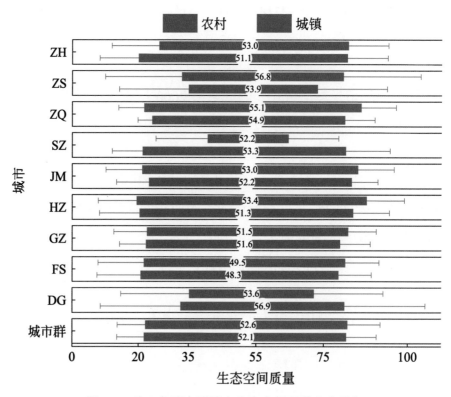

图 8-5　珠三角城市群城乡生态空间质量分布特征

中心点数值为生态空间质量平均值，误差条表示每个城市不同评价单元的标准差

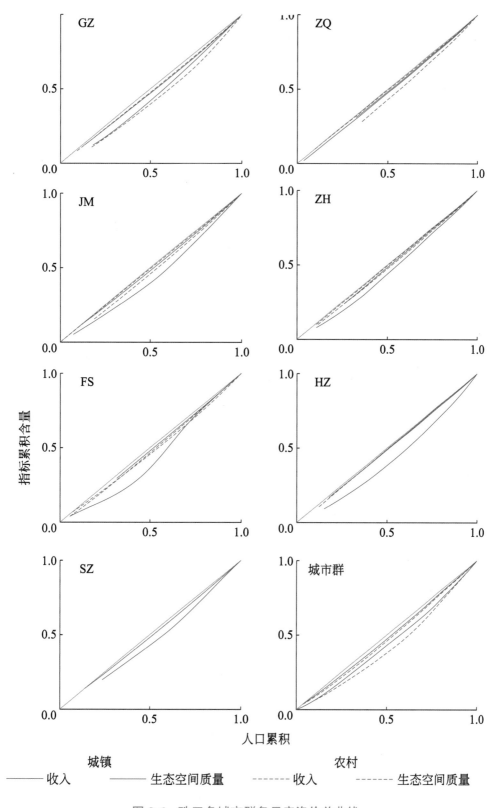

图 8-6　珠三角城市群多尺度洛伦兹曲线

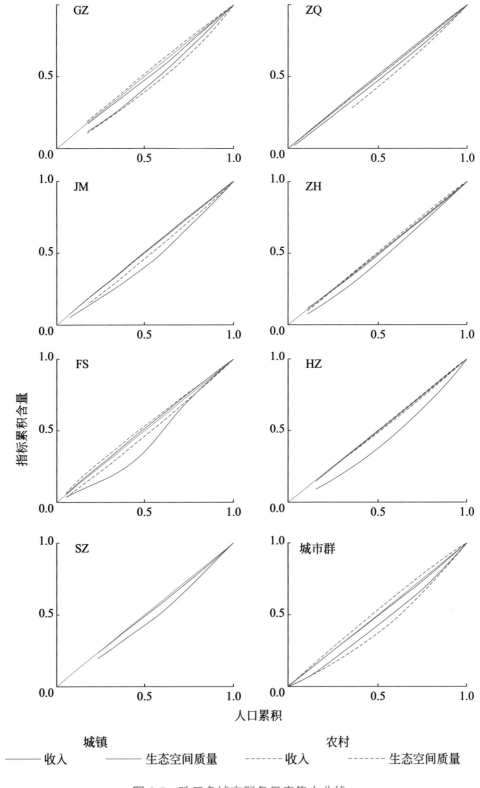

图 8-7　珠三角城市群多尺度集中曲线

在城市群中，不同收入群体的生态空间分布的公平性相对平等（集中系数为0.005）。但从集中度曲线（见图 8-7）来看，城市优质生态空间主要集中在高收入群体，而农村优质生态空间则集中在低收入群体。从城乡尺度来看，不同收入群体的生态空间质量分布存在差异，城市生态空间质量分布的公平性高于农村地区。在城市内部，如广州市和深圳市，优质生态空间一般集中在高收入群体，而在其他城市，城市优质生态空间一般集中在低收入群体。在农村内部，优质的生态空间都集中在低收入群体。

城市群尺度生态空间分布相对均衡，但城市间存在明显的差异性，这主要是受自然条件、历史、管理和社会经济因素等的共同影响（Hersperger et al., 2010；Kleemann et al., 2017）。广州市和深圳市城镇内高品质的生态空间集中在高收入群体，这与其他城市分布不同。广州是一个历史悠久的城市，名胜古迹和城市公园众多，城市规划中保护和建设的优质生态空间主要集中在高收入社区。深圳市是新兴滨海城市，在城市开发建设中注重自然生态空间的保护和生态景观建设。随着城市的发展，原来的居民和移民都集中在城市内的工作场所附近，形成了"城中村"，侵占中等质量的生态空间，而高收入居民则选择居住在高品质的生态社区。在其他城市和农村，由于城镇化，经济和文化中心普遍集中在城市内部，对生态空间的压力大，从而侵占生态空间或使生态退化，而郊区和农村地区，人口造成的生态压力小，生态空间质量普遍较高。

8.4　城市群生态空间人群分布与生态风险特征

生态空间面积和质量的降低影响了区域生态系统服务，从而增加了生态风险（Kang et al., 2018；Hu et al., 2019；Chen et al., 2020）。不同的人群由于收入水平、价值观和文化观的不同，对生态空间产生了不同的驱动作用，使得不同的群体面临不同的生态压力和生态环境问题。例如，Chakraborty 等（2019）发现，低收入群体受到更高的城市热影响。参考 Chakraborty 等（2019）的研究，使用基尼指数和集中度指数对珠三角城市群进行跨尺度分析（见图 8-8）。由于不同人群社会经济因素的差异，低收入群体倾向于侵占生态空间满足日常需要，加大了对周边生态空间的压力，导致生态空间的面积和质量下降，而高收入群体倾向于建设和保护优质生态空间。在收入差距较大的惠州市、江门城镇和广州市农村区域，优质生

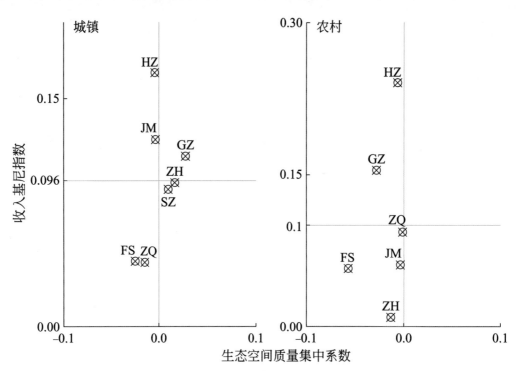

图 8-8　基于生态空间质量集中系数和基尼指数的城乡分类特征

对于集中系数，x 截距处的分类阈值为 0；对于基尼指数，y 截距是城市的平均基尼指数

态空间主要分布在低收入群体。由于城镇化和房地产市场的进入，低收入群体的生态空间压力逐渐加大，导致低收入群体通过开发建设用地侵占生态空间。此外，不断增长的人口对周边生态空间施加了更大的压力，导致生态空间的面积和质量下降，生态系统的服务功能不断减少（Hu et al., 2019；Chen et al., 2020）。高收入群体拥有的生态空间面积普遍较小且品质较低，虽然加强了生态建设和保护，但总体供需失衡的加剧仍然加大了城市生态系统的健康风险，导致了一系列生态环境问题。基于惠州市城市和乡村 1962—2008 年的气温数据，李明传（2007）发现城市气温的上升速度和幅度均高于农村地区，城市热岛效应的强度高于农村。

8.5　城镇化对生态空间质量变化的空间驱动机制

区域人口、经济的快速发展和社会生活方式的转变是造成区域生态空间质量变化的主要因素（Yuan et al., 2018；Hu et al., 2019）。珠三角城市群是我国城镇化进程中发展速度最快的城市群。通过热点分析，本书发现生态空间质量具有一定的空间集聚性（见图 8-9）。2000 年和 2017 年，生态空间质量高值的热点区域

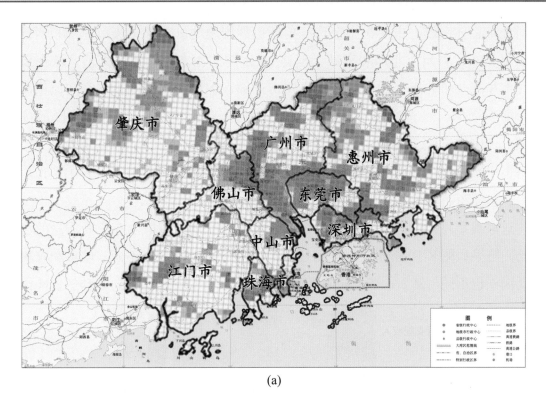

(a)

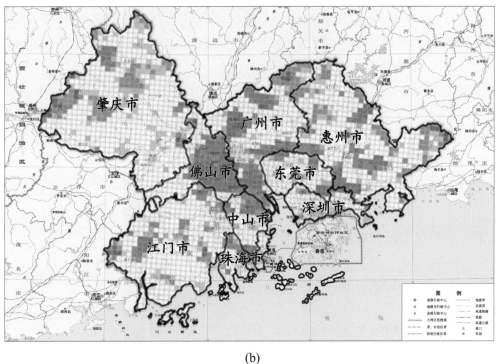

(b)

热点分析　■ 冷点-99%置信区间　■ 冷点-95%置信区间　■ 冷点-90%置信区间　□ 不显著
　　　　　■ 热点-90%置信区间　■ 热点-95%置信区间　■ 热点-99%置信区间

图 8-9　珠三角区域生态空间质量的热点分布　　［审图号: GS 京(2023)1026 号］

（a）2000 年；（b）2017 年

空间分布总体一致，主要集中在珠三角城市群周边地区，如肇庆市北部和西部、广州市北部、惠州市北部和东部。但这17年间的生态空间质量高值区域在肇庆市北部和惠州市北部大面积降低，惠州市东部、深圳市南部的生态空间质量高值区域面积增加。生态空间质量的低值区域主要分布在城市群靠近建成区的中心区域。2000年的低值区域主要集中在广州市南部、佛山市东北部、东莞市北部、珠海市中部和深圳市北部，而2017年的低值区域主要集中在佛山市和中山市、广州市、东莞市、深圳市，低值聚集区面积有所减少。

选取典型城镇化因子，探究城镇化因子对珠三角城市群生态空间质量的空间驱动，结果如图8-10所示。城市间社会经济因素的驱动效应不同，城市和农村的驱动因素也不同。例如，在不同的城市，不透水表面有正向、负向驱动的影响或没

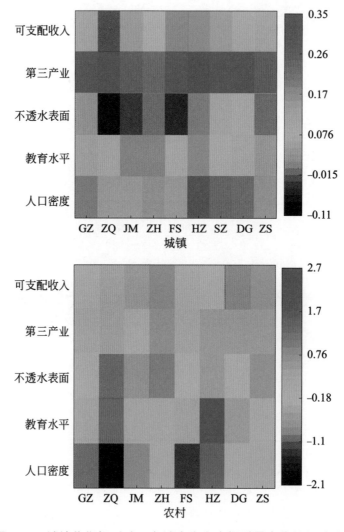

图8-10 城镇化指标对珠三角城市生态空间质量变化的驱动分析

有明显驱动的影响，不透水表面对广州城市和农村地区没有影响或有负面影响。社会经济因素对农村的驱动作用明显大于对城市的驱动作用，这表明农村将成为城市化和生态政策的重点影响区域。人口密度、第三产业、受教育程度、居民可支配收入等因素对城市生态空间质量具有正向驱动效应。城市生态空间的质量主要受人口密度和第三产业比重的影响。人口密度的驱动力主要集中在深圳市和东莞市，第三产业的驱动力集中在深圳市和惠州市。在农村地区，社会经济因素主要受教育水平、人口密度和收入的驱动。总体而言，生态空间质量受不透水表面和居民可支配收入的负向驱动，而受教育水平和第三产业的正向驱动。教育水平的驱动力集中在肇庆市和佛山市，人口密度和收入的驱动力集中在惠州市。广州市、肇庆市、江门市和佛山市的人口密度和农村生态空间质量呈负向驱动，而其他城市均为正向驱动。珠海市农村社会经济因素对生态空间质量的驱动作用不同于其他城市，各社会经济因素对生态空间质量均具有正向驱动，这主要是因为珠海是海滨旅游城市，社会经济活动与生态空间密切相关。

8.6　珠三角城市群城镇化下基于生态空间质量的生态管理

城镇化显著影响生态空间，导致区域生态空间功能和质量发生一定的转变（Peng et al., 2017；Yuan et al., 2018；Dong et al., 2019）。城镇化对生态空间的主要影响是人为占用，导致自然生态面积减少，生态效益降低。本书中城市群尺度生态空间质量只是略有减少，在城市尺度上生态空间质量变化的特征具有差异性，这主要是由于城市城镇化水平及生态管理的差异。通过地理加权回归分析可以看出，城镇化对每个城市的生态空间都具有不同的驱动效果。农村人口密度、产业结构和受教育程度是导致生态空间质量变化的主要驱动因素，传统的城镇化指标对生态空间质量的影响在珠三角城市群中有所降低，如人口密度在先前的研究中被认为是生态退化的主要原因（Li et al., 2016；Kang et al., 2018）。然而，这些驱动因素对珠三角城市群的生态空间质量影响不大，产业结构和居民的生态观念逐渐影响区域生态空间质量，珠三角城市群目前的城镇化水平促进了生态空间质量的小幅改善。随着产业升级、经济水平的提高，城市对生态空间的压力逐渐减小，生态产业为生态空间的提升做出了突出贡献。例如：沿海城市的旅游业促进了当地生态景观的改善，从而提高了环境质量（Lafortezza et al., 2018）。随着中国生态文明观念的日益普及，城镇化对生态空间正趋向于加强生态建设与保护（Lu et al., 2018）。广东省的土地利用总体规划和城市规划一直以提高生态质量为目标，包括生态格局建设、植树造林和重要生态空间的保护和修复。本书的研究结果也揭示了各城市生态空间品质较好的区域面积在增加，如 2004 年出台的以提高城市绿色生态空间质量为目标的《深圳市绿地系统规划》，也解释了为什么深圳市的生态空间质量有了很大的提高。城市群生态管理的目标应该是"保护较好生态空间，监控中等生态空间，修复较差生态空间"。因此，不同的城市可以设定不同的生态目标，城镇化程度低的地区迫切需要保护自然栖息地，增强景观连通性，同时高度城镇化的地区迫切需要修复受损的生态空间，改善区域生态游憩能力。

生态管理和城市规划面临着平衡当前人类需求、同时保持后代所需的生态能力的挑战（Peng et al., 2017；Jiang et al., 2018）。人类福祉的提升是目前生态管理的首要目标（Burkhard et al., 2012；Virapongse et al., 2016）。当前珠三角城市群生态管理的重点集中在区域生态安全，比较关注生态极重要区和极敏感区的修复和保护。然而，本书发现，由于缺乏对其他生态空间的识别和考虑，最终导致该部分生态空间向生态空间差或较差的区域转变，加剧了区域的不平衡性。可持续发展的目标之一是消除贫富差距，并注重在不同人群之间生态空间的均衡性分配。因此，根据生态空间质量的分布特征和演替规律，决策者应加强对生态空间质量分布的评价和监测，识别城市自然生态空间，建立自然保护区，加强对自然生态空间的保护和监管，同时需要注重对生态空间质量中等区域的保护与修复。城市发展与生态保护是相互对立的过程，因此，在城市规划中，应优先考虑城市承载力的计算以保障最低生态空间的数量和品质，特别是在生态系统服务供需不足的城市内部，应基于城市内的生态空间评价构建高质量生态空间，建设生态公园、湿地公园等，建设生态廊道，加强供给平衡。政府还应该充分考虑多重利益，如非政府组织、科学研究组织和利益相关者，制定社区规模的生态空间质量适应性管理战略，以构建和改善生态空间质量（Kaplan-Hallam et al., 2018；Webb et al., 2018）；应开展生态补偿，通过政府、社会资本、个人资本合作，实现多元化的生态补偿。政府应鼓励高收入群体承担生态建设和修复的部分资金，引导拥有优质生态空间的低收入群体参与生态建设和修复，自觉保护生态空间，降低生态空间压力。通过实施评价标准，居民可以获得相应的资金补偿，以提高资源配置的平衡性和可持续性，降低生态风险和生态压力。

8.7　小结

从 2000 年至 2017 年，城市群尺度生态空间质量良好，但生态空间质量总体略有下降，质量指数从 2000 年的 52.8 下降至 2017 年的 51.5。珠三角城市群中部城市生态空间质量呈显著下降趋势，而沿海城市总体呈上升趋势。生态空间的分配不平衡性小于收入分配的不平衡性。在城市中高收入群体拥有的生态空间品质较高，而农村低收入群体拥有的生态空间品质较高。在收入差距较大的地区，生态压力主要集中在低收入群体，但高收入群体的生态系统健康风险较高。限制农村人口密度，增加农村居民收入，可以显著提高生态空间质量。政府应加强生态观念的普及性教育，完善生态补偿政策，特别是对农村低收入区域的生态空间进行监管和补偿，以减少生态系统服务供需矛盾和降低低收入人群的生态压力。

第 9 章

珠三角城市群生态系统服务
价值演变评估

9.1　研究方法

▶ 9.1.1　土地利用变化分析

研究方法同 3.1.1 节。

▶ 9.1.2　生态系统服务价值评价

参照近年来关于生态系统服务价值的研究（徐煖银 等, 2018；雷金睿 等, 2019；雷军成 等, 2019；Ninan et al., 2016），结合谢高地等（2015a, 2015b）建立的中国陆地生态系统服务价值当量表，结合珠江三角洲城市群 1980—2015 年平均粮食单产，并根据一个生态服务价值当量因子的经济价值量等于当年平均粮食单产市场价值的 1/7 规则进行修正，结合雷金睿等（2019）、朱治州等（2019）、岳杙筱等（2020）的研究成果，确定了珠三角城市群的生态系统服务价值当量（见表9-1），从而得到研究区各生态系统类型价值系数（见表 9-2）。生态系统服务价值评估以 Costanza 等（1997）的研究方法为基础，对研究区内生态系统服务价值进行核算，其表达式为

$$\mathrm{ESV}=\sum_{i=1}^{n}A_i\times\mathrm{VC}_i \tag{9-1}$$

$$\mathrm{ESV}_f=\sum_{i=1}^{n}A_i\times\mathrm{VC}_{fi} \tag{9-2}$$

$$\mathrm{VC}_i=\sum_{f=1}^{k}\mathrm{EC}_f\times E_a \tag{9-3}$$

其中，ESV 表示生态系统服务价值（ecosystem service value）；A_i 表示第 i 种土地利用类型的面积（公顷）；VC_i 表示第 i 种土地利用类型的生态系统服务价值系数；ESV_f 表示第 f 项生态系统服务的价值；VC_{fi} 表示第 i 种土地利用类型的第 f 项生态

表 9-1　珠三角单位面积生态系统服务价值当量表

功能类型	类别	耕地	林地	草地	水域	建设用地	未利用地
调节服务	气体调节	0.5	3.5	0.8	0	0	0
	气候调节	0.89	2.7	0.9	0.46	0	0
支持服务	水源涵养	0.6	3.2	0.8	20.38	0	0.03
	土壤保持	1.46	3.9	1.95	0.01	0	0.02
	废物处理	1.64	1.31	1.31	18.18	0	0.01
	生物多样性保护	0.71	3.26	1.09	2.49	0	0.34
供给服务	粮食生产	1	0.1	0.3	0.1	0	0.01
	原材料	0.1	2.6	0.05	0.01	0	0
文化服务	美学景观	0.01	1.28	0.04	4.34	0	0.01

表 9-2　珠三角土地利用类型的生态系统服务价值系数　　　　　元/（公顷·年）

功能类型	类别	耕地	林地	草地	水域	建设用地	未利用地
调节服务	气体调节	721	5048	1154	0	0	0
	气候调节	1284	3894	1298	663	0	0
支持服务	水源涵养	865	4616	1154	29395	0	43
	土壤保持	2106	5625	2813	14	0	29
	废物处理	2365	1889	1889	26222	0	14
	生物多样性保护	1024	4702	1572	3591	0	490
供给服务	粮食生产	1442	144	433	144	0	14
	原材料	144	3750	72	14	0	0
文化服务	美学景观	14	1846	58	6260	0	14

系统服务价值系数；EC_f 为某类土地利用类型第 f 项生态系统服务的价值当量；E_a 为 1 个标准当量生态系统的服务价值，即 1442.36 元/公顷。

▶ 9.1.3　生态系统服务变化指数

采用生态系统服务变化指数（ecological services change index, ESCI）对生态系统服务的变化进行刻画（钱彩云 等，2018；李晶 等，2016），以表征各项生态系统服务的相对增益或减损，其计算公式为

$$\text{ESCI}_x = \frac{\text{ES}_{\text{CUR}_x} - \text{ES}_{\text{HIS}_x}}{\text{ES}_{\text{HIS}_x}} \tag{9-4}$$

其中，ESCI_x 代表单项生态系统服务变化指数；ES_{CUR_x} 代表最后状态下的生态系统服务；ES_{HIS_x} 代表初始状态下的生态系统服务。ESCI 为 0 表示生态系统服务没有变化；ESCI 为负值表示有减损，正值表示有增益。

▶ 9.1.4 空间统计分析

（1）熵值法

采用客观的熵值法计算权重，在一定程度上克服了主观赋权的局限性。在获取原始数据后，由于各指标的量纲、数量级和指标的正负存在一定差异，需要对正负趋向性指标进行标准化处理，具体步骤为

$$\text{正向指标} \quad X_{ij}^+ = \frac{X_{ij} - \min(X_j)}{\max(X_j) - \min(X_j)} \tag{9-5}$$

$$\text{负向指标} \quad X_{ij}^- = \frac{\max(X_j) - X_{ij}}{\max(X_j) - \min(X_j)} \tag{9-6}$$

其中，X_{ij} 表示年份 i 的第 j 项评价指标。$\max(X_j)$ 和 $\min(X_j)$ 表示所有年份中第 j 项评价指标的最大值和最小值。

根据标准化处理后的结果，计算第 i 年份第 j 项指标的比重 Y_{ij}，计算方法如下：

$$Y_{ij} = \frac{R_{ij}^+}{\sum_{i=1}^{m} R_{ij}^+} \quad \text{或} \quad Y_{ij} = \frac{R_{ij}^-}{\sum_{i=1}^{m} R_{ij}^-} \tag{9-7}$$

计算指标信息熵 e 和信息熵冗余度 f，计算方法如下：

$$e_j = -k \sum_{i=1}^{m} Y_{ij} \ln Y_{ij}, \quad k = (\ln m)^{-1} \tag{9-8}$$

$$f_j = 1 - e_j \tag{9-9}$$

计算指标权重 W_j，计算方法如下：

$$W_j = \frac{f_j}{\sum_{j=1}^{n} f_j} \tag{9-10}$$

根据指标选取的原则和搜集到的数据，运用上述方法，确定城市化综合衡量指标体系和具体的指标权重，见表 9-3。

表 9-3　城市化综合衡量指标体系

目标	一级指标	权重	二级指标
综合城市化	人口城市化	0.32	非农业人口比重（城市化率）
	经济城市化	0.23	人均 GDP
	空间城市化	0.28	建成区面积
	社会城市化	0.17	科学技术支出

（2）空间自相关分析

利用探索性空间数据分析计算空间自相关系数，描述可视化事物或现象空间分布格局的空间集聚和异常，发现研究对象间的空间相互作用现象。其中，莫兰指数（Moran's I）用于描述生态系统服务价值全局空间的自相关特征；热点分析（Getis-Ord G_i^*）用于探究生态系统服务价值空间变化的聚集与分异特征，即"热点"与"冷点"分布格局（雷金睿 等，2019；郭椿阳 等，2019；涂小松 等，2015；Li et al., 2016）。

（3）空间回归模型

为了解释自变量和因变量之间存在的空间相关性，将变量之间的空间相关关系纳入一般空间模型考虑的基本形式中，形成了空间回归模型，常用的一般空间模型是空间滞后模型和空间误差自相关模型的组合，即空间杜宾模型。基于不同的约束，模型参数在设定不同取值时，会得到不同的特定模型。空间杜宾模型的基本形式如下：

$$y = \rho W_y + \beta x + \lambda W_x + \varepsilon \tag{9-11}$$

其中，y 代表被解释变量；x 代表解释变量；W 代表空间权重矩阵；W_y 是因变量空间滞后项，W_x 是自变量空间滞后项；ρ 代表因变量空间滞后项系数，λ 代表自变量空间滞后项系数；β 代表自变量系数；ε 代表随机误差项。

9.2　珠三角土地利用动态变化特征

▶ 9.2.1　土地利用类型面积变化

根据珠三角不同时期遥感解译分类数据（见图 9-1）可以看出，珠三角土地的利用类型以森林为主，占总面积的 54% 以上，主要分布在珠三角城市群周边地带；

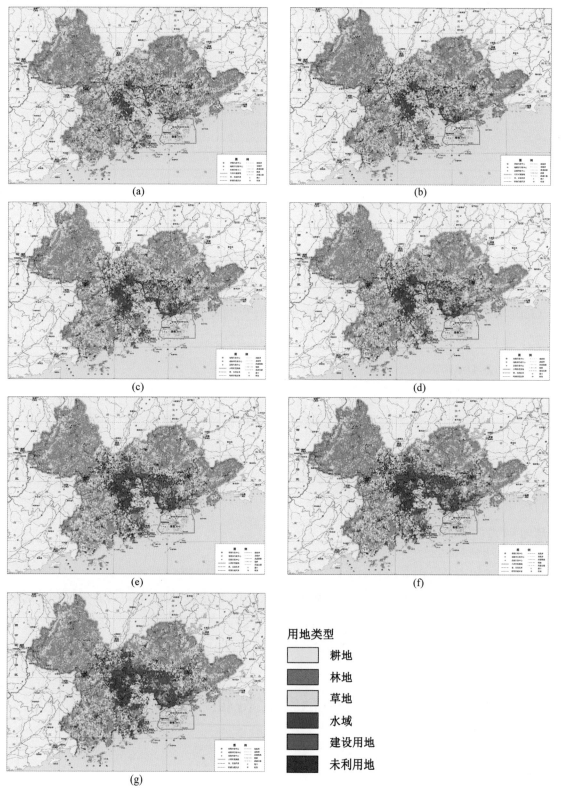

用地类型

⬜ 耕地

⬛ 林地

⬜ 草地

⬛ 水域

⬛ 建设用地

⬛ 未利用地

图 9-1　珠三角各土地利用类型的空间分布　［审图号: GS 京(2023)1026 号］

（a）1980 年；（b）1990 年；（c）1995 年；（d）2000 年；（e）2005 年；（f）2010 年；（g）2015 年

其次为耕地，约占总面积的 1/4，与森林相间分布或分布在山地周围，两者合计为 80%；其他土地利用类型占比比较小。

从表 9-4 给出的土地利用类型面积变化来看，1980—2015 年珠三角建设用地面积增加量最大，增加了 4557 平方千米，其次为水域，增加了 403 平方千米；其他土地利用类型面积均减少。耕地减少量最大，减少了 3843 平方千米；其次为森林，减少了 976 平方千米；草地减少了 139 平方千米，未利用地变化较小。

表 9-4 1980—2015 年珠三角土地利用面积及其占比

年份	土地利用类型	耕地	林地	草地	水域	建设用地	未利用地
1980	面积/平方千米	16247.00	30160.00	1243.00	3450.00	2689.00	15.00
	占比/%	30.00	56.00	2.00	6.00	5.00	0.00
1990	面积/平方千米	15787.20	30304.80	1116.66	3613.01	2964.23	17.55
	占比/%	29.34	56.33	2.08	6.72	5.51	0.03
2000	面积/平方千米	14343.80	30030.20	1070.44	4139.40	4202.02	17.34
	占比/%	26.66	55.81	1.99	7.69	7.81	0.03
2010	面积/平方千米	12594.60	29478.20	963.11	3940.40	6813.40	13.43
	占比/%	23.41	54.79	1.79	7.32	12.66	0.02
2015	面积/平方千米	12403.90	29184.10	1103.70	3852.22	7246.03	13.13
	占比/%	23.05	54.24	2.05	7.16	13.47	0.02
1980—2015	变化面积/平方千米	−3843.00	−976.00	−139.00	403.00	4557.00	−2.00
	变化率/%	−23.65	−3.24	−11.18	11.68	169.47	−13.33

从面积变化来看（见图 9-2），建设用地面积比例呈现持续增加的态势，且在 1990—2010 年呈爆发式增加；水域面积先增加后降低，耕地面积持续减少，在 1990—2010 年减少明显。林地面积持续减少，减势平缓；水体面积先增加后减少，2000 年后下降趋势明显。

▶ 9.2.2 土地利用时空演变分析

珠三角城市群 1980—2015 年土地利用类型面积转移情况见表 9-5，从转出来看，耕地转出面积最大，转为建设用地、水域和森林的面积分别为 905 平方千米、

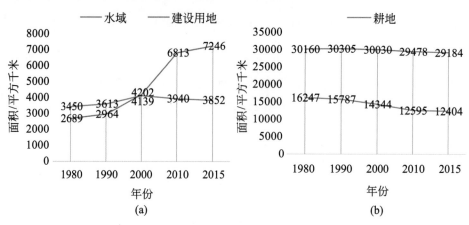

图 9-2　1980—2015 年珠三角重要土地利用类型面积的变化

945 平方千米、139 平方千米；其次为森林，转为建设用地、草地和耕地的面积分别为 1112 平方千米、157 平方千米和 46 平方千米；草地转为森林、建设用地的面积也较大，分别为 199 平方千米和 101 平方千米。水域转为建设用地的面积也较大，为 464 平方千米；其他土地利用类型转出的面积较小。

从转入来看，建设用地转入面积最大，主要来自耕地和森林，面积分别为 2905 平方千米和 1112 平方千米；其次为水域，主要来自耕地，面积为 945 平方千米；森林转入面积也比较多，主要来自草地 199 平方千米和耕地 139 平方千米；再次为草地，主要来自森林，面积为 157 平方千米；森林和未利用地转入面积较少。

表 9-5　1980—2015 年珠三角的土地利用转移矩阵　　　平方千米

1980 年	2015 年						
	耕地	森林	草地	水域	建设用地	未利用地	总计
耕地	12252	139	3	945	2905	2	16246
森林	46	28809	157	34	1112	0	30159
草地	3	199	937	3	101	0	1243
水域	96	23	6	2860	464	0	3449
建设用地	7	13	0	8	2661	0	2689
未利用地	0	1	0	2	3	10	15
总计	12404	29183	1104	3852	7246	13	53802

土地利用动态度分析主要采用土地利用动态度研究土地利用变化模式。土地利用类型动态度指的是某研究区一定时间范围内某种土地利用类型的数量变化

情况。应用土地利用动态度分析土地利用类型的动态变化，可以真实反映区域土地利用/覆盖中土地利用类型的变化剧烈程度。基于土地利用类型动态度分析可知（见表 9-6），1990—2005 年，土地类型变化剧烈，其中 2000—2005 年变化最大，动态度达到 1.4%；1980—1990 年和 2005—2015 年均变化较缓，说明近十年珠三角的土地利用类型的变化在减缓。

表 9-6　1980—2015 年珠三角单一土地利用类型动态度及综合土地利用动态度　　%

时期	单一土地利用类型动态度						综合土地利用动态度
	耕地	林地	草地	水域	建设用地	未利用地	
1980—1990	−0.28	0.05	−1.02	0.47	1.02	1.32	0.22
1990—1995	−1.80	−0.11	0.41	1.47	3.97	3.28	1.31
1995—2000	−0.03	0.02	−0.79	−0.01	0.15	−2.56	0.09
2000—2005	−1.84	−0.13	−0.66	−0.27	4.48	−1.72	1.40
2005—2010	−0.66	−0.06	−0.36	−0.21	1.20	−0.65	0.54
2010—2015	−0.30	−0.10	1.46	−0.22	0.63	−0.23	0.43

9.3　珠三角生态系统服务价值动态变化特征

▶ 9.3.1　各生态系统类型服务价值分析

1980—2015 年珠三角城市群土地生态系统服务总价值（ESV）整体表现为先增加后降低的变化过程（见表 9-7），由 1980 年的 1355 亿元增加到 2000 年的 1375 亿元，增加了 20 亿元，之后减少到 2015 年的 1310 元，减少了 65 亿元；在这期间累积减少 45 亿元，增长率为 −3.23%。

从土地利用类型来看，仅有水域的 ESV 增加量最大，在 1980—2015 年共增加 26.7 亿元，增长率达 11.67%；其余类型的 ESV 不同程度降低，耕地降低最大，为 −23.65%，价值量共减少 38.3 亿元，可见，耕地面积减少是造成 1980—2015 年珠三角生态系统服务价值变化的主要原因；其次为未利用地，变化率为 −15.31%，但价值量变化不明显；再次为草地，ESV 降低了 −1.46 亿元，变化率为 −11.21%。

表 9-7　1980—2015 年珠三角各类土地生态系统服务价值变化

土地利用类型		林地	耕地	水域	草地	未利用地	总计
1980 年	ESV/亿元	950.50	161.92	228.72	12.98	0.01	1354.14
	占比/%	70.19	11.96	16.89	0.96	0.00	100.00
1990 年	ESV/亿元	955.07	157.35	239.56	11.66	0.01	1363.65
	占比/%	70.04	11.54	17.57	0.86	0.00	100.00
2000 年	ESV/亿元	946.42	142.96	274.46	11.18	0.01	1375.03
	占比/%	68.83	10.40	19.96	0.81	0.00	100.00
2010 年	ESV/亿元	929.02	125.53	261.27	10.06	0.01	1325.89
	占比/%	70.07	9.47	19.71	0.76	0.00	100.00
2015 年	ESV/亿元	919.75	123.63	255.42	11.53	0.01	1310.34
	占比/%	70.19	9.43	19.49	0.88	0.00	100.00
1980—2015 年 ESV 变化/亿元		−30.75	−38.30	26.70	−1.46	−0.00	−43.81
1980—2015 年 ESV 变化率/%		−3.24	−23.65	11.67	−11.21	−15.31	−3.23

林地 ESV 占比最高，均达 70%以上，ESV 先降低后升高，与林地面积变化趋势一致，在研究期的始末基本持平，但在 2000—2010 年林地的 ESV 降低了 17.4 亿元，可见，林地面积变化是造成 2000—2010 年珠三角土地利用生态系统服务总价值变化的主要原因,而水域面积增加是导致 1980—2015 年珠三角土地利用生态系统服务总价值增加的主要原因。总体而言，珠三角 ESV 累积减少 45 亿元，增长率为 −3.23%，而导致 1980—2015 年珠三角生态系统服务价值降低的根本原因是林地面积和耕地面积的减少。

▶ 9.3.2　单项生态系统服务价值变化

　　表 9-8 为 1980—2015 年珠三角区域各土地单项生态系统服务价值变化。在 9 个二级生态服务功能中，水源涵养的支持服务功能为 19%左右，其贡献度最高，其次是土壤保持功能的贡献度约 15%，粮食生产功能贡献度最低约为 2%。除了水源涵养功能和美学景观功能，1980—2015 年其余各项生态服务功能价值普遍呈现相对减少的趋势。其中，水源涵养功能增加了 3.85 亿元，土壤保持功能下降最多，减少了 13.97 亿元，其次是气候调节功能，减损了 8.65 亿元；下降率最大的是粮食生产功能，下降了 19.73%；美学景观功能先增加后降低，整体稍微增加。

表 9-8　1980—2015 年珠三角区域各土地单项生态系统服务价值

生态系统服务类型		调节服务			支持服务			供给服务			文化服务	总计
一级			气候调节	水源涵养	土壤保持	废物处理	生物多样性保护	粮食生产	原材料	美学景观	
二级		气体调节										
1980 年	ESV/亿元	165.41	142.21	256.10	207.41	188.22	172.80	28.82	115.59	77.58	1354.14
	比例/%	12.21	10.50	18.91	15.32	13.90	12.76	2.13	8.54	5.73	100.00
1990 年	ESV/亿元	165.66	142.13	261.03	206.91	191.46	173.40	28.15	116.06	78.86	1363.65
	比例/%	12.15	10.42	19.14	15.17	14.04	12.72	2.06	8.51	5.78	100.00
1995 年	ESV/亿元	162.99	139.40	273.91	202.16	201.47	172.35	26.14	114.60	81.54	1374.56
	比例/%	11.86	10.14	19.93	14.71	14.66	12.54	1.90	8.34	5.93	100.00
2000 年	ESV/亿元	163.18	139.50	273.93	202.20	201.24	172.45	26.08	114.82	81.62	1375.03
	比例/%	11.87	10.15	19.92	14.71	14.64	12.54	1.90	8.35	5.94	100.00
2005 年	ESV/亿元	160.24	136.17	267.63	197.10	194.30	168.81	24.08	113.21	80.19	1341.73
	比例/%	11.94	10.15	19.95	14.69	14.48	12.58	1.79	8.44	5.98	100.00
2010 年	ESV/亿元	159.01	134.83	263.90	195.11	190.64	167.18	23.40	112.49	79.33	1325.89
	比例/%	11.99	10.17	19.90	14.72	14.38	12.61	1.77	8.48	5.98	100.00
2015 年	ESV/亿元	157.55	133.57	259.95	193.45	187.58	165.51	23.13	111.37	78.24	1310.34
	比例/%	12.02	10.19	19.84	14.76	14.32	12.63	1.77	8.50	5.97	100.00
1980—2015 年 ESV 变化/亿元		−7.86	−8.65	3.85	−13.97	−0.64	−7.30	−5.69	−4.22	0.66	−43.81
1980—2015 年 ESV 变化率/%		−4.75	−6.08	1.50	−6.73	−0.34	−4.22	−19.73	−3.65	0.85	−3.23

▶ 9.3.3   生态系统服务变化指数空间分布

借助 ArcGIS 中栅格数据重采样工具，进一步研究珠三角城市群生态系统服务价值的空间分布特征。首先将珠江三角洲城市群 1980 年、1990 年、1995 年、2000 年、2005 年、2010 年和 2015 年七期的土地利用数据转化为 5 千米×5 千米单元，随后转化成矢量点数据，预计得到 2147 个样本数据点。每个样本点所代表的数据是基于 ArcGIS 中的统计分析工具，做普通克里金预测，即可获得珠江三角洲城市群的生态系统服务价值空间分布格局，如图 9-3 所示。另外，由图 9-4 可知，在 1980—2015 年，较高的生态系统服务价值以珠江水系为中心，东南地区高于西北地区。形成高值聚集区的主要原因是珠江水系及其周边地区蕴含丰富的水体资源，故同等面积下的生态价值系数较高；形成东南高于西北的空间分布特征，主要是由于珠江三角洲西北部耕地及林地分布较多，而南部地区为沿海地区，水体生态价值系数要高于林地。然而，在社会经济发达且土地利用类型以建设用地为主的地区，会在高价值区出现小范围的低值区，所以出现了高值区与低值区相间分布的特点。靠近内陆地区的周边区域以耕地和林地为主，其生态价值分布处于中等状态。

9.4   生态系统服务价值空间统计分析

▶ 9.4.1   空间自相关分析

为进一步从全局上揭示珠三角城市群生态系统服务价值的空间集聚特征，运用 ArcGIS 软件对珠三角城市群生态系统服务价值进行空间自相关检验，得到莫兰指数及其显著性，见表 9-9。检验结果显示，ESV 全局莫兰指数均大于 0，P 值均小于 0.001。这反映了珠三角区域生态系统服务价值的空间分布具有较强的正向自相关性；高值区趋于聚集，低值区趋于相邻；全局莫兰指数先升高后降低，在 2005 年达到最高值 0.0803。研究还表明：珠三角城市群的空间自相关性先增强后减弱，自 2005 年开始，珠三角城市群的空间分布聚集性不断减弱。

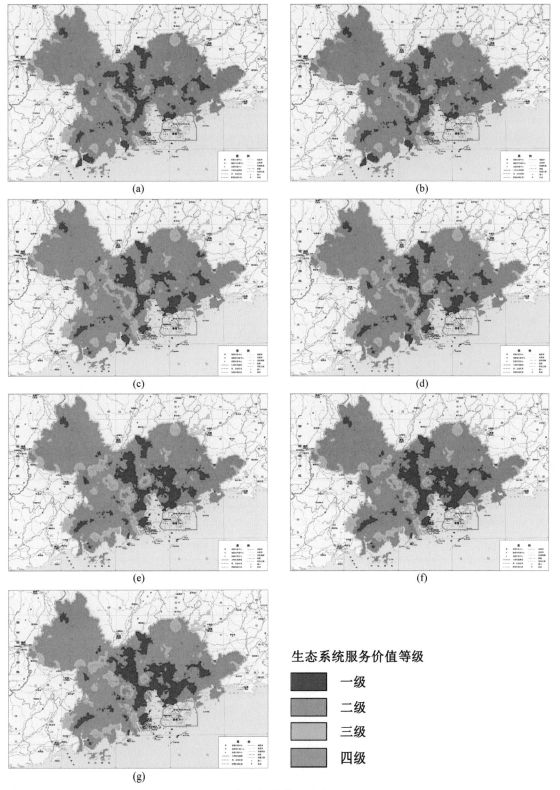

（a）　　　　　　　　　　　　　　　　　（b）

（c）　　　　　　　　　　　　　　　　　（d）

（e）　　　　　　　　　　　　　　　　　（f）

生态系统服务价值等级

一级

二级

三级

四级

（g）

图 9-3　1980—2015 年珠三角生态系统服务价值的空间分布　　［审图号：GS 京(2023)1026 号］

（a）1980 年；（b）1990 年；（c）1995 年；（d）2000 年；（e）2005 年；（f）2010 年；（g）2015 年

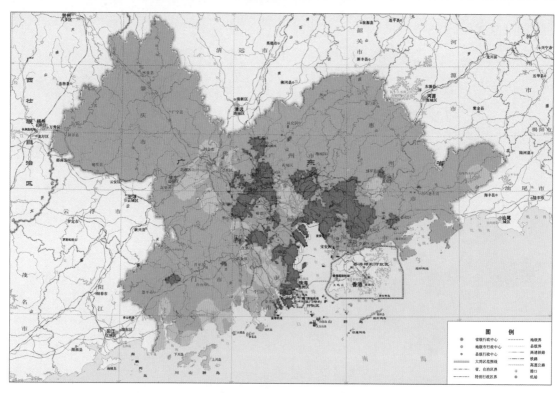

生态系统服务变化指数 ■ -1～-0.227238 ■ -0.227238～0.108111 □ 0.108111～0.530943 ■ 0.530943～2.718004

图 9-4　1980—2015 年珠三角生态系统服务价值变化指数的空间分布　[审图号: GS 京(2023)1026 号]

表 9-9　1980—2015 年珠三角城市群 ESV 及其变化的空间自相关性

年份	莫兰指数	Z 分数	P 值
1980	0.07348	15.2438	0
1990	0.07680	15.9270	0
1995	0.08014	16.6158	0
2000	0.08032	16.6519	0
2005	0.08032	16.6519	0
2010	0.07812	16.2010	0
2015	0.07726	16.0231	0

▶ 9.4.2　冷点与热点分析

　　基于 ArcGIS 热点分析工具（Getis-Ord G_i^*），统计分析网格单位获得置信度 90%以上的热点和冷点。图 9-5 为珠三角区域 ESV 冷点和热点分布图。从整体上看，这与 1980—2015 年珠三角城市群土地利用类型分布图的空间特征比较一致，

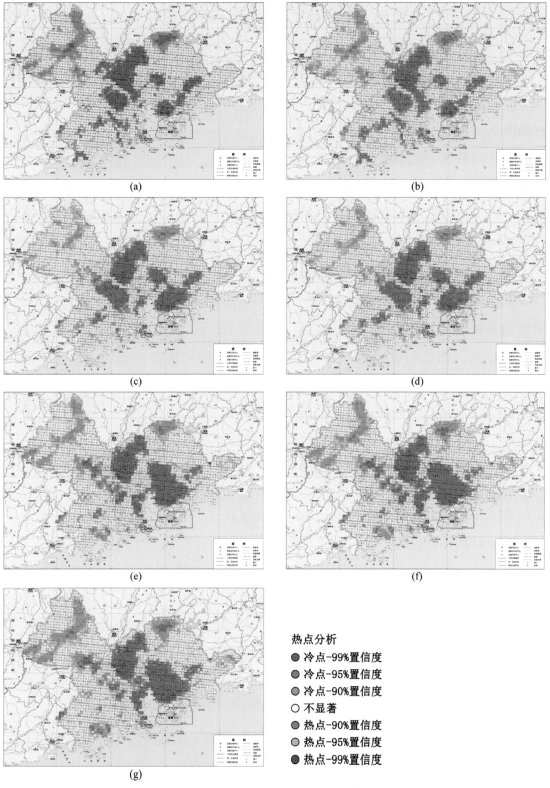

热点分析

● 冷点-99%置信度

● 冷点-95%置信度

● 冷点-90%置信度

○ 不显著

● 热点-90%置信度

● 热点-95%置信度

● 热点-99%置信度

图 9-5　1980—2015 年珠三角区域 ESV 冷点和热点的空间分布　　[审图号: GS 京(2023)1026 号]

（a）1980 年；（b）1990 年；（c）1995 年；（d）2000 年；（e）2005 年；（f）2010 年；（g）2015 年

ESV 热点区主要分布在珠三角水系周边，而随着城市的扩张，湿地受损，沿着珠三角水系的 ESV 热点区域也不断减少，由连续分布趋于破碎化和零星分布；而冷点区域的空间分布特征则呈现相反的变化趋势，即冷点区域分布面积越来越大，分布也由零星变为连续成片分布。这是由于珠三角城市扩张的趋势，使得 ESV 逐渐降低。

基于行政区划的角度分析 ESV 的时空变化特征发现，以广州为中心的珠三角北部区域 ESV 冷点分布较为聚集且呈现蔓延趋势；以深圳和东莞为中心的西部区域的冷点分布面积也呈现逐渐扩大的趋势。ESV 的热点区域分布相对分散，其在珠江水系周边及肇庆、江门和惠州区域分布比较聚集。这说明珠三角周边区域的生态屏障非常稳固，是一个非常有利于珠三角城市群的整体发展的条件。因为可以根据不同行政区划的生态功能属性，让不同的行政区划担负不同的分工。比如肇庆的森林资源丰富，ESV 的生态热点分布较为广泛，可以把肇庆作为珠三角城市群区域的天然氧吧供给地，为周边城市的经济发展提供生态休闲地。但是，任何一个地方的发展都离不开经济，因此，肇庆就可以利用其林地分布聚集且 ESV 生态服务价值高的特点发展当地的生态经济。

9.5 城市化对生态系统服务价值的影响

珠三角城市群地区正处于快速城市化发展阶段，人口不断聚集，经济不断增长，产业结构不断完善，社会发展软实力不断提升，居民的生活质量也得到显著提升。在快速的城市化背景下，城市规模不断扩大，城市用地的扩张会改变原有土地利用结构，人类活动也会对土地的生态服务功能产生影响。因此，探讨城市化对生态系统服务功能的驱动机制，有助于提升生态系统服务价值，充分发挥生态系统服务功能并为实施可持续性城市化发展提供保证。

▶ 9.5.1 不同维度城市化对整体生态系统服务价值的影响

基于 SPSS 软件进行系列分析，将珠三角城市群生态系统服务价值总量与人口城市化、经济城市化、空间城市化、社会城市化和综合城市化 5 个指标进行皮尔逊相关系数分析，并基于散点图模型对其关系进行拟合分析，总体拟合效果如图 9-6 和图 9-7 所示。研究表明，人口城市化、经济城市化、空间城市化、社会

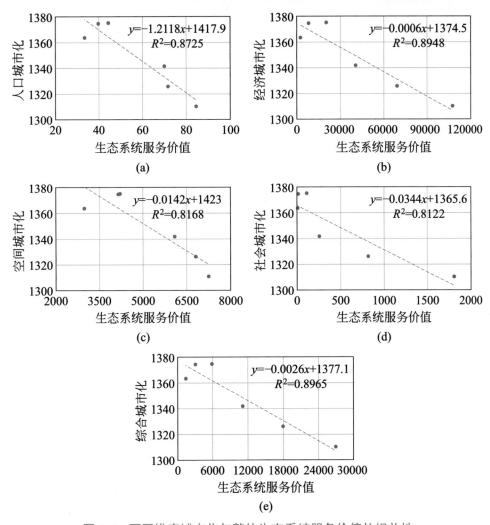

图 9-6　不同维度城市化与整体生态系统服务价值的相关性

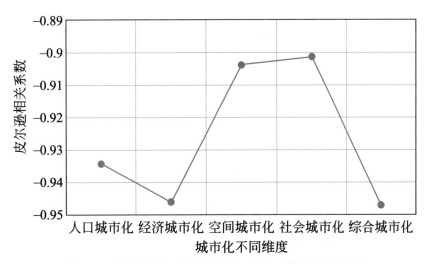

图 9-7　不同维度城市化与整体 ESV 的皮尔逊相关性

城市化和综合城市化均与生态系统服务价值总量呈现负相关性，相关系数分别是－0.934、－0.946、－0.904、－0.901、－0.947。通过比较分析发现，综合城市化与经济城市化与 ESV 的负相关程度最高，其次是人口城市化；而社会城市化与 ESV 的负相关程度最低。这表明在快速城市化背景下，生态系统的破坏程度逐步加大，逐年付出的生态代价也不断上升。这也从另一方面证实，在城市化发展过程中，必须要加大对生态环境的保护力度，关注生态系统服务价值的变化情况，因为生态系统服务功能作为系统发展过程中的慢弛豫变量，一旦遭到严重破坏，某些服务功能就会不断下降或者完全丧失，很难恢复，将会影响整个系统的平衡，也会对城市化产生较大的影响。即使进行生态修复，也需要付出高昂的代价，甚至结果还不尽如人意。

▶ 9.5.2　不同维度城市化对单项生态系统服务功能的影响

为进一步探究城市化各个层面对生态系统服务价值的影响，基于皮尔逊相关系数，计算了不同的土地利用类型所提供的 9 个单项生态服务功能与不同维度城市化的相关系数，结果如图9-8所示。研究表明，人口城市化对气体调节、气候调节、生物多样性保护、土壤保持等生态系统服务功能的负作用程度较大。经济城市化则与原材料、气体调节等生态系统服务功能的负相关程度较强。空间城市

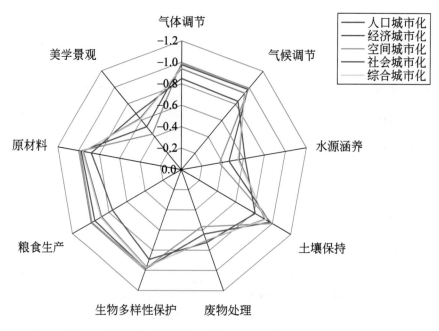

图 9-8　不同维度城市化对单项生态系统服务功能的影响

化与气体调节、气候调节、土壤保持等生态服务功能的相关系数绝对值都较大，这说明空间城市化引起的热岛效应仍比较明显，土地开发程度也较突出。社会城市化与其他 3 个维度的城市化相比，对生态系统服务功能的影响较弱。整体而言，由综合城市化指数可知，珠三角城市化对生态系统服务价值的负相关影响主要体现在生物多样性保护、土壤保持，以及气体、气候调节等单一功能方面。

9.6　小结

本章基于网格单元采用修订后的单位面积价值当量因子法对珠三角城市群 1980—2015 年近 35 年的土地利用与生态系统服务价值进行了评估，分析其时空动态变化特征，探讨了不同维度城市化对生态系统服务价值的影响机制，得出以下主要结论：

（1）1980 年、1990 年、2000 年、2010 年和 2015 年珠江三角洲城市群的生态系统服务价值分别为 1355 亿元、1364 亿元、1375 亿元、1326 亿元和 1310 亿元，总体呈现先上升后下降趋势，共减少 45 亿元。林地生态系统对整个区域的贡献率最大，其生态价值也下降最多。

（2）研究区生态系统服务功能的空间分布为高值区与低值区相间分布、东南地区高于西北地区、沿海地区高于内陆地区的特征，由于城市沿珠江水系而分布，离城市建成区越远，服务功能就越强。城市建成区成为生态系统服务功能密度的低值区，而林地、水域、草地大面积分布的郊区成为本区生态系统服务的高值区。

（3）1980—2018 年珠三角在 7 个时期的 ESV 及其变化的全局莫兰指数值均大于 0，具有非常明显的空间正向自相关性，高值区趋于聚集，低值区趋于相邻；不同阶段表现出不同的空间聚集特征，但在整体分布上 ESV 变化热点图与 ESCI 空间分布特征一致。

（4）综合城市化水平与生态系统服务功能总值之间存在比较强的负相关关系，即城市化必然导致生态系统服务总功能的下降。但城市化对生态系统不同服务功能的影响不同，对废物处理功能、食物生产功能、土壤形成与保护功能、气候调节功能等具有比较显著的负面影响，而对生物多样性保护功能、原材料生产功能和娱乐文化功能等的影响不显著。

第二篇　技术与应用

第 10 章 珠三角城市群生态空间分区及管控对策

10.1 城市群生态空间质量评价

珠三角城市群生态空间质量指数为 12.7～91.5，集中在 57～71（见图 10-1）。城市群内生态空间质量总体良好，空间分布基本呈四周高、中间低的分布趋势（见图 10-2）。生态空间质量较高的区域主要集中于肇庆市、江门市，约占生态空间面积的 18.5%；生态空间质量较低的区域集中于惠州市、江门市、广州市，约占生态空间面积的 7%。因生态本底、城市化水平、生态管理措施的不同，城市群内的城市生态空间质量具有一定的差异，数值差异集中于 44.9～56.9，其中肇庆市、深圳市的生态空间质量较高，珠海市、中山市的生态空间质量较低。这主要是由于肇庆市拥有较多高质量的生态空间，占城市面积的 46%。虽然深圳市的高质量生态空间仅占 25%，但是其质量较差的生态空间面积较小，仅占城市面积的 3.8%。珠海市、中山市质量较低的生态空间面积较大，分别占城市面积的 30.3% 和 25%。

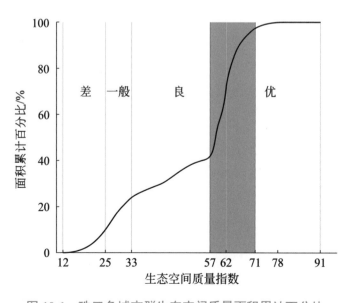

图 10-1 珠三角城市群生态空间质量面积累计百分比

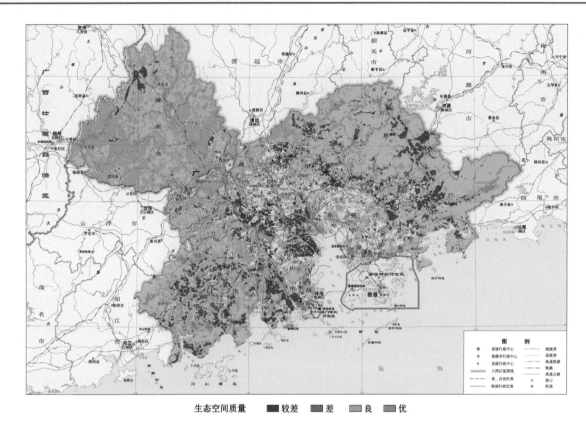

生态空间质量　■■ 较差　■■ 差　□□ 良　■■ 优

图 10-2　珠三角城市群生态空间质量空间分区　　〔审图号: GS 京(2023)1026 号〕

10.2　城市群生态系统健康评价

　　珠三角城市群生态系统健康指数区间在 0～79，分布较均匀。城市群生态系统的健康水平数值较低，主要集中在 17～60（见图 10-3）。生态系统健康空间分布呈四周高、中间低的空间分布趋势（见图 10-4），其中，生态系统健康水平较高的区域主要集中于肇庆市、惠州市，约占生态空间面积的 13.5%。生态系统健康水平较低的区域集中于佛山市、江门市、广州市，约占生态空间面积的 4.1%。一般的区域集中于肇庆市、惠州市、广州市，约占生态空间面积的 9.3%。城市群内各城市生态系统健康水平低且差异性较大，集中于 27.3～47.2，其中惠州市、肇庆市的生态系统健康水平较高，佛山市、中山市的生态系统健康水平较低。这主要是由于惠州市、肇庆市拥有较多健康的生态空间，且健康水平较低的生态空间面积较小，仅占 3%～3.4%。中山市生态系统健康水平较低的面积占 41.4%，是生态修复的主要区域，佛山市、珠海市生态系统健康水平一般的面积占比较高，是造成该市生态系统健康水平较低的主要原因。

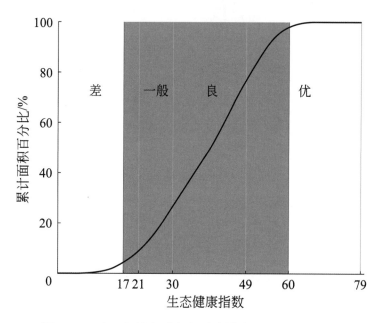

图 10-3　珠三角城市群生态系统健康面积累计百分比

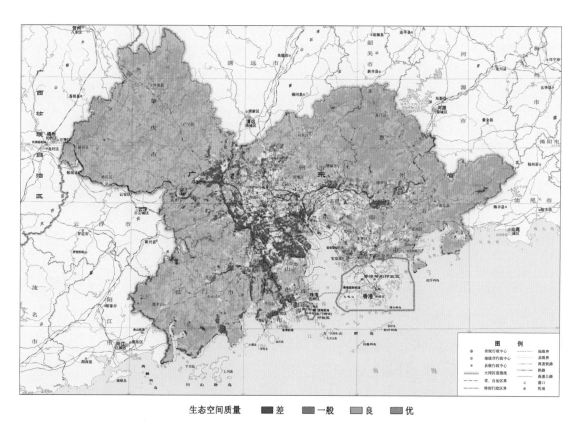

生态空间质量　■ 差　■ 一般　■ 良　■ 优

图 10-4　珠三角城市群生态系统健康分区　　〔审图号: GS 京(2023)1026 号〕

10.3 城市群生态空间分区

综合生态空间质量与生态系统健康对生态空间进行分区管控（见图10-5）。生态空间重点保护区集中于城市群的西北部和西南部，面积为 4488.7 平方千米，占生态空间总面积的 10.1%。该区域生态空间质量好，是保障和维护区域生态安全的核心区域，应按照最严格的保护制度实施保护，限制一切人为开发建设项目。生态管控中应继续强化该区域生态核心位置，加强生物多样性保护，构建生态廊道、大型斑块和生物多样性保护网络，提升生态系统质量和稳定性。

生态空间重点修复区主要集中在城市周边区域，面积为 9663.5 平方千米，占生态空间总面积的 21.6%。该区域主要以人工生态系统为主，如农田、坑塘及部分人工林。该区域受人为干扰程度较大，生态空间退化且受损比较严重，生态系统过程和功能受到干扰，难以发挥相应的生态系统服务，亟须开展生态修复，实施生态治理工程，严格限制城市周边区域森林、农田、湿地等生态资产被侵占和破坏。

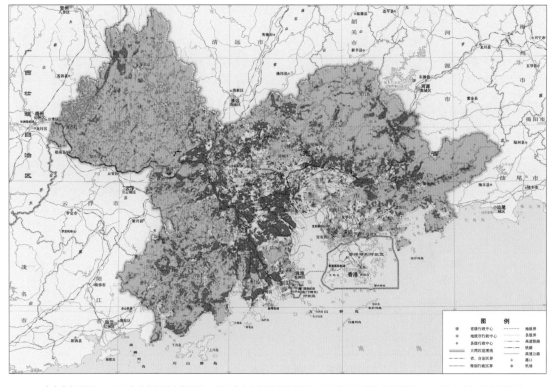

生态空间分区　■生态空间重点修复区　■生态空间潜在修复区　■生态空间生态保育区　■生态空间重点保护区

图 10-5　珠三角城市群生态空间分区管控　［审图号: GS 京(2023)1026 号］

中山市、珠海市、佛山市是重点实施生态修复的区域，研究发现中山市生态修复区的面积占该市生态空间总面积的 61.8%，极大降低了区域生态安全。

生态空间潜在修复区集中于重点修复区的周边区域，该区域面积 5867.8 平方千米，占生态空间总面积的 13.1%。该区域生态空间状况一般，生态系统服务比较单一，生态空间存在受损现象。该区域应限制居民开发建设活动，开展生态保护和生态建设，重点优化生态系统结构，提升生态系统服务价值，如：规划建设生态公园、生态湿地，提升户外游憩功能等。

生态空间保育区生态状况较好，是珠三角城市群主要存在的优质生态空间，面积为 24659.1 平方千米，占生态空间总面积的 55.2%，是发挥生态系统服务和保障区域生态安全的主要区域。该区域应重点实施生态保育，依托区域现有生态资产优势，修复和提升生态系统，优化区域生态系统服务，在保护生态空间的基础上合理开展生产建设活动。

实施城市群尺度生态空间的辨识和分区管控，有利于决策者有针对性地实施生态保护和生态修复策略，提升区域生态安全格局。目前，虽然对于生态空间评价方法和评价体系已取得重要进展，但是由于忽视区域政策目标及居民需求，评价的侧重点与决策需求仍有偏差（Bai et al., 2018）。因此，有必要考虑决策者和利益相关者的需求，建立一个科学面向政策应用的多学科综合评价框架（Defries et al., 2017）。本书通过景观生态学、城市生态学、区域生态学等，尊重生态系统的系统性，将山水林田湖草作为生命共同体，综合生态空间质量与生态系统健康进行统一评价，分区管控。这与 Bai 等（2018）的研究框架基本一致。Bai 等在上海市生态保护红线划定方法的研究中，以生态系统服务、生物多样性和生态脆弱性为基础，结合利益相关者的意见进行阈值的选取和分析。本书提出的生态空间评价体系同样从多方面权衡的角度为决策者提供了分区依据，提供了更为实用的生态空间评价框架，为将生态空间评价应用到城市规划提供了新的见解。为了验证结果的可行性，本书将位于珠三角城市群的国家级自然保护区与生态空间重点保护区进行空间叠加，发现划定的重点保护区基本涵盖了现有保护区，但范围上具有一定的差异性。这主要是由于本书基础数据分辨率较高，存在一定的误差。本书的成果仅是生态分区的一个基础阶段，为了获得更加完善的分区方案，决策者还需考虑更多的社会经济因素。

城市群内不同城市的生态环境现状、社会经济发展水平和建设目标均具有差异性，由于缺乏对生态空间的有效识别和政策管控，区域生态管理困难，尤其是生态管理边界与行政边界的不匹配，导致政策制定不合理。目前对于分区管控较多采用生态保护红线区、生态功能保障区、生态防护修复区（王晶晶 等, 2017）。本书在此基础上构建了更为细化和具体的城市群生态分区，立足于城市群角度，针对生态空间建立统一的评价标准和分类标准。基于政策目标和居民需求，识别生态空间需要提升和完善的方面，按照生态空间的生态过程和生态功能进行管控，以满足人类所期望的生态系统状态。生态空间重点保护区和生态空间保育区，主要以生态空间质量高、生态系统健康风险低的森林自然生态系统为主，是保障区域生态安全和提供区域生态系统服务的主要区域。在生态管理中，要维护自然生态系统的完整性和可持续发展空间，加强对肇庆市和江门市生态源地的保护，保障生态系统服务的可持续性供给；合理开发建设生态游憩区，提高区域户外游憩能力，充分发挥区域生态系统服务的文化价值。对生态空间保育区要加强生态廊道的识别和保护，提高城市群内生态系统服务能力，缓解生态系统服务供需矛盾。生态空间重点修复区被定义为低质量或高风险区域，表征了生物多样性、生态系统功能和服务价值较小的区域，自然生态空间较少，是城市群农业的主要分布区。应加大环境治理的力度，积极发展和建设城市绿色基础设施，在城郊区域将散乱的生态空间进行统一规划，构建绿色基础设施网络体系，提升生态系统的稳定性。

10.4　城市群生态修复空间分类

生态修复是区域生态管理的核心手段，通过科学有效的评价方法对生态修复空间进行辨识管理是决策者关心的问题。对于城市群而言，不同城市的发展水平和生态目标是不同的，生态修复空间与行政分区不匹配，导致政策制定和控制执行得不合理（Dey et al., 2014；Defries et al., 2017）。对生态修复区进行分类管理，有助于生态管理措施的落实，实施精准修复。本书以乡镇为评价单元，对区域内重点修复区的生态评价指标，包括生态空间质量指标和生态系统健康指标进行 K 均值聚类分析（Spake et al., 2017；Schirpke et al., 2019），根据相似的生态条件对城镇进行分类，将城市群分为不同的生态修复集 （生态修复集表征具有相似特征的生态修复区的集合），可以在评价指标之间提供有价值的信息，为决策者制定生态管理政策和城市规划提供理论依据（Burkhard et al., 2014；Spake et al., 2017；Schirpke et al., 2019）。

土地利用可以直接响应政策和环境影响。同时，土地利用变化也会导致明显的环境和社会经济变化，影响生态质量和生态系统健康，进而影响政策制定和管理目标（Foley et al., 2005；Fischer et al., 2007；Peng et al., 2015）。不同土地利用的组合可以解释生态空间的分类（见图 10-6 和图 10-7）。生态修复集 1 和生态修复集 2 主要是生态空间质量高、生态系统健康风险低的自然生态系统。它们是区域生态系统服务（供给和调节）的主要领域。区域退化的主要原因是农业扩张造成的耕地占用了自然生态空间，需要生态修复的地区主要集中在农田和林地的交界地带。在生态管理政策的制定上，要加强林地保护，改造现有耕地或退耕还林还草，建立自然保护区和生态游憩区，增强区域户外游憩能力，充分发挥区域生态系统服务价值。生态修复集 3 主要为半自然生态系统，属于低城镇化地区，是城市群中农业的主要分布区。应调整农业种植结构，将"简单"作物转变为农林复合

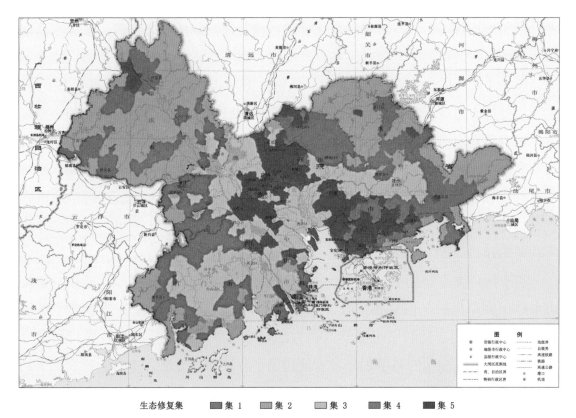

生态修复集　■ 集 1　■ 集 2　■ 集 3　■ 集 4　■ 集 5

图 10-6　珠三角城市群乡镇尺度生态修复空间分类　[审图号: GS 京(2023)1026 号]

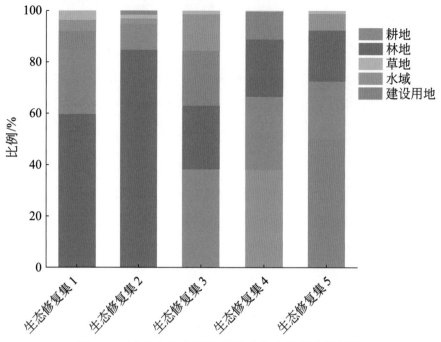

图 10-7　珠三角城市群乡镇尺度生态修复土地利用

系统。生态修复集 4 主要由河流和水库组成，该区域也面临着耕地或建成区的侵占。应实施退耕还水，开展水系绿化建设，恢复江河湖泊生态水位，扩大水面面积。特别是对区域内的池塘，生态管理要转变服务方式，从水产养殖转向旅游休闲，开展绿化美化，增强生物多样性，恢复生态功能，适度发展渔业等生态旅游。生态修复集 5 与城镇化程度高的地区有着密切的联系，是社会经济活动的主要场所。城市建设用地的扩张是该地区生态系统的主要威胁，土地利用的集约化和人口密度的增加导致了生态系统服务功能的下降和生态系统健康水平的下降。区域生态管理应依托珠江三角洲良好的河网结构和交通干线，选择适宜的当地植物种类，建设生态廊道和小城市绿地，建设多样化的自然生态空间，加强户外休闲功能的建设。

　　在中国，生态修复主要由政府主导，政府主要关注区域生态安全建设，坚持山水林田湖草保护与恢复相结合。本书基于利益权衡，确定生态质量和生态健康热点辨识空间，并利用机器学习的方法对城市群以乡镇行政单位进行聚类分析，为生态修复空间的科学划分和管理提供了一种新的方法。本书的研究基于利益相关者的利益权衡、决策者的政策目标和公众的需求，填补了生态管理、修复和评估之间的知识空白，帮助决策者制定生态修复政策和实施城市规划。本书在前人研究的基础上，采用活力组织弹性系统评价框架对生态健康进行评价（Peng et al., 2017）。在弹性指标的选择上，本书采用了决策者和利益相关者普遍关注的生态系统服务指标。现有研究已将生态系统服务纳入生态健康风险评估中（Kang et al., 2018）。土地利用变化对生态系统本身的影响主要通过其提供的服务来实现，因此对生态系统服务的评价更能反映生态系统的弹性和可持续性。

10.5　城市群尺度生态空间分区管理对策

▶ 10.5.1　以满足政策目标、居民需求和可持续发展为导向，构建生态空间分区指标体系

目前虽然对生态空间分区的研究取得较大的进展并已将其应用到国土空间规划，但由于对生态空间理解的差异，分区方案仍存在多头设计、重复构架和认知困难等问题（许开鹏 等，2017），主要的原因是对生态空间分区的内涵和目标理解不足。生态空间分区应明确并聚焦于分区的目的和分区的管控目标，区域尺度生态空间分区应统筹山水林田湖草等生态要素，实现区域生态综合管理的目标，而不是单独的生态要素实现多种生态目标。例如：生态修复空间以实现生态品质提升为主要目的，应明确生态空间存在的突出问题，统筹考虑区域生态空间退化过程和方向，以及未来区域生态修复所面临的形势与挑战。通过空间格局分布，以及不同尺度之间的相互转换途径与方法，制定自上而下的综合修复政策及措施。生态空间受社会、经济、自然因子的多重影响，评价指标体系应按照社会—经济—自然复合生态系统理论、"山水林田湖草生命共同体"的理念，以单元网格整合地理单元，对其生态格局、生态过程、生态功能进行综合评价，以构建区域生态空间评价体系。同时为了使研究具有适用性和可接受性，研究指标还要符合当地政策目标和居民需求。

▶ 10.5.2　生态空间分区立足于现有国土空间管控体系

生态空间分区的基本目的是综合识别区域生态空间现阶段及未来需要提升和完善的方面。生态空间分区在主体功能分区的基础上，应立足于区域角度的细化和深化，构造适应区域特点、有利于可持续发展的分区指标体系，同时也应涵

盖生态保护红线、环境质量底线、资源利用上限的评价体系。生态空间分区是基础性的分区方法，可进一步针对各类生态分区的生态特点，整合区域内对生态功能极重要、生态环境极敏感的区域，确定其阈值并划定生态保护红线，在区域内整合生态承载力、耕地生态系统服务、生态质量等划定永久基本农田。立足于政策目标、居民需求，选取生态空间分区内生态质量、生态系统服务供需评价指标，构建适宜区域城镇化特点的环境质量底线和资源利用上限。通过区域一体化的生态分区，整合各类分区内生态质量、生态系统服务、生态系统健康评价，可识别国土空间生态修复重点。通过生态空间分区整合目前存在的分区体系，建立一套相对统一的分区指标体系，既可避免评价的重复，又可方便决策者实施生态管理，提升居民的认可度和实操性。

▶ 10.5.3　基于生态系统服务供需耦合机制调整生态空间分区

生态空间的核心功能是提供生态系统服务和保障区域生态安全，而生态空间分区应以恢复生态完整性和实现可持续性生态系统服务为目标，从格局—过程—服务—可持续性的综合角度寻求具有空间差异化和功能协同性的解决方案。生态系统服务在生态空间分区体系中具有重要的指示作用，但由于区域生态系统服务的多样性、空间尺度的流动性和居民需求的时效性，不同类型生态系统服务相互影响。随着城镇化的发展，区域生态空间格局动态变化和居民生产生活方式的改变，造成生态系统服务供需变化。因此，生态空间分区要重视生态系统服务的供需机制及其与城镇化的耦合机制，杜绝以简单的线性关系将多种生态系统服务进行叠加，应探究服务间的权衡与协调关系，建立适合区域特点的一套综合生态系统服务评价模型，且注重生态系统服务供需和流动机制，空间尺度辨识供给方和需求方及其传输机制，有效识别对维持区域可持续发展具有重要作用的生态空间和对区域生态安全起到关键作用的生态廊道、生态节点等，实施精准管控。

▶ 10.5.4　城市群尺度生态修复

生态修复是区域生态管理的核心内容，通过科学、适应性的评价方法对生态修复区域进行辨识、分类是决策者密切关注的问题之一。特别是对于城市群而言，不同城市的发展水平和生态目标不尽相同，如果不能从城市群的角度综合辨识生态修复区，且生态修复区域和行政边界之间不匹配，就会导致修复管理体系的混乱。对于生态修复区的辨识分类不仅考虑其自身生态特点，还需考虑社会因子和经济因子的复合驱动作用。应立足于城市群尺度，通过空间格局分布，探究其差异性及内部联系，将城市群内不同尺度下的生态修复空间辨识结果进行综合分析，探讨其内部的关联性，以及不同尺度之间的相互转换途径与方法。制定由上到下的综合修复政策及措施，划定不同生态修复区，并通过时间尺度的研究，建立长期评价及反馈机制，对生态修复空间的演替规律及其未来变化趋势做出正确的评价。通过与地理信息系统的结合，快速获取、分析研究基础数据，并实时监测识别待修复空间，这是当前研究及应用生态修复空间辨识的核心和关键。

在生态修复过程中，根据王如松等（2014）提出的城市复合生态及生态空间管理，通过生态辨识和系统规划，运用生态学原理和系统科学方法去辨识、模拟和设计生态修复与社会、经济系统的各类关系。通过调整生态修复空间内各组分时间、空间、数量、结构、序理上的关系，模拟自然系统的"整体""协同""循环""自生"原理，实现系统各组分功能的协同，实现系统的效益最大化。生态修复依靠政府主导，在修复中应更多地注重市场和居民的参与，符合区域政策目标和居民需求，以及生态修复的公平性。社区、街道是城市群的最小集体，是生态政策的检验者和实践者（马晴，2014）。居民是生产和决策的基本单位，是生态修复和社会经济环境之间联系的纽带。基于"自下而上"的居民生态修复目标的调查分析，有利于促进区域建设和可持续发展，基层农民在生态修复和后续管理中具有重要的作用。在区域生态修复过程中应探索以"政府主导，社会行动，社区参与"为主旨的多元修复管理模式。

10.6　小结

本章基于政策目标、民众需求、专家知识等方面综合构建评价体系，开展了基于生态空间质量和生态系统健康评价的生态空间分区研究。珠三角城市群生态空间质量良好，但生态系统健康水平较低。从区域尺度将城市群生态空间分为重点保护区、重点修复区、潜在修复区和保育区。重点保护区占生态空间总面积的10.1%，是区域生态源地，应实行最严格的生态环境保护制度，并加强生态连通性建设，提升区域整体生态系统服务；重点修复区占生态空间总面积的 21.6%，以生态修复、实施生态治理工程、推进生态产业为主；潜在修复区占生态空间总面积的 13.1%，以保护优先、自然修复为主，重点提升生态系统服务；保育区占生态空间总面积的 55.2%，重点实施生态廊道建设，在保护生态空间的基础上合理开展生产建设活动。生态修复空间的识别与管理对促进城市可持续发展具有重要作用。针对重点修复区将乡镇划分为 5 大类，主要以自然或半自然生态系统与人工生态系统的差异为主导特征。

通过实地调研和技术研发，对珠三角城市群受损矿区、湿地、绿地、生态廊道提出有效可行的生态修复技术与综合优化模式。将城市群区域受损矿区-湿地-绿地-活化地表-生态廊道作为一个整体进行生态景观的修复和重建，集成低成本、有效和可持续管理的生态修复技术和优化模式，可以发挥城市群多尺度全区域生态基础设施网络的最大功效。

11.1　珠三角城市群典型生态修复现场调研

在课题执行期间，课题组曾多次前往珠三角地区开展城市群典型生态修复项目的调研，分别在典型城市广州、东莞和深圳开展调研，对当地的河涌整治工程、碧道建设工程、矿山修复工程、桉树林改造工程、森林景观生态修复工程、生态公园建设工程等典型的生态修复项目进行了跟踪调研。此外，以红树林为研究对象，对广州市南沙红树林湿地和深圳市福田红树林湿地进行了调研和采样，分析了城市群红树林湿地沉积物重金属累积特征和潜在的生态风险。

11.2　珠三角城市群红树林湿地沉积物重金属特征及潜在生态风险

红树林是珠江三角洲重要的潮间带生态植物，能提供土壤保持、水质净化、气候调节、休闲娱乐等重要的生态系统服务（李庆芳 等，2006），对区域可持续发展至关重要。然而，随着城市化和工业化的发展，人类活动对红树林湿地的污染压力逐渐增大（Shi et al., 2019；Li et al., 2016）。红树林沉积物中丰富的有机质和厌氧环境使其成为毒性高、难降解、难迁移的重金属污染物的重要源和库（李霞等，2005）。人工模拟红树林湿地系统对重金属元素的净化作用表明，95%以上的污染物累积在土壤中，极少部分被植物吸收，在不同的植物配置方案下，污染物的净化效率不同（陈思敏 等，2017）。然而，在自然生态系统中，有关红树林湿地重金属污染物的净化效应研究还比较匮乏。

红树林沉积物中的腐殖质含有大量能通过络合吸附或沉淀吸附重金属离子的活性官能团（廖自基，1992）。不同植被类型的沉积物中有机质、黏粒、富里酸、丹宁等的含量不同，这是导致沉积物截留污染物的能力存在差异的主要因素（宋南 等，2009）。Chai 等（2019）发现，以无瓣海桑为优势种的红树林沉积物中，重金属的含量高于以秋茄为优势种的红树林，表明以无瓣海桑为优势种的红树林能更有效地沉积重金属污染物。同时，由人工模拟红树林湿地生态系统发现，红树林对重金属的净化效率不仅受植被种类的影响，还与污水中重金属的浓度有关 （程珊珊 等，2018）。此外，红树林植物的根、茎、叶等器官吸收并富集重金属元素也是红树林净化污染物的重要途径，其能力随红树植物的种类和植株器官的不同而差异显著（Agoramoorthy et al., 2008；Wang et al., 2013）。

在我国，红树林的优势种为秋茄、桐花树、木榄、无瓣海桑、老鼠簕、红海榄等（Luo et al., 2010；林康英 等，2006）。以前的研究表明，红树林湿地沉积物中重金属的含量具有显著的空间差异性，且与人类活动密切相关（Zhang et al., 2014）。位于珠三角地区（广州、深圳、珠海）的红树林湿地距离城市较近、人为干扰严重，沉积物中的重金属含量高于远离城市、人类活动较少的红树林湿地（张起源 等，2020）。本书以广州南沙红树林湿地和深圳福田红树林自然保护区内以秋茄、木榄和无瓣海桑为优势种的生态环境为研究对象，分析沉积物中重金属的累积特征和潜在生态风险，探究植被类型对红树林湿地重金属的累积和潜在生态风险的影响，为红树林湿地生态修复提供理论依据。

▶ 11.2.1 样品采集与分析

研究区域为广州南沙红树林湿地（22°35′N，113°37′E）和深圳福田红树林自然保护区（22°32′N，114°03′E），位于珠三角地区，属于亚热带季风型海洋性气候，年平均气温 23℃，年平均降水量 1700～1800 毫米。广州南沙红树林湿地和深圳福田红树林湿地，红树林物种丰富，主要树种包括秋茄（*kandelia obvolata*）、木榄（*bruguiera gymnorrhiza*）、无瓣海桑（*sonneratia apetala*）、桐花树（*aegiceras corniculatum*）、红海榄（*rhizophora stylosa*）等。

　　本研究组于 2017 年 8 月和 2018 年 1 月采集广州南沙红树林湿地和深圳福田红树林自然保护区内以秋茄、木榄和无瓣海桑为优势种的生态环境内的沉积物样品（0～20cm）。样品在 –20℃的冰箱中冷冻保存，分析前，通过真空冷冻干燥机冻干后研磨并过 150 目（100 微米）筛。

　　沉积物理化性质的测定：总氮用元素分析仪测定，pH 值用酸度计法测定，有机质采用 550℃烧失量法测定，铵态氮由氯化钾浸提后用流动分析仪测定。沉积物重金属含量的测定：称取 0.5000 克样品，利用 HNO$_3$-HF 微波消解样品后定容至 50 毫升，采用电感耦合等离子体质谱仪（ICP-MS，Agilent 7500a，USA）测定 Pb、Cd、As 和 Ni 的含量，采用电感耦合等离子体光谱仪（ICP-OES，PerkinElmer Optima 8300，USA）测定 Cu 和 Zn 的含量。标准物质的回收率在 86.3%～109.1%。

　　应用瑞典学者 Hakanson 提出的潜在生态危害指数法评价红树林沉积物重金属的潜在生态风险。该方法基于金属元素含量、数量、毒性和敏感性，综合考虑重金属的迁移转化规律和评价区域对重金属污染的敏感性，公式如下：

$$RI = \sum_{i=1}^{n} E_r^i = \sum_{i=1}^{n} T_r^i C_f^i = \sum_{i=1}^{n} T_r^i C_D^i / C_R^i$$

其中，C_f^i 为重金属元素 i 的污染指数；C_D^i 为土壤重金属元素 i 的实测含量；C_R^i 为参照值；T_r^i 为重金属元素 i 的毒性影响因子；E_r^i 为重金属元素 i 的潜在生态风险系数；RI 为多种金属元素的综合生态风险指数。红树林沉积物重金属元素背景值和生物毒性系数如表 11-1 所示。沉积物重金属潜在生态风险的划分标准如表 11-2 所示。

表 11-1　红树林沉积物重金属元素背景值和毒性系数

元素	Zn	Cu	As	Pb	Ni
背景值/（毫克/千克）	36.3	10.5	6.8	29.8	9.6
生物毒性系数	1	5	10	5	5

表 11-2　单项和综合潜在生态风险等级划分标准

单项	综合	生态风险等级
≤ 40	≤ 150	轻度
40～80	150～300	中度
～160	300～600	强
160～320	600～1200	非常强
> 320	> 1200	最强

▶ 11.2.2 不同植被类型下红树林沉积物重金属的分布特征

采用双因素方差分析可以看出,地理位置对红树林湿地重金属的累积有显著影响(见表 11-3)。广州南沙红树林湿地 Cu、As 和 Ni 的含量高于深圳福田(见图 11-1)。

表 11-3 地理位置和植被覆盖类型对红树林湿地重金属累积的影响

	地理位置		植被类型		地理位置 × 植被类型	
	F	P	F	P	F	P
Zn	39.22	<0.001	10.88	<0.001	0.418	0.793
Cu	31.26	<0.001	25.58	<0.001	2.705	0.071
As	61.33	<0.001	22.65	<0.001	2.538	0.075
Pb	10.38	<0.010	1.654	0.219	0.883	0.493
Ni	36.613	<0.001	0.431	0.657	1.713	0.191

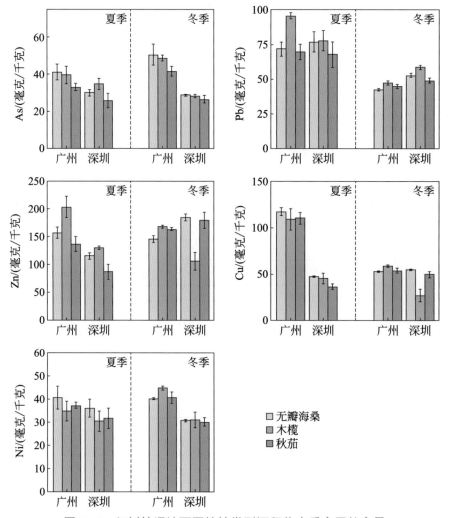

图 11-1 红树林湿地不同植被类型沉积物中重金属的含量

植被覆盖类型是影响红树林湿地 Zn、Cu 和 As 的含量具有显著差异的重要因素，但对 Pb 和 Ni 的累积无影响（见表 11-3）。秋茄林沉积物中 Zn、Cu、Pb 和 As 的含量低于无瓣海桑林（见图 11-1），Zn 和 Pb 在木榄林中含量最高，As 和 Cu 在无瓣海桑林中含量最高（见图 11-1）。然而，地理位置和植被覆盖类型的交互作用对红树林湿地重金属的累积无显著影响（见表 11-3）。

红树林沉积物重金属污染物的含量及其潜在生态风险具有明显的空间异质性。沉积物重金属的含量不仅在不同地理位置间存在显著差异，而且在同一地点不同植被类型的条件下也不同。

▶ 11.2.3　红树林沉积物重金属的潜在生态风险

各采样点沉积物中 Zn 和 Ni 的潜在生态风险指数小于 40，为轻度生态风险等级，但 As 和 Pb 的潜在生态风险指数高于 40，属于中度生态风险等级（见表 11-4）。广州南沙红树林湿地的沉积物中，夏季 Cu 为中度风险等级，但冬季为轻度风险等级；深圳福田红树林湿地的沉积物中，Cu 的潜在生态风险等级属于轻度。广州

表 11-4　红树林湿地潜在生态危害指数评价结果

季节	区域	植被	潜在生态风险因子					风险指数	危害度
			As	Pb	Cu	Zn	Ni		
夏季	广州	秋茄	58.27	95.53	59.87	5.60	34.91	254.19	中度
		木榄	60.60	71.76	49.50	4.06	40.76	226.68	中度
		无瓣海桑	48.61	69.76	52.52	3.96	37.37	212.21	中度
	深圳	秋茄	51.29	77.67	26.57	3.60	30.65	189.79	中度
		木榄	44.26	76.89	22.17	2.83	36.15	182.30	中度
		无瓣海桑	38.00	67.64	16.92	2.66	31.84	157.07	中度
冬季	广州	秋茄	61.34	44.94	25.64	4.51	40.76	177.18	中度
		木榄	71.84	47.39	28.07	4.63	44.81	196.75	中度
		无瓣海桑	74.49	42.32	25.34	4.02	40.28	186.45	中度
	深圳	秋茄	39.15	49.12	23.7	4.95	30.19	147.11	轻度
		木榄	41.76	58.85	12.90	2.94	31.11	147.56	轻度
		无瓣海桑	42.47	52.80	26.13	5.10	30.93	157.43	中度

南沙红树林湿地的综合风险指数大于 150，为中度危害；深圳福田红树林湿地夏季为中度危害，但冬季仅有无瓣海桑为中度危害，秋茄和木榄为轻度危害。

▶ 11.2.4 影响红树林湿地沉积物重金属累积的因素

不同采样点沉积物的 pH 值差异显著，广州南沙红树林湿地沉积物的 pH 值均高于 7，显著高于深圳福田红树林湿地（见图 11-2）。不同植被类型的沉积物中的有机质和总氮的含量差异显著，无瓣海桑林下有机质的含量显著高于秋茄和木榄林（见图 11-2）。红树林沉积物中重金属的累积与其理化性质密切相关。本书通过皮尔逊相关分析探究沉积物中重金属的含量与 pH 值、土壤有机碳含量（soil organic carbon, SOC）和总含氮量（total nitrogen, TN）间的关系。研究结果表明，Zn、Pb 和 As 的累积与 pH 值和 SOC 密切相关，而 Cu 和 Ni 的累积仅与 pH 值相关（见表 11-5）。

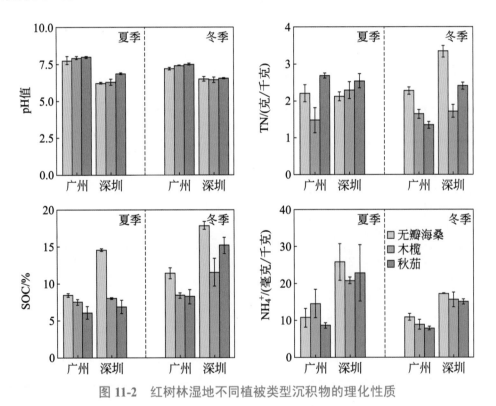

图 11-2　红树林湿地不同植被类型沉积物的理化性质

红树林湿地沉积物中重金属的含量和潜在生态风险具有明显的区域差异（Bastakoti et al.，2019）。在本书中，广州南沙红树林湿地沉积物中的 Zn、Cu、Pb、As 和 Ni 含量较高，且大部分处于中等生态风险等级，这与以前的研究一致

表 11-5　红树林湿地沉积物重金属元素和理化性质的相关分析

	Zn	Cu	Pb	Ni	As
pH 值	0.73**	0.71**	0.45*	0.43*	0.62**
SOC	0.34*	0.16	0.44*	0.201	0.41*
TN	0.16	−0.02	0.19	−0.200	−0.06

上标*表示显著相关（$P<0.05$），上标**表示极显著相关（$P<0.01$）。

（张起源 等，2020）。与其他城市一样，南沙红树林湿地重金属污染物的浓度与广州历史上的城市化和工业化活动有关（Wu et al., 2014）。尽管深圳福田红树林自然保护区处于城市中心，受陆源性污染水体的影响，但沉积物中的 Zn、Cu 的累积量和潜在生态风险显著低于广州南沙红树林湿地。这可能是因为广州南沙红树林湿地位于珠江出海口附近，多条容纳生活污水和工业废水的河流在此汇合，导致该地重金属污染严重，潜在生态风险较高。

重金属元素进入红树林后，极少部分被地上植被吸收（He et al., 2014），部分随着海水运动流入海洋，部分滞留在红树林沉积物中（缪绅裕 等，1999）。尽管红树林地上植被对重金属的修复潜力比较低，但红树植物能有效地捕获水体中的悬浮物，使污染物累积于沉积物中（Marchand et al., 2011）。在本书中，沉积物中 Zn、Cu 和 Pb 的累积量受植被类型的影响，秋茄林显著低于无瓣海桑林，这与 Chai 等（2019）和唐以杰等（2015）的研究结果一致。这一结果表明，无瓣海桑林沉积 Zn、Cu、Pb 和 Cd 的能力高于秋茄。然而，Chai 等（2019）的研究发现，秋茄林沉积物中 Ni 的含量也显著低于无瓣海桑林，本书中 Ni 和 As 的累积与植被种类无关。此外，木榄林沉积 Pb 的能力与无瓣海桑类似，沉积 Zn 的能力与秋茄相似，沉积 Cu 的能力处于秋茄和无瓣海桑之间。

红树林沉积物中重金属的累积与沉积物的 pH 值、有机质、颗粒组成等理化性质有关（李柳强 等，2008）。由于海水富含碳酸盐和碳酸氢盐，具有很高的缓冲能力，所以能中和红树林沉积物的 pH 值。Tam 等（1998）和 Li 等（2007）的研究发现，香港和深圳的红树林长期被潮汐淹没，导致沉积物的 pH 值偏高。本书中，广州南沙红树林湿地沉积物呈中性，而深圳福田红树林湿地为弱酸性，可能是因为它们被潮汐淹没的时长不同。沉积物的 pH 值是决定重金属形态、溶解性、迁移性和生物可利用性最重要的因素（Muehlbachova G 等，2005），但 pH 值对重金属的累积的影响是复杂的。许多研究表明红树林湿地沉积物的重金属含量与 pH 值 负相关，而另一些研究表明重金属的累积与 pH 值正相关，还有研究表明重金属的累积与 pH 值无关。本书中 Zn、Cu、Pb、Cd、As 和 Ni 的含量均与 pH 值正相关。红树林是一个高产且矿化过程缓慢的生态系统（Silva et al., 2006）。秋茄和木榄的茎、叶中碳的含量相似（樊月 等，2019），然而，无瓣海桑的凋落物的产量远高于秋茄（Liu et al., 2014）。同时，无瓣海桑拥有发达的、利于凋落物停留、累积和腐烂的笋状气生根（Berly et al., 1986；徐耀文 等，2020），这是无瓣海桑林沉积物有机质含量（SOC）显著高于其他林的主要原因。红树林沉积物中有机质对重金属的高度亲和性使其具有巨大的积累污染物的能力，且与多种重金属的累积量密切相关。Bastakoti 等（2019）的研究表明，红树林沉积物中 Cd，Co，Cr，Cu，Mn，Pb 和 Zn 的含量与有机质呈正相关关系。在本书中，广州和深圳无瓣海桑林下沉积物的有机质含量分别为秋茄林下的 1.2 和 1.8 倍。然而，与 Bastakoti 等的研究不同，本书发现 Zn、Pb 和 As 的累积量与有机质的含量正相关，Cu、Cd 和 Ni 的含量与有机质无关。

11.3　珠三角城市群湿地生态修复技术

▶ 11.3.1　修复目标及原则

11.3.1.1　修复目标

修复湿地受损生态系统，使湿地恢复自我调节、自我净化能力是湿地生态修复的最重要目标。湿地生态修复是系统性修复，需要梳理湿地生态要素及要素间的逻辑关系，以动态化视角分析生态要素的功能作用，并选取决定湿地生态修复效果的关键要素作为湿地生态修复的切入点，通过关键要素的修复逐步带动湿地生态系统恢复，最终达到生态修复的目标。

（1）恢复湿地系统的自然水文特征

湿地的自然水文特征是影响其生态环境理化性质及营养物质循环的关键因子（戚京京，2018）。恢复湿地系统的自然水文特征就是在保证湿地水体面积和水体质量的前提下，提高湿地的水环境承载力，使湿地能通过自身的内在循环系统实现水体自给自足，完成自我净化。

（2）恢复湿地系统的地质稳定性

恢复湿地系统的地质稳定性包括修复地形和土壤。通过修复竖向地形可以竖向梳理雨水地表径流，推进水体物质和能量循环，减少水土流失；土壤修复则以修复退化土壤的功能与结构为主，改善土壤的孔隙度、营养状况、保水保肥能力等。对于土壤营养物质匮乏的退化区，可以适量施肥，提高土壤有机质含量。对于土壤营养物质超标的富营养区，则要以生态修复为导向，利用碳酸钙或熟石灰对土壤的酸碱度进行调节，利用植物生长过程中的生理萃取和吸附作用，缓解土壤中的有毒物质对环境的侵害。综合运用物理、化学、生物方法，恢复湿地系统的地质稳定性，进而保证湿地的保护与修复。

（3）恢复湿地物种和群落多样性

作为陆地斑块与水域斑块的边缘交界地带，湿地具有比水陆两种斑块更为丰富的动植物种类。修复湿地动植物生态环境就是湿地生态系统自我恢复、自然演替的过程。通过对湿地系统的水文、土壤、动植物群落等的修复，改善水环境，增加物种数量和植物种类，为动物提供栖息地，从而恢复湿地的动植物群落，提高生态系统的自我维持能力和生产力。只有构建生态安全、适宜的栖息地环境，恢复湿地野生动植物多样性，才能使湿地生态系统拥有足够的自我调节能力和自我生产力。

（4）充分发挥湿地生态系统的社会、经济和生态效益

保护湿地生态环境，恢复湿地生态系统是湿地生态修复的最主要目标。不仅如此，湿地修复在保证湿地发挥生态效益的同时，还可以发挥湿地生态系统服务的综合功能，对人类社会经济产生正向作用。在修复过程中，要充分尊重现状，依托原有湿地生态结构，利用原有水体、湿地、植物和地形等设计要素，在最小限度建设和开发的前提下，满足人们的活动需求。以生态学的手法，实现湿地景观的恢复与可持续利用。

11.3.1.2　修复原则

（1）生态学原则

即要求湿地修复要以生态安全为前提，尊重生态演替规律，构建健康的生态系统，遵从生物多样性和景观生态学原则。依据湿地生态系统的特征及其自身的演替规律进行生态修复，充分发挥湿地的自身修复功能，在最少的人为干预下，使系统内的物质循环和能量循环处于最优状态，实现系统内各要素和谐演进发展。

（2）可行性原则

湿地生态修复策略的制定与目标的实现很大程度上与现状的环境条件有关，而现实的退化环境是自然界和人类作用长期发展影响的结果，在对湿地进行生态修复时，应充分考虑各影响要素的内在关系，全面评价修复方法在经济和技术上的可行性，对湿地的生态修复应以自然引导为主而不是强行控制干预，使修复过程和结果有益于自然和人类社会的发展。

（3）系统性原则

生态系统指在一定空间中共同栖居的所有生物与其环境之间由于不断进行物质循环和能量流动过程而形成的统一整体。根据系统性原则要求湿地修复在充分认知湿地功能、要素、结构的前提下，尽可能把握湿地生态要素与过程间的逻辑关系，在修复污染破坏点的基础上全面修复湿地生态系统，使湿地生态系统发挥综合效用。

（4）生物多样性原则

景观生态学研究表明，生物多样性高、群落类型丰富的斑块具有较高的抵御外界干扰的能力，其自我恢复、自我净化能力也高于生物多样性低的斑块。因此，可以通过提高湿地景观异质性，进而提升湿地生物多样性，达到修复湿地生态系统、恢复湿地自净能力和恒久维持能力的作用。

（5）美学原则

湿地的价值不仅表现在生态作用上，而且具有美学、科研、游憩等价值。因此，在湿地生态修复中应注重对美学的追求，让人们在体验湿地景观的过程中了解湿地、认识湿地，增强生态保护意识。

▶ 11.3.2　底泥疏浚+曝气复氧技术

首先应整治湿地周边环境，进行管网改造，减少点源及面源污染。通过综合分析评估水文特性、水质及年内变化、底泥地理分布特征、基面标高、底泥土工特性及土壤水运动特点、营养盐含量及垂直分布状况等参数，确定底泥疏浚深度。疏浚方式可采用干式疏浚和水上清淤两种，对疏浚的底泥进行除杂除砂、浓缩沉淀、脱水等工艺处理后，进行堆肥、填方、制陶、制砖等资源化处理。

曝气复氧技术就是通过人工向水体充氧的方式，加速水体复氧过程，提高水体溶解氧水平，恢复水体好氧微生物活力，促进有机污染物的降解，从而改善水体的质量，进而修复水体生态系统。通常采用固定式充氧的形式，包括：

（1）鼓风曝气

即在河岸上设置一个固定的鼓风机房，通过管道将空气或氧气引入设置于河道底部的曝气扩散系统，达到增加水中溶解氧的目的。一般由机房（内置鼓风机）、空气扩散器和相关管道组成。

（2）机械曝气

将机械曝气设备（多为浮筒式结构）直接固定安装在河道中对水体进行曝气，以增加水体中的溶解氧。其可分为两种形式：叶轮吸气推流式曝气器；水下射流曝气器。

（3）高氧水充氧

通过高浓度气体置换装置将水体中的气体置换成纯氧，纯氧曝气系统的氧源可采用液氧或利用制氧设备制氧，氧分子与水分子通过化学键紧密结合形成高浓度纯氧水，其不仅含有超饱和溶解氧，还因高于普通水的密度而沉降于底泥表层，可创造出富氧环境，提高微生物活性，加速底泥的无害化降解。其可分为两种形式：纯氧微孔布气设备曝气系统（由氧源和微孔布气管组成）；纯氧混流增氧系统（由氧源、水泵、混流器和喷射器组成）。

（4）微纳米曝气

所谓微纳米气泡，是指气泡发生时直径在 200 纳米～50 微米的气泡，这种气泡介于微米气泡和纳米气泡之间，具有传统曝气设备发生气泡所不具备的物理和化学特性。

（5）太阳能曝气系统

以太阳能作为设备运转的直接动力，设置独特的旋切提拉曝气叶轮，通过叶轮旋转提升作用，将底部缺氧水转移到水体表面与表层富氧水混合；表层富氧水通过离心旋转横向水平扩散，纵向进入底层缺氧区，由此实现水体解层、增氧和纵横向循环交换三重功效，最大限度地将表层超饱和溶解氧水转移到水体底层，增加底层水体溶解氧，消除自然分层，提高水体自净能力。

▶ 11.3.3　高效生物复合强化微滤澄清技术

采用高效生物复合强化微滤澄清装置，可以在高溶解氧强化、高效微生物强化、高效生物膜强化及高效药剂强化作用下强效去除有机物和营养盐，然后通过加入絮凝剂与污染物形成微小而密实的絮体，随着污水在设备中的流动，在曝气搅拌的作用下，增加絮体间的碰撞概率，随着流速的梯度下降，充分利用絮凝过程中的接触絮凝作用，小絮体逐渐凝聚成大絮体，絮体随污水流入微滤设备，在滤布的截留作用下，絮体被截留下来，同时污染物也被截留下来。被截留下来的污染物积累到一定程度后，进入污泥处理系统（污泥浓缩系统和污泥压滤系统）。

▶ 11.3.4 水体除藻控藻技术

水体除藻控藻技术主要可分为物理技术和化学技术。

（1）物理技术

可采用机械清除、吸附、曝气和气浮、超声波和电磁波除藻、遮光、过滤、人工打捞等多种方法，也可采用高能物理直接氧化蓝藻处理系统，将蓝藻捕捞、氧化分解、脱磷脱氮、水体消毒等功能集于一体，不添加任何化学药剂，蓝藻总数去除率可达 99%，藻毒素、总氮、总磷去除率可达 90%以上。

（2）化学技术

采用化学药剂、复合药剂、混凝剂、改良絮凝剂等作为除藻剂，将蓝藻杀灭或下沉。目前常用的杀藻剂主要有硫酸铜、高锰酸盐、硫酸铝、高铁酸盐复合药剂、液氯、ClO_2、O_3 和 H_2O_2 等。

另外，也可采用氮磷藻移出技术，以粉煤灰等几种无毒无害的工业废料与壳聚糖等材料复合，加上磁粉等，与富营养化湖水混凝，产生絮凝物，再用磁铁即可吸附移出氮、磷和藻类。

▶ 11.3.5 人工湿地构建技术

人工湿地构建技术是利用基质-微生物-植物复合生态系统，综合物理、化学和生物的三重协调作用，通过过滤、吸附、共沉淀、离子交换、植物吸收和微生物分解来实现水中有害物质的去除，包括表流湿地、潜流湿地、垂直流湿地。

（1）表流湿地

污水水体在湿地的表面流动，水位较浅，多在 0.1～0.9 米。主要通过植物茎叶的拦截、填料的吸附过滤和污染物的自然沉降，以及通过植物的吸收和茎、秆上的生物膜作用去除污染物（见图 11-3）。

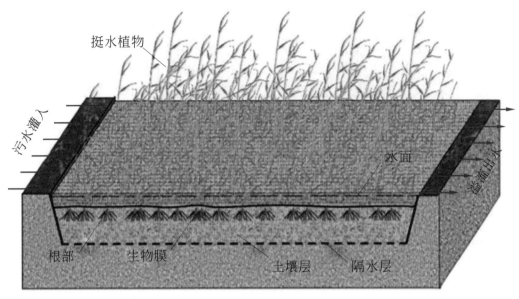

图 11-3 表流湿地的结构

（2）潜流湿地

污水在湿地床的内部流动，主要利用基质表面生长的生物膜、丰富的植物根系、表层土和基质截留的作用来净化污水。对有机物和重金属去除效果较好（图 11-4）。

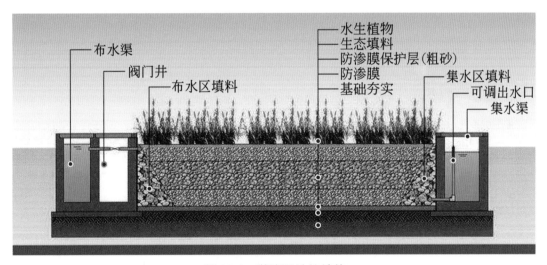

图 11-4 潜流湿地的结构

（3）垂直流湿地

该结构综合了表流湿地和潜流湿地的特性，水流在基质床中基本由上向下垂直流动，床体处于不饱和状态，氧可通过大气扩散和植物传输进入人工湿地系统。这种方法对 N 和 P 的吸收效果较好（见图 11-5）。

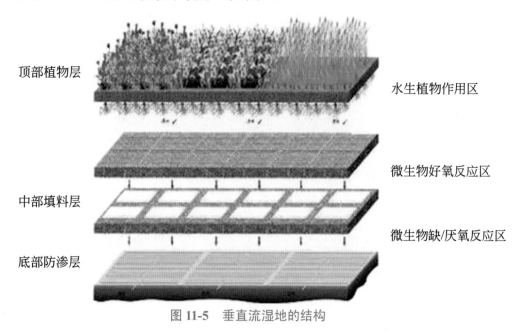

顶部植物层 ──── 水生植物作用区

──── 微生物好氧反应区

中部填料层 ──── 微生物缺/厌氧反应区

底部防渗层

图 11-5　垂直流湿地的结构

（4）复合人工湿地

这是不同类型湿地（表流湿地、水平潜流湿地和垂直流湿地）构成的复合系统，以及湿地与其他工艺（塘、生态沟渠、土壤渗滤和传统二级污水处理工艺及其改良工艺等）构成的复合系统，其对各种污染物的去除效果优于单一的湿地系统，更具有稳定性和耐负荷力。

▶ 11.3.6　多功能生态浮岛技术

多功能生态浮岛技术是模拟自然界的规律，针对富营养化的水质，利用生态工学原理，运用无土栽培技术，以混凝土、高分子材料等作为载体和基质，种植水生植物而建立的去除水体中污染物的人工生态系统，主要由浮岛基质、固定系统和植物组成。

生态浮岛通过植物根部的吸收、吸附作用和微生物的硝化-反硝化等作用，可以去除水体中的 N、P、有机物等污染物，同时也可以作为生态景观。

浮床植物的选择：美人蕉、空心菜、水芹菜、芦苇、水花生、水葫芦、水龙、水竹、鸢尾、黑麦草、香根草、慈姑等。这些植物生长快、分株多、生物量大、根系发达，并有一定的观赏价值和经济价值。

▶ 11.3.7　岸线修复技术

岸线设计形式根据人工干预的强弱可分为自然原型驳岸、自然式驳岸和人工驳岸。自然原型驳岸适用于水流冲刷程度较小的地段，驳岸较平缓，坡度一般小于土壤自然安息角，对于原本较陡的地段可以通过合理的调整土方构建缓坡形式，同时结合水生、湿生植物种植达到固土护坡的作用，生态优势明显；自然式驳岸应用于驳岸坡度较大（30°～40°）或土壤受水流冲刷较严重的区域，利用生态技术措施对驳岸基地进行巩固，如干抛毛石驳岸、立插木桩驳岸，水生植物结合石笼等，在发挥工程作用的同时兼具较好的生态效益；人工驳岸在自然式驳岸的基础上，在水位随季节性变化较大、坡度较陡、水侵蚀较严重等情况下采用，如干砌硬质块石驳岸、浆砌硬质块石驳岸等，人工干预较强，一般采用台阶式的分层结构，空隙种植挺水植物，防洪固岸，控制水体流速。

（1）格宾网石笼护岸

格宾笼石防护技术是一种将蜂巢形格宾网片组装成箱笼，并装入块（卵）石等填充料后，用作护岸的技术，按结构形式可分为挡墙、护坡、护底、护脚、水下抛石等。构成蜂巢格网防护体的钢丝具有一定的抗拉强度，不易被拉断，填充料之间充满了空隙，具有一定的适应变形的能力。当地基情况发生变化时，如发生不均匀沉降、地震等，箱内填充料受箱笼的约束不会跑到箱笼外，而会自行调整形成新的平衡；又因箱笼系柔性结构，所以防护工程表面可能会发生小的变异，但不会发生裂缝、网箱被拉断从而造成防护体被破坏的现象。石笼网有其独特的结构，不仅整体结实，而且有很好的生态性，能抵抗风浪及洪流，同时还可以植草绿化，实现真正的生态防护，是典型的生态护岸结构。

（2）微生物生态护岸

本技术涉及改善城市河道水环境的生态护岸构建方法，属于水环境治理与水生态修复技术，其侧视图和俯视图见图 11-6 和图 11-7。方法包括以下步骤：

S1：接种培养活性污泥，待脱氮菌群培养完毕后利用活化沸石进行挂膜，挂膜后装入生态袋，同时在袋中掺入河沙；

S2：在河道内用保土桩设置生态治理区，在所述生态治理区的底部填充河道淤泥后再铺盖生物填料层，并在所述生物填料层上种植水生植物；

S3：在护岸种植植被，在湿地底部构建集水暗渠形成生态缓冲区，在生态缓冲区内定点设置污水提升泵，集中收集集水暗渠内的污水，排入市政污水系统；

S4：在护岸上沿与水流方向呈 45°和 135°分别挖种植沟，并种上草本或灌木植物，形成植物网格；

S5：在所述植物网格上铺设所述生态袋以及种植植物的普通生态袋。

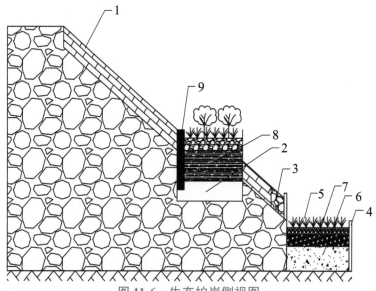

图 11-6　生态护岸侧视图

1—生态袋；2—集水暗渠；3—抛石护脚；4—保土桩；5—水生植物；6—河道污泥；7—生物填料层；8—人工湿地；9—污水提升泵

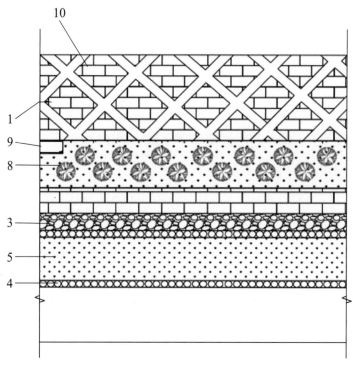

图 11-7　生态护岸俯视图

1—生态袋；3—抛石护脚；4—保土桩；5—水生植物；8—人工湿地；9—污水提升泵；10—植物网格

有益效果：施工方便，投资较少，建设周期短，易于养护且后期便于更换，运营成本较低；种植沟交错呈网格状，对水流有缓冲作用，有利于生态袋的保持，具有长期的植被恢复效益；能对入河污染物进行收集处理，在河道水环境治理方面具有推广应用前景。

11.4　珠三角城市群绿地生态修复技术

珠三角城市群绿地生态系统的现状如下。①公园绿地：总量不足，社区公园较少；新旧城区公园服务水平空间差异显著；灌木、草本多样性较低，偏种现象严重；土壤有重金属污染。②城市森林：人工林生物多样性较低，地带性植物类群较少。③都市农田：用地被建筑和工业用地侵占。④生态廊道：生态廊道体系不足，景观破碎化严重；植物种类少；街旁绿化带污染严重。

▶ 11.4.1　修复目标及原则

运用生态学原理，通过保护现有植被、封山育林或营造人工林、灌、草植被，修复或重建被损坏或者被破坏的森林和其他自然生态系统，恢复其生物多样性及其生态系统功能。修复原则包括生态优先原则、因地制宜原则、生物多样性原则、美学原则。

▶ 11.4.2　Ⅲ 类林改造与提升技术

Ⅲ 类林比例约占 17.3%，这类林存在树种单一、生长不良、密度低、生态效益低下等特征，森林质量尚有一定的提升空间。通过造抚并重，适当开展森林改造，注重当地条件改善，逐步改善森林结构，促进质量提升。主要涉及广州市、惠州市、肇庆市等区域。

▶ 11.4.3　沿海防护林生态修复技术

推进新一期沿海防护林建设，抓好基干林带荒山、荒滩造林和受损基干林带修复更新，加强局部地区沙化生态治理等。参考《广东省森林城市发展规划（2018—2025）》，沿海基干林带建设任务分别为广州 5 公顷、深圳 55.3 公顷、珠海 289.7 公顷、惠州 2787 公顷、东莞 33.4 公顷、江门 291 公顷。

▶ 11.4.4 红树林生态修复技术

结合《红树林保护修复专项行动计划（2020—2025）》，加强宜林滩涂红树林营造，修复退化红树林，加强红树林幼林抚育管理，对外来红树林物种进行乡土化改造。主要涉及广州市、深圳市、惠州市、江门市、珠海市等区域。

红树林是位于热带和亚热带海岸线重要的潮间带生态系统，能提供土壤保持、水质净化、气候调节、休闲娱乐等重要的生态系统服务。然而，随着城市化和工业化的发展，人类活动对红树林湿地的污染压力逐渐增大。红树林沉积物中丰富的有机质和厌氧环境使其成为毒性高、难降解、难迁移的重金属污染物的重要源和库。人工模拟红树林湿地系统对重金属元素的净化作用表明，95%以上的污染物累积在土壤中，极少部分被植物吸收，在不同的植物配置方案下，污染物的净化效率不同。虽然已有许多研究成果和专利涉及红树林湿地生态系统，但目前缺乏技术成熟、针对性强的红树林湿地修复重金属污染的植物配置方法。因此，本书提出一种修复红树林湿地生态系统的方法以解决现有技术的不足。

技术方案如下：

S1：选择需要进行生态修复的红树林湿地，沿水岸观测和调查红树林生长要素，选取多种合适的红树林植物种类，进行预种植；

S2：根据种植结果挑选本身成活率高、子代成活率高且生长速度快的红树林植物种类；

S3：在该红树林湿地，沿水岸区域开挖种植沟；

S4：在挖好的种植沟中种植 S2 中挑选的红树林植物品种，并对红树林的存活和生长情况进行跟踪，观测近岸海域湿地生态系统的状况。

有益效果：提高红树林成活率，进而提高修复效率，降低对湿地生态系统修复的成本投入。

▶ 11.4.5 中幼林抚育技术

培育复层、异龄、混交的优质公益林，提升生物多样性，增强生态系统稳定性。主要涉及珠三角地区的肇庆市、惠州市、广州市、江门市等区域。中幼林抚育技术包括以下几方面：

（1）割灌（草）、扩穴：去除影响幼苗幼树生长的灌木、杂草，并进行培埂、扩穴。

（2）定株抚育：对过密的幼树进行伐除，对稀疏地段进行补植，视幼树生长情况进行定株；

（3）补植：根据设计密度，在幼林阶段对缺株的林地选用相同规格的苗木进行补植；

（4）修枝：去除影响树木生长的竞争枝、病弱枝和枯死枝；

（5）浇水：满足林木生长发育对水分需求；

（6）施肥：提供林木生长所需的养分，保持和提高土壤肥力。

11.5　珠三角城市群矿区生态修复技术

珠三角城市群矿产资源相对丰富，为珠三角地区国民经济的快速稳定发展做出了一定的贡献，但矿业开发也造成了一系列的环境和生态问题：大气和水体污染、水土流失、土壤污染、生物多样性丧失、生态系统退化等。土地复垦和生态修复是实现矿区综合治理、改善矿区生态环境的有效途径，主要指对采矿引起的土地功能退化、生态结构缺损、功能失调等问题，通过工程、生物及其他综合措施来恢复和提高生态系统的功能，逐步实现矿区的可持续发展。

▶ 11.5.1　修复目标及原则

11.5.1.1　修复目标

（1）恢复矿区的土地资源

保护矿区既有土地资源，对已经被占用和破坏的土地进行修复。土地的修复是植被修复和水资源等环境修复的前提，只有做好土地的修复和治理，才能给矿区生态环境的修复带来决定性的作用。

（2）恢复矿区的生物多样性

丰富的生物多样性可以为矿区提供多种生态功能和服务，对改善矿区脆弱的生态系统具有重大意义。只有生物的栖息环境得到修复，赖以生存的生物才能够存活。矿区生物多样性的修复可以通过种植树木，改善矿区微生物生存环境，利用微生物和植被的净化能力修复矿区的大环境。

11.5.1.2　修复原则

（1）因地制宜修复

坚持"宜农则农、宜林则林、宜渔则渔、宜草则草、宜建则建"，坚持生态修复治理优先，积极发展适宜产业，引导损毁区从传统产业向多元化产业发展，着力提升采矿损毁地的经济效益、社会效益和生态效益。

（2）仿自然修复

坚持按照自然规律及自然特征开展修复，构建富于变化的仿自然地貌形态，选用适生植物和乡土植物，实现与周边景观的协调兼容，提高景观异质性与生物多样性，促进矿区的自然演替、自我调节和自我修复功能。

（3）边采边复

矿区的土地复垦和生态修复应与采矿活动同步进行，根据矿山不同开采时期的技术特点和自然环境等因素，及时作出相应的复垦或生态修复方案，尽量避免或减少对环境的破坏，实现采矿与生态修复的一体化。

▶ 11.5.2 土地复垦技术

（1）基质改良技术

当露天矿区复垦土地没有土壤层时，必须先覆盖一定厚度的土壤，以表土为首要选择。表土是植物赖以生存的介质，其在很大程度上决定了植物生长立地条件的优劣。表土中不仅含有当地植被恢复的重要种子库，同时也保证了根区土壤的高质量和微生物数量及其群落结构。表土是复垦区不可再生的有限资源，充足优质的表土能够缩短土壤的熟化期，快速恢复矿区土壤肥力。一般可采用表土剥离和人造表土技术进行基质改良。

矿区生态复垦的表土剥离工艺，可结合塌陷预计结果合理划分造地区、条带、取土区，按开采时序进行施工。矿区表土资源在其剥离、存放和二次倒土时会有一定程度的损失，加上排土场土地复垦面积明显多于原开采区的表面积，从而使得原有表土资源严重不足。当土源不足时，可以使用外来客土替代原生土。

矿区的地表土都比较贫瘠，土壤的肥力恢复需要一定的时间，可通过人造表土的方法与原有的矿区土壤进行混合覆盖，在人造表土中直接加入植物生长所需要的矿物质和营养物质，这样能够大大提升植被的成活率，更加有利于矿区土壤的改良。采用粉煤灰、煤矸石、风化煤等材料进行合适的配比，也可在草炭等各类基质中加入营养物质和矿物质（膨润土、珍珠岩和沸石等）制备人造土壤，作为自然表土的改良剂或直接作为表土使用。

（2）重金属污染治理技术

矿区土壤的重金属污染主要是尾矿库和矸石山中所挟带的大量重金属通过

淋溶等途径造成的，可采用物理、化学和生物治理技术来减轻矿区土壤重金属污染。在矿山废弃地生态修复中，可以充分利用土壤微生物与超富集植物进行联合修复，强化生物修复的效果。

▶ 11.5.3　植被修复技术

由于矿山废弃地土层瘠薄、造林难度大，应根据矿区气候和自然条件进行植被选择，根据立地条件，优先选择乡土品种，播种栽培较容易、种子发芽力强、苗期抗逆性强、易成活的植物作为先锋物种，还可引种各种有耐力、根系发达、根蘖性强、固土固氮效果好、耐瘠薄、成活率高、速生、枝叶繁茂、能长时间覆盖地面的植物，以实现较好的水土保持效益。

物种选择的依据主要包括以下几个方面：

（1）具有较好的水土保持效益；

（2）具有较好的抗逆性，对脆弱环境的适应力较强；

（3）生存能力强，具有固氮能力，可以形成稳定的植物群落；

（4）根系发达，能形成网状根，从而固持土壤，改善土壤理化性质；

（5）播种或栽培较容易，成活率高并兼顾森林景观提升。

植物种植方案主要采取种、播相结合，营养袋苗种植＋撒播种子的方法，形成"先锋植物、长期定居植物、短期植物、四季植物更替"的人工群落系统。实行草灌相结合，尽快形成能够覆盖表层土壤的植物群落。可选植物包括马尾松、樟树、胡枝子、盐肤木、泡桐、苎麻、大叶草、狗牙根等。

▶ 11.5.4　土壤动物及微生物修复技术

土壤动物能够改善土壤结构，提高土壤肥力，促进落叶分解，实现营养物质的循环，还能在土壤中进行消化和分解，是生态系统中的重要组成部分。将土壤动物引入废弃地进行生态恢复，可以促进重建后的生态系统逐步健全。蚯蚓是土壤中较为有益的一类环节动物，将这种动物引入废弃地生态恢复中，既可以改良矿区土壤的理化性质，疏通土壤，增加土壤孔隙度，保存水肥，又可以减弱重金属污染，进一步实现矿山废弃地的生态恢复。

▶ 11.5.5　护坡工程技术

矿区采场台阶、边坡和公路等附属工程的边坡，应全部规划护坡工程，以防止采场及公路等出现滑坡、崩塌，可采用植生袋护坡技术。植生袋主要以聚丙烯为原材料制成，微生物难以分解，具有耐腐蚀、抗日晒、使用寿命长的特点，植生袋内装填由区域内废弃土、改良基质、保水剂等微生物菌剂、谷壳锯末等植物纤维混合而成的植生土，有利于植物的生长发育。植生袋的定植步骤为，坡面清理、植生袋装填、草皮铺设、种植穴开挖、植生袋种植、土壤种子库覆盖、草种撒播、覆盖遮阴等。

11.6　珠三角"湿地–绿地–矿区–生态廊道"的综合技术

（1）土壤生态修复技术集成

珠三角城市群受损土壤生态系统现状与问题：土壤环境质量较差、土壤污染已危及农产品质量安全、重金属污染、城市人居健康风险大、矿山及周边地区多金属复合污染土壤、城市土壤"有机物污染"不容乐观、城市水土流失、土壤侵蚀严重、土壤酸化、滨海土壤盐碱化。

土壤生态修复是指利用物理、化学和生物的方法转移、吸收、降解和转化土壤中的污染物，使其浓度降低到可接受水平，或将有毒有害的污染物转化为无害的物质。主要修复技术包括土壤重金属污染修复、土壤有机物污染修复、多污染物复合/混合污染土壤的修复、水土流失和侵蚀修复技术等。

（2）湿地生态修复技术集成

珠三角城市群湿地生态系统的现状与问题：湿地类型多样，资源丰富、湿地生态系统退化、水污染严重和生物多样性降低。

湿地生态恢复技术是指通过生态技术或生态工程对退化或消失的湿地进行修复或重建，再现干扰前的结构和功能，以及相关的物理、化学和生物学特性，使其发挥应有的作用。

河流生态修复是利用生态系统原理，采取各种方法修复受损的水体生态系统的生物群体及结构，重建健康的水生生态系统，修复和强化水体生态系统的主要功能，使生态系统实现整体协调、自我维持、自我演替的良性循环。

珠三角城市群湿地生态修复技术包括生物恢复技术、生态环境恢复技术、生态系统结构与功能恢复技术。在湿地恢复工程实施后，应每隔一定时间进行恢复效果评价，以确定其是否达到预期目标，检验退化湿地是否已恢复或接近于退化前的自然状态。

（3）绿地生态修复技术

珠三角城市群绿地生态系统的现状与问题：公园绿地的总量不足，社区公园较少；新旧城区公园服务水平空间差异显著；灌木、草本多样性较低，偏种现象严重；土壤重金属污染。城市森林的人工林生物多样性较低，地带性植物类群较少。都市农田用地被建筑和工业用地侵占。生态廊道体系不足，景观破碎化严重；植物种类少；街旁绿化带污染严重。

植被生态修复是指运用生态学原理，通过保护现有植被、封山育林或营造人工林、灌、草植被，修复或重建被损坏或者被破坏的森林和其他自然生态系统，恢复其生物多样性及其生态系统功能。

珠三角城市群绿地生态修复技术包括城市公园修复技术、城市森林修复技术、都市农田修复技术和生态廊道修复技术。

（4）珠三角"湿地-湿地-矿区-生态廊道"的综合技术集成和模式

基于对城市群受损矿区、受损湿地、受损绿地生态系统的生态修复技术和模式研究，采用多学科综合方法，将城市群区域受损空间作为一个整体进行生态景观的修复和重建，集成低成本、有效和可持续管理的生态修复技术和优化模式。

采用景观功能扩散与阻力模型、城市规划和系统工程等多学科综合方法，将城市群区域受损矿区-湿地-绿地-活化地表-生态廊道作为一个整体进行生态景观的修复和重建，集成低成本、有效和可持续管理的生态修复技术和优化模式，发挥城市群多尺度整个区域生态基础设施网络的最大功效。

11.7　小结

本章分析了红树林沉积物中重金属的累积特征和潜在生态风险，为红树林湿地生态修复提供了理论依据。总结并创新集成了植物动物、微生物和生态工程技术、方法，对城市群受损矿区、退化湿地及不同绿地类型提出了生态修复技术与优化模式，将城市群区域受损矿区-湿地-绿地-活化地表-生态廊道作为一个整体进行生态景观的修复和重建，集成低成本、有效和可持续管理的生态修复技术和优化模式，发挥城市群多尺度全区域生态基础设施网络的最大功效，主要结果如下：

（1）红树林湿地重金属的累积具有空间异质性，广州南沙红树林湿地夏季和冬季重金属的潜在生态风险均为中度；深圳夏季为中度，冬季秋茄和木榄为轻度，无瓣海桑为中度；植被类型是影响红树林沉积物重金属空间差异的关键因素，秋茄林的重金属累积量和潜在生态风险低于木榄和无瓣海桑林；沉积物的 pH 值和有机质含量与重金属的累积密切相关。

（2）珠三角城市群受损湿地生态修复要以恢复湿地系统的自然水文特征、地质稳定性、物种和群落多样性为目标，遵循生态学原则、可行性原则、系统性原则、生物多样性原则、美学原则，充分发挥湿地生态系统的社会、经济和生态效益。主要包括水环境修复和岸线修复技术。水环境修复可采用底泥疏浚+曝气复氧技术、高效生物复合强化微滤澄清技术、多功能生态浮岛技术。岸线修复的设计形式分为自然原型驳岸，自然式驳岸和人工驳岸，可采用格宾网石笼护岸、微生物生态袋护岸技术。

（3）珠三角城市群退化矿区生态修复要以恢复矿区的土地资源、生物多样性为目标，坚持因地制宜修复、仿自然修复、边采边复，着力提升采矿损毁地治理的经济效益、社会效益和生态效益。通过土地复垦、植被修复、土壤及微生物修复、工程修复实现矿区的综合生态修复，可采用基质改良技术、重金属污染治理技术改善退化矿区土地环境，选取适宜的植物进行植被恢复，利用植生袋护坡技术防止采场和公路等出现滑坡、崩塌，同时兼具生态效益。

第 12 章　珠三角城市群生态修复技术应用及工程示范

　　课题组在珠三角城市群区域选取广州、东莞开展了生态空间修复工程的应用示范，主动对接相关单位项目需求，主要工作包括广东省森林与绿地景观和受损生态空间修复示范工程、广州增城百花涌流域生态修复示范工程、广州增城上邵涌流域生态修复示范工程、东莞新基河生态修复示范工程、东莞黄沙河生态修复示范工程。同时，以课题组研究工作为基础，在增城区借助区域生态环境质量的变化情况，根据土地利用类型的属性数据对整体生态环境进行评估，且通过模糊赋值等方式快速高效地评估生态环境质量的整体状况，根据不同区域尺度建立不同的生态空间评价体系，即根据不同的区域尺度进行生态空间的计算，从而更加准确地判断生态空间是否受损。课题组还提出了一种基于改善城市河道水环境的生态护岸构建方法，通过改善城市河道水环境，方便施工，投资较少，建设周期短，易于养护且后期便于更换，运营成本较低；种植沟交错呈网格状，对水流有缓冲作用，有利于生态袋的保持，具有长期的植被恢复效益；能有效对入河污染物进行收集处理，在河道水环境治理方面具有应用前景。项目实施后，全区域修复效率提高约两成，公众满意度提高两成，治理成效显著。

12.1　珠三角城市群森林与绿地景观修复示范工程

　　目前，珠三角地区科学构建了北部连绵山体森林生态屏障体系、珠江水系等主要水源地森林生态安全体系、珠三角城市群森林绿地体系、道路林带与绿道网生态体系和沿海防护林生态安全体系。广东省已成为森林生态体系完善、林业产业发达、林业生态文化繁荣、人与自然和谐的全国绿色生态第一省，广东省生态公益林建设已由快速发展阶段步入提质增效阶段。

▶ **12.1.1　公益林修复示范**

从公益林总量来看，广东省省级以上的公益林有481万公顷（7212万亩），国家级占比约30%；从权属上来看，集体林占比非常高，约90%；从质量上来看，森林质量总体较高，但仍存在11% III类林，其中中幼林多，大径材少；从功能上来看，全省国家级公益林生态服务功能价值为1378亿元，单位面积公益林价值为9.78万元/公顷，是全国森林生态服务功能价值平均值的2.4倍。

（1）示范区概况

该区包括广州、深圳、佛山、东莞、中山、珠海、惠州、江门和肇庆9个市。位于广东省南部，地形多为平原、台地、丘陵。城市群的南部为海岸线，城市群的东北部、北部和西北部由连绵的山地森林构成了珠三角城市群外围的生态屏障，对于涵养水源、保护区域生态环境具有重要作用。

（2）公益林概况

该区现有森林282万公顷，森林覆盖率52%，森林蓄积量15828万立方米。生态公益林的总面积为113万公顷，占林地面积的43.22%，蓄积量5414.95万立方米，占总蓄积量的38.49%。中幼林占比54.46%，平均每公顷蓄积量为47.79立方米。该区公益林主要分布于城市群周边地区，依托江河、山脉、交通干线等生态片区和生态廊道，形成了外围生态屏障。有62万公顷生态公益林位于生态红线以内，占该区公益林的55.29%。

（3）主要问题

珠三角城市群地区人口密集、经济社会高度发达，如何满足人民对生态产品的需求是当前阶段该区生态公益林建设需要重点解决的问题。珠三角地区的公益林建设一直处于全省领先地位，通过公益林建设继续发挥公益林建设的示范带动作用，推动广东省、大湾区生态环境建设水平的整体提升，是当前珠三角公益林建设面临的重要问题和挑战。

（4）示范重点

强化生态系统服务供给，从森林景观、生态文化、自然教育、森林旅游、康复休养等生态产业、生物多样性、生态补偿等多个方面对广东天然林保护修复起到引领示范作用。高标准推进珠三角公益林的保护和修复，加强中幼林抚育和森林改造，不断提升森林质量，以沿海基干林、平原防护林、防浪护堤林、城郊风景林为主，提高生态环境质量。

▶ 12.1.2　天然林修复示范

（1）区域范围

包括广州、深圳、佛山、东莞、中山、珠海、惠州、江门和肇庆 9 个市，该区域全部处于南亚热带，地带性植被为南亚热带常绿阔叶林和沿海红树林。

（2）区域条件

该区域天然林面积为 502492.92 公顷，占广东省天然林面积的 19.49%，蓄积量 20876970.24 立方米（每公顷蓄积 41.55 立方米），占广东省天然林蓄积量的 20.18%。在该区域天然林中，阔叶混交林面积为 136142.32 公顷，占该区域天然林面积的 27.09%，占广东省天然林面积的 5.28%。

（3）优势与问题

该区域经济水平高，森林质量较好，天然林郁闭度 0.63，高于广东省平均水平，中幼林和过熟林面积比例均小于广东省平均值；主要问题是天然林分布较分散。

（4）建设重点

该区域定位于城市群的生态环境支撑、景观旅游、生态文化建设等，以及对粤北山区进行跨地区横向生态补偿的重要地区。主要任务有天然林提质、森林景观改造等。应提高保护和修复标准，加强精细化管理，从森林提质、森林景观、生物多样性、生态补偿等多个方面对广东天然林保护修复起到引领示范作用。

（5）分类修复的方法

天然林修复包括封禁管护、人工促进恢复、复合生态修复，采取的主要修复策略见表 12-1。

表 12-1　天然林分类修复的方法

修复类别	类型特征	主要分布区域	修复策略
封禁管护类	位于生态区位重要地区,或具有较高的天然林质量,天然更新良好	（1）天然林重点保护区 （2）天然林质量等级高,郁闭度在 0.70 以上	以严格封禁保护和自然修复为主; 促进正向演替,逐步恢复地带性顶级群落,优化和提升天然林质量

修复类别	类型特征	主要分布区域	修复策略
人工促进恢复类	生态区位重要、天然更新中等的天然林资源实行人工促进修复；该类型天然林受到轻度破坏和干扰，总体质量较高，仍具有正向演替趋势，且具有恢复顶级群落的较大潜力	（1）天然林重点保护区内部分退化的天然林区域 （2）天然林一般保护区域中林分质量中等，郁闭度在 0.40～0.69 的天然林	充分利用天然更新方式实现森林更新，总体是以自然恢复为主、人工促进为辅；预防林分退化，调整天然林密度，促进正向演替，逐步恢复天然林的生态系统服务功能
复合生态修复类	人为破坏或自然灾害严重，天然更新不良的天然林实行复合生态修复；该类天然林受过度人为或自然干扰，主林层持续退化或呈现严重的土地退化现象，导致原有的演替进程中断或进入生态系统逆向演替	天然林质量低下，退化严重，郁闭度在 0.39 以下区域	该类均处于天然林一般保护区，修复策略以人工修复措施为主，以自然恢复为辅，逐步改善和恢复森林生态功能，改善立地条件，积极恢复和重建生态系统，开始新的演替过程，最后达到新的生态系统平衡

▶ 12.1.3 生态景观提升示范

加强重要景观廊道、森林休闲、游憩节点及城市周边可视山体景观提升，着重加强珠三角城市群周边山体景观提升改造，增强生态景观吸引力，提升区域形象。主要涉及深圳市、佛山市、东莞市等区域。示范点有广州 44 处、深圳 100 处、珠海 55 处、佛山 75 处、惠州 50 处、东莞 65 处、中山 40 处、江门 50 处、肇庆 16 处。

加强荒山荒坡治理，修复残破林相，加强人工林的林分改造，形成多树种、多层次森林结构，补植补造彩色乡土树种，改善森林群落景观外貌特征。主要涉及佛山市、珠海市、惠州市、肇庆市、广州市、江门市、深圳市等区域。广州 4200 公顷、深圳 3186.9 公顷、珠海 5620 公顷、佛山 8856.22 公顷、惠州 5300 公顷、东莞 300 公顷、中山 410 公顷、江门 3400 公顷、肇庆 5000 公顷。

▶ 12.1.4　广州市白云区太和镇和龙村生态修复示范

该地属于帽峰山系，原优势种为桉树（*eucalyptus spp.*）和马占相思（*acacia mangium wild*），属低效退化林，现改造为金黄熊猫、东风紫荆等观赏植被，规模 480 多亩（1 亩≈666.667 平方米）。采用蓄水池等多种节水补水措施。大苗上山，苗木费用为大径级 6000 元/亩，0.8 厘米以下的 3000 元/亩。通过生态修复典型案例，可以看出生态修复后明显的景观改善（见图 12-1）。

图 12-1　广州市白云区太和镇和龙村生态修复示范

▶ 12.1.5　广州市增城区正果大屻村桉树林改造生态修复示范

桉树属于速生树种，是重要的纸浆材和纤维材树种，具有较高的经济价值。但它是强阳性树种，蒸腾强度大，在生长发育过程中，消耗的养分、水分较多。其枝叶稀疏、林地空旷裸露面大，光照强，蒸发大，林地植被和枯枝落叶少，不利于养料归还，造成土地肥力下降，生物多样性下降，亟须进行生态修复。增城区正果大岜村对原有的桉树纯林进行砍伐，引进大叶相思等其他阔叶树种，营造混交林，采用轮种和间种的种植技术，改良林地土壤，提高土壤肥力，增加了生物多样性，取得了较好的生态修复效果（见图12-2）。

图 12-2　广州市增城区正果大岜村桉树林改造示范工程

12.2　广州受损生态空间修复工程

在广州增城区百花涌、上邵涌、永和河流域与广州市增城区国土资源和规划局、增城区水务局、增城区林业和园林局、广州市林业局等部门合作，完成了水生态修复与治理示范项目。主要开展生态河堤、河流生态缓冲带、人工浮岛等修复工程建设。在广州市南沙区开展红树林湿地生态修复，筛选造林树种（无瓣海桑林能提高土壤有机质和氮含量；秋茄林可减少土壤重金属污染）。

▶ **12.2.1　广州市增城区百花涌流域生态修复示范**

增城区百花涌整治工程主要包括完善排洪渠整治工作、控源截污、河道清淤、生态净化，对百花涌进行人工曝气、搭建生物浮床、改善堤岸环境、底泥消减、改良沿水景观、投放水生生物等，河底多用石笼作为铺设，堤岸两侧有观赏花坛，内设排污管，在汛期河水能够漫过堤岸花坛位置（见图12-3）。

图 12-3　广州市增城区百花涌流域生态修复示范

▶ 12.2.2　广州市增城区上邵涌流域生态修复示范

　　上邵涌位于增城区新塘镇，是列入广州市考核任务的黑臭河涌之一，为白石涌的一级支流，雅瑶河的二级支流，自西向东汇入白石涌，河长 1.5 千米，河宽 3～6 米，集雨面积为 1.3 平方千米。上邵涌流经新塘镇塘美村、上邵村和白石村。本项目工程完工后，结合上邵村和白石村的农污治理措施，可实现污水全收集（暴雨时少量溢流进涌），污水削减量约为 2300 立方米/天。

上邵涌整治工程的主要工程量包括埋设截污管线 1965 米，整治堤岸长度 1178 米，河道清淤 1.584 千米，总工程量 1873 立方米。在清淤的基础上，对上邵涌进行生态修复、岸带修复，恢复水生态。在河涌两岸堤角 0.5 米范围内设置水生植物带，种植水生美人蕉，维持河道水生态并净化水质（见图 12-4）。上邵沿河涌每隔 200 米设置一道 0.3 米高的跌水，共 5 处，保证河涌水景观和生态用水的需要。

整治前　　　　　　　　　整治中

整治后　　　　　　　　　整治中

(a)

整治前　　　　　　　　　整治中

整治后　　　　　　　　　整治中

(b)

图 12-4　广州市上邵涌黑臭河涌整治工程对比
（(a)、(b)、(c)、(d) 各为一处修复点）

整治前　　　　　　　　　　整治中

整治后　　　(c)　　　整治中

整治前　　　　　　　　　　整治中

整治后　　　(d)　　　整治中

图 12-4　（续）

12.3　东莞受损生态空间修复工程

▶ 12.3.1　东莞市新基河生态修复示范

新基河为东引运河二级支流，发源于东城牛山，流经雅园、西平新基，横穿东莞大道、宏图路、莞太大路，于南城步行街西末端汇入东引运河。集雨面积18.7平方千米。河道上游建有西平水库，水库以上集雨面积6.84平方千米，新基河从西平水库泄洪道开始至东引运河入口，全长约5.7平方千米。新基河总覆盖河段总长约1.9平方千米，其他为明河段，长约3.8平方千米。市生态环境局核查的新基河明河段排污口共34个，生态修复前新基河水中溶解氧和氨氮含量超标，水中氨氮含量波动较大，为重度黑臭水体，相关监测数据见表12-2。

表 12-2 新基河水质监测数据

日期	断面	透明度/厘米	DO/（毫克/升）	ORP/毫伏	COD/（毫克/升）	氨氮/（毫克/升）	总磷/（毫克/升）
Ⅳ 类限值	/	/	≥3	/	≤30	≤1.5	≤0.3
Ⅴ 类限值	/	/	≥2	/	≤40	≤2.0	≤0.4
不黑不臭限值	/	>25	≥2	>50	/	<8.0	/
轻度黑臭限值	/	10~25	0.2~2	−200~50	/	8.0~1.5	/
重度黑臭限值	/	<10	<0.2	<−200	/	>15	/
2018 年 8 月 13 日	新基河出水口	36.4	1.7	192.6	45	7.28	0.96
2018 年 8 月 14 日	新基河出水口	38.8	1.6	193.6	32	6.62	0.56
2018 年 10 月 17 日	新基河出水口	40.7	1.2	83.6	57	12.2	1.16
2018 年 12 月 14 日	新基河城市风景明河入覆盖河段	36.5	2.13	106.1	49	20.5	2.08
2018 年 12 月 14 日	新基河动漫城河段	34.8	1.94	98.3	110	26.7	2.90
2018 年 12 月 14 日	新基河上游阳光六小段	35.4	1.28	95.5	111	26.0	2.82
平均值		37.1	1.64	128.3	67.3	16.5	1.7

DO: dissolved oxygen, 溶解氧；ORP: oxidation-reduction potential, 氧化还原电位；COD: chemical oxygen demand, 化学需氧量。

东莞市新基河生态修复技术包括以下几个方面（见图 12-5）。

（1）沿河截污工程：对沿河排污口（直排污水口、合流口）进行排查，并合理制定截污方案，控制点源污染，削减入河污染物。

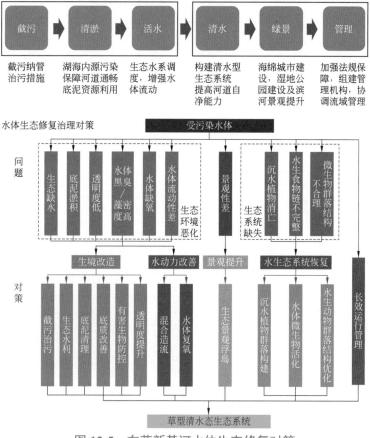

图 12-5　东莞新基河水体生态修复对策

（2）清淤工程：主要目标是清除河道淤积的泥沙、垃圾和底部淤泥，恢复河道设计断面，保证设计过流能力，削减内源污染负荷，防止水体的二次污染，为进一步的水体修复工程创造更好的条件，促进周边生态环境的修复。

（3）水体生态修复：通过进行河道生态修复，旁路水质净化，蓄水调水等内容，促进河道生态系统完善，逐步恢复河道的自净能力，最终实现长治久清的目标。

（4）活水循环：采用一体化设备抽取河涌水处理，将设备尾水作为新基河的补水水源。

新基河经生态修复后，水体质量得到明显提升（见表 12-3），两岸生态环境得到明显改善（见图 12-6）。

▶ 12.3.2　东莞市黄沙河生态修复示范

黄沙河同沙段位于东莞市的中部区域，主要流经东城、大岭山、寮步和茶山 4 个镇街，为寒溪水左岸一级支流。黄沙河同沙段重污染河涌综合整治示范项目

表 12-3　整治前后新基河水质指标

新基河		透明度/厘米	溶解氧/（毫克/升）	氧化还原电位/毫伏	氨氮/（毫克/升）
	重度黑臭	<10	<0.2	<−200	>15
	轻度黑臭	25～10	0.2～2.0	−200～50	8～15
整治前平均值（2018 年 1 月）		26.4	0.48	143.52	114.4
等级评估		无黑臭	轻度黑臭	无黑臭	重度黑臭
整治后平均值（2020 年 10 月）		—	3.71	79.1	7.56
等级评估		—	无黑臭	无黑臭	无黑臭

整治前

整治后

图 12-6　东莞新基河生态修复对比

的起点为同沙水库泄洪道口，终点为 G94 珠三角环线高速东侧暗涵处，全长共 2.8 千米。作为东城街道的几条纳污河道之一，黄沙河同沙段的水环境恶化问题由来已久，虽经多次整治，流域生态环境恶化问题有所遏制，但由于长期接纳污水，黄沙河同沙段水质仍不佳，加之大部分河段处于城市建设区，人为活动对河流自然生态环境有较大破坏作用，总体仍呈现出黑臭状态（见表 12-4）。

表 12-4　黄沙河（同沙段）原有水质情况

镇街	河涌	长度/米	水面面积/平方米	黑臭情况	采样点位	溶解氧/（毫克/升）	化学需氧量/（毫克/升）	氨氮/（毫克/升）	总磷/（毫克/升）
东城	黄沙河（同沙段）	2800	72800	轻度黑臭	上游	7.2	32	0.522	0.13
					中游	1.2	91	9.06	1.92
					下游	1.2	86	8.54	1.29

东莞市黄沙河生态修复技术包括以下几个方面。

（1）截污次支管网：建设光明同沙片区截污管网 26630 米，完善片区截污管网覆盖，截留入河污水。

（2）原位生态修复工程：沿河设置曝气装备提高河道水中溶解氧，并在上游支渠交汇处设置一套处理能力为 10000 吨/天的一体化设备，净化上游支渠来水。

（3）沿河排污口截流工程及应急污水处理服务：河两岸各铺设一条 DN1000 的污水管道以截留两岸污水，采购日处理能力为 7000 立方米/天的临时污水处理设备以处理截留的污水，达到 B 级出水标准。

（4）河道清淤：通过机械、人工方式对河道全面清淤，减少底泥污染。

（5）生态补水：利用上游同沙水库的来水，对河道进行生态补水，补水量为 3 立方米/秒。

（6）微支管网工程：推进流域微支管网建设，实现雨污分流。

（7）河堤整治工程：以"构建水生态廊道"为核心，营造城市滨水公共空间走廊，打造沿河景观彩带，河岸两侧采用阶梯状透水槽和生态护坡，增加覆土和植被生长条件，增加透水性和净化功能；河道两岸设置休闲设施、亲水平台、玻璃景观桥等景观设施。

具体采用的水体生态修复技术如下：

（1）水体复氧技术

根据水质检测结果，黄沙河同沙段上游水质情况较好，将间隔 500 米布置一套 RCN 纳米智能曝气设备（见表 12-5），中游及下游水质变差，将间隔 250 米布置一套，共计 12 套。具体布置见图 12-7。

表 12-5　纳米曝气机相关参数

型号	功率/千米	水量/（升/分钟）	吸气量/（升/分钟）	口径/毫米	气泡直径/微米	上升速度/（毫米/秒）	溶解氧效率/%	质量/千克
QN-B 双喷嘴	3.7	720	180	21	20	6	80	96

图 12-7　黄沙河同沙段生态复氧设备的平面布置

（2）多功能生态浮岛技术

以水体氨氮小于 8 毫克/升为设计目标，而目前部分监测点位的氨氮达 9.06 毫克/升，该河难以完全截污和清淤。考虑氨氮的削减需要底泥的释放，设计在黄沙河同沙段中下游布置生态浮岛共 4250 平方米，具体平面布置见图 12-8。

图 12-8　黄沙河同沙段多功能生态浮岛的平面布置

（3）高效生物复合强化微滤澄清技术

在黄沙河同沙段中下游之间，设置一套高效生物复合强化微滤澄清装置，处理规模为 10000 吨/天，将河水提升至装置中净化，同时布设 500 米管道，将净化后的清水回流至上游，形成有效的河涌水内循环，结合水体增氧与生态浮岛等多方面去除污染物。具体平面布置见图 12-9。

图 12-9　黄沙河同沙段高效生物复合强化微滤澄清装置的平面布置

12.4　小结

课题组在珠三角城市群区域选取广州市增城区、东莞市作为示范点开展了生态空间修复工作，主要工作包括广州增城百花涌流域生态修复示范工程、广州增城上邵涌流域生态修复示范工程、东莞新基河生态修复示范工程、东莞黄沙河生态修复示范工程，应用底泥疏浚+曝气复氧技术、高效生物复合强化微滤澄清技术、多功能生态浮岛技术等对水环境进行修复，还提出一种基于改善城市河道水环境的生态护岸构建方法，可以改善城市河道水环境，方便施工，投资较少，建设周期短，易于养护且后期便于更换，运营成本较低；种植沟交错呈网格状，对水流有缓冲作用，有利于生态袋的保持，具有长期的植被恢复效益；能有效对入河污染物进行收集处理，在河道水环境治理方面具有推广应用前景。项目实施后，全区域修复效率提高约两成，公众满意度提高两成，治理成效显著。

通过实地调研和技术研发，对珠三角城市群受损矿区、湿地、绿地、生态廊道提出有效可行的生态修复技术与综合优化模式。将城市群区域受损矿区-湿地-绿地-活化地表-生态廊道作为一个整体进行生态景观的修复和重建，集成低成本、有效和可持续管理的生态修复技术和模式，发挥城市群多尺度全区域生态基础设施网络的最大功效。

第 13 章　珠三角城市群生态修复技术的经济-社会效应复合评估

　　技术经济效果评估是指在物质资料生产过程中，投入的劳动消耗与所取得的劳动结果之比较。经济效益是指人们进行经济活动的效率、效果和收益。无论是硬技术还是软技术，其实施都可取得经济效果。技术经济评估是站在局部利益主体（如企业、行业、地区）的立场上，对技术方案本身所发生的经济利益关系进行分析计算，即对技术实施所产生结果的经济价值进行综合评估。技术经济评估可以对新开发的技术从宏观、微观层面进行经济价值总体评价，可以为技术的后续落实提供重要的可行性依据，也可以为技术开发团队在技术改进上提供宝贵建议。

　　生态空间景观修复重建技术的经济评估具有必要性。改革开放以来，我国经济一直保持着高速增长的态势，但这种快速增长的代价之一是生态严重受损。从经济学角度分析，生态空间属于公共品，其提供与监管均应由公共机构（如政府）负责。与其他商品不同，政府提供此类物品时不会获得直接可见的经济效益，导致政府在治理生态环境上缺乏动力。发掘生态空间修复重建技术的潜在隐形价值至关重要。另外，生态空间修复的重建技术与普通的生产性技术存在巨大差别，主要是因为应用这种技术的最终结果是生态空间整体上的改善，如水质、土壤成分、空气质量等，这是不能用增量产出（如货物数目）来简单定性的。由于传统量化方法无法应用到该技术的评估中，需要对生态空间改善状况进行合理的评价指标拆解，分别评估其经济价值，并汇总得到该技术的整体经济价值。

13.1　珠三角城市群生态空间修复技术的经济效益评估

　　基于经济评估中的方法来建立评估指标体系，可以分别计算由于自然环境改善所带来的直接经济收益和环境变化溢出效应促进城市经济发展的间接经济收益，再采用工程学方法具体测算技术实施运营的总成本。采用成本效益分析

（benefit cost analysis, BCA）方法，判断其在经济层面上的可行性。对比同类生态项目的成本、收益，采用模糊数学的方法，对本书的技术进行经济评估。

▶ 13.1.1　经济效益评估模型的构建

基于技术经济学领域的相关理论，针对珠三角城市群生态空间修复及重建技术，建立评估复杂技术结果的模型：

$$y = \sum_{i=1}^{n}\sum_{t=1}^{m} x_{it}\left(1+r\right)^{t} \tag{13-1}$$

其中，y 表示该项技术在 m 期间内的总经济价值；x_{it} 表示生态修复技术带来的成果 i 在未来第 t 年的经济收益。基于城市群生态空间修复技术方案的情况，可以将生态空间的改善拆分成具体环境因素的改善，如水质量、土壤构成、空气质量等；r 为国民经济内部收益率（economic internal rate of return, EIRR）。

生态空间改善的收益不是一次性的，而是一种长期的社会福利，因此需要考虑收益的时间价值。国民经济内部收益率是在评价公共品投资中，最常选取的折现率指标。

模型构建完成后，x_{it} 的测算是下一步的工作重点。

▶ 13.1.2　影响因素选择

基于经济效果评估模型，生态空间修复技术对于生态环境的改善可以具体分解为某一种生态因素品质的提升，如土壤、水质、空气等。考虑近些年，空气污染逐步成为政府、公众、学界等关注的热点话题，本书选取空气进行经济效益的测算。

大气构成分析组织（Atmospheric Composition Analysis Group, ACAG）利用 NASA 的 MODIS、MISR 和 SeaWiFS 的气溶胶光学厚度（aerosol optical depth, AOD）监测结果估计全球的污染物浓度数据，然后利用地理加权回归进行校正，其数据精度为 0.01°。我国中东部地区和新疆维吾尔自治区的空气污染问题最为严重。其中，中东部的重污染地区覆盖了我国两大主要城市群：京津冀和长三角。同时，四川省、甘肃省的部分城市，以及东北地区部分城市的空气污染问题也不容忽视；珠三角地区部分城市的空气质量也在逐渐恶化，主要城市群的空气污染问题愈发凸显（见图 13-1）。1998 年至 2008 年，珠三角各城市的空气污染物浓度呈现快速增长趋势；2010 年后，伴随空气污染治理工作的落实和重污染企业迁入内地，各城市的污染物浓度逐步减少。同时，也能发现空气污染分布存在较强空间关联性。相比于京津冀、长三角城市群，珠三角城市群的空气质量整体较好，但部分地区部分年份的空气污染物浓度远高于国际空气质量标准（见图 13-2）。

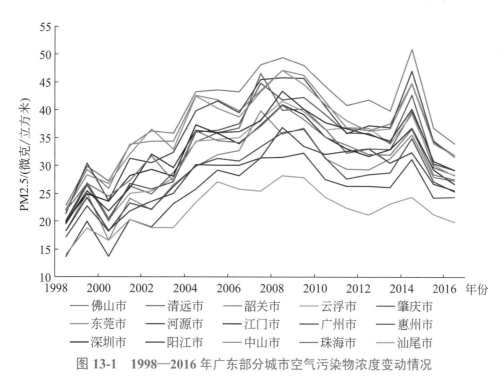

图 13-1　1998—2016 年广东部分城市空气污染物浓度变动情况

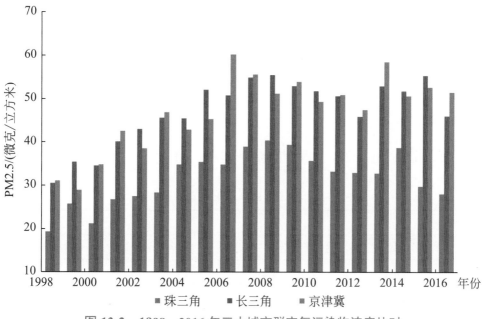

图 13-2　1998—2016 年三大城市群空气污染物浓度比对

大量已有的研究表明，清洁空气等环境因素会通过心理与生理途径显著提升本地居民的生活满意度。基于城市经济理论，居民愿意为享受优质的生活环境（如清洁的空气）而支付一定金钱，即清洁空气的支付意愿（willingness to pay）。这种支付意愿是政府提升空气质量所产生的主要的隐形经济效益。

采用计量经济学的方法，构造回归模型来测算珠三角城市群居民对空气质量的支付意愿：

$$\text{SENTIMENT}_{it} = \alpha_0 + \alpha_1 \text{PM2.5}_{it} + \alpha_2 \text{INCOME}_{it} + \alpha_3 X_{it} + T_t + \gamma_i + \varepsilon_{it} \quad (13\text{-}2)$$

其中，SENTIMENT_{it} 指城市 i 内全部居民当天的情绪状况（或生活满意状况）的平均水平；PM2.5_{it} 指城市 i 当天的核心空气污染物 PM2.5 的浓度；INCOME_{it} 指城市 i 居民平均收入水平；X_{it} 指城市 i 其他经济属性特征，作为控制变量；T_t 和 γ_i 表示时间和城市固定效应，ε_{it} 表示误差项。通过估计得到变量回归系数 α_1 和 α_2 来计算居民对于空气质量的支付意愿；α_3 表示其他城市经济属性对居民情绪的影响，模型中的居民情绪数据来自社交软件微博。利用微博附带的地理位置信息，识别发送微博的人所在地。研究共收集了全国 144 个城市的 2.1 亿条微博信息，并从中选取在珠三角城市群中发送的微博信息。

利用腾讯提供的自然语言处理（nature language processing）平台对微博数据进行处理：基于计算语言学的机器训练情感分析算法，提取微博汉字并创建中文分词，与语料库中的分词进行对应，程序返回得出对应的情绪标签。最终，对微博所表达的情绪进行百分制的评分，选取城市当天全部微博情绪指数的中位数作为当天城市居民的情绪情况。空气污染数据来自大气构成分析组织，绿化数据与水体总量数据来自城市经济统计年鉴，水质数据来自北京大学地理信息数据平台提供的珠江流域水质数据。

▶ 13.1.3 经济效益测算

由经济效益测算回归模型得到的结果如表 13-1 所示。

表 13-1　城市群生态空间修复经济效益回归分析

因变量	（i）	（ii）	（iii）	（iv）
	情绪指数中位数	情绪指数中位数	情绪指数中位数	情绪指数中位数
	OLS	OLS	OLS	OLS
PM2.5	-0.757^{***}			
	（0.143）			

续表

因变量	（i）	（ii）	（iii）	（iv）
	情绪指数中位数	情绪指数中位数	情绪指数中位数	情绪指数中位数
	OLS	OLS	OLS	OLS
绿化覆盖率		0.450***		
		（0.0605）		
水质			0.418***	
			（0.162）	
水量				0.562***
				（0.0817）
城市因子				
收入	**0.0445*****	**0.0349*****	**0.0221*****	**0.0121*****
	（0.0109）	**（0.0095）**	**（0.0078）**	**（0.0031）**
气象因子				
温度	0.110***	0.105***	0.110***	0.0820***
	（0.0189）	（0.0202）	（0.0189）	（0.0248）
温度的平方	−0.0031***	−0.0027***	−0.00309***	−0.000862
	（0.00047）	（0.00058）	（0.000471）	（0.00113）
风速	−0.0826***	−0.103**	−0.0842***	−0.233***
	（0.0197）	（0.0496）	（0.0198）	（0.0647）
常数	58.56***	57.54***	58.60***	63.49***
	（0.531）	（0.845）	（0.531）	（1.318）
城市固定效应	YES	NO	YES	YES
区域固定效应	NO	YES	NO	NO
时间固定效应	YES	YES	YES	YES
N	39529	39529	39529	39529
R^2	0.562	0.472	0.562	0.440

（1）表格中的第一行数字表示边际效应 dy/dx；圆括号里为估计系数的异方差稳健 z 统计量。

（2）上标**和***分别表示 5%和 1%的统计显著水平。

通过主要回归结果发现环境质量改善对于居民情绪或生活满意度产生显著的正向影响；

模型加入了城市居民平均工资，回归结果表明收入越高，居民的生活满意度越高。利用收入与环境状况两个变量的回归系数，可以计算得到：

（1）空气污染浓度下降一个标准差（0.382 微克/立方米），珠三角城市群的居民每年愿意为此支付 6500 元；

（2）建成区绿化率每提升一个百分点，珠三角城市群的居民每年愿意为此支付 4700 元；

（3）水体质量在Ⅳ级以上，占比每增加一个百分点，珠三角城市群的居民每年愿意为此支付 3800 元；

（4）水体总量每提高一个百分点，珠三角城市群的居民每年愿意为此支付 2100 元。

基于各城市的人口规模，可以测算出城市群生态景观修复及重建技术实施后，若使珠三角城市群整体空气污染物浓度每下降 0.1 微克/立方米，则每年会产生高达 1364.95 亿元的经济效益（见表 13-2）。

表 13-2 改善空气质量的经济效益　　　　　　　　　　　　　　　亿元

地级市	经济效益	地级市	经济效益
汕尾	51.67	清远	65.92
河源	52.60	肇庆	69.50
惠州	81.28	江门	78.24
阳江	43.27	东莞	141.95
深圳	221.66	中山	56.32
韶关	51.01	广州	246.70
珠海	32.18	佛山	130.28
云浮	42.37	合计	1364.95

基于各城市的人口规模，可以测算出城市群生态景观修复及重建技术实施后，若珠三角城市群整体建成区绿化率提升一个百分点，则每年会产生高达 3770.20 亿元的经济效益（表 13-3）。

基于各城市的人口规模，可以测算出城市群生态景观修复及重建技术实施后，若珠三角城市群整体Ⅳ级以上水体占比每提升一个百分点，则每年会产生高达 3048.25 亿元的经济效益（见表 13-4）。

表 13-3　增加绿地面积的经济效益　　　　　　　　　　　　亿元

地级市	经济效益	地级市	经济效益
汕尾	142.72	清远	182.08
河源	145.29	肇庆	191.97
惠州	224.51	江门	216.11
阳江	119.52	东莞	392.09
深圳	612.26	中山	155.56
韶关	140.90	广州	681.42
珠海	88.89	佛山	359.85
云浮	117.03	合计	3770.20

表 13-4　改善水体质量的经济效益　　　　　　　　　　　　亿元

地级市	经济效益	地级市	经济效益
汕尾	115.39	清远	147.21
河源	117.47	肇庆	155.21
惠州	181.52	江门	174.73
阳江	96.63	东莞	317.01
深圳	495.02	中山	125.78
韶关	113.92	广州	550.94
珠海	71.87	佛山	290.95
云浮	94.62	合计	3048.25

　　基于各城市的人口规模，可以测算出城市群生态景观修复及重建技术实施后，若珠三角城市群整体水体总量每提升一个百分点，则每年会产生高达 1684.56 亿元的经济效益（见表 13-5）。

　　利用先前提到的经济评估模型，针对空气污染这一单因子，对城市群生态景观修复及重建技术进行国民经济评估。

　　假设城市群生态景观修复及重建技术对于珠三角城市群的生态环境改善作用可以持续 10 年，根据以往经验，国民经济收益率保守取值为 12%。将之前的测算结果和假设参数代入经济评估模型中，可以得到城市群生态景观修复及重建技术仅在上述 4 方面就可以产生超过 5 万亿元的经济价值（见表 13-6）。

表 13-5　提高水体总量的经济效益　　　　　　　　　　　　　　　亿元

地级市	经济效益	地级市	经济效益
汕尾	63.77	清远	81.36
河源	64.92	肇庆	85.77
惠州	100.31	江门	96.56
阳江	53.40	东莞	175.19
深圳	273.56	中山	69.51
韶关	62.95	广州	304.47
珠海	39.72	佛山	160.79
云浮	52.29	合计	1684.56

表 13-6　国民经济效益评估结果　　　　　　　　　　　　　　　亿元

地级市	经济效益	地级市	经济效益	地级市	经济效益
汕尾	2091.88	韶关	2065.16	江门	3167.58
河源	2129.53	珠海	1302.82	东莞	5746.90
惠州	3290.65	云浮	1715.37	中山	2280.14
阳江	1751.80	清远	2668.80	广州	39987.75
深圳	8974.00	肇庆	2813.74	佛山	5274.44

13.2　珠三角城市群生态空间修复技术社会效益评估

采用文献综合和社会调查等方法，从社会学角度评估区域典型生态景观重建和受损生态空间修复技术的社会可接受性、公众认可度和满意度，以及与有关政策的衔接度，充分考虑生态修复技术的社会影响和反馈机制。

▶ 13.2.1　社会效益评估定义

在对某项技术进行综合评价时，技术的社会效益评价往往也是评价体系的重要部分，常作为经济评价的辅助。经典城市经济学理论提出，居民会根据收入、生活成本和城市的宜居属性在城市群内部进行选址。其中，生态环境的优劣就是一种重要的宜居属性，即居民更愿意迁移到生态环境更好的城市。在现代社会中，劳动力跨区域流动为城市制造业的发展提供了必需的劳动力供给，它促进了产业集聚、经济增长，提升了工业化程度，并有助于产业在空间上转移。

因此，本书从生态环境改善影响劳动力在城市间迁移这一角度，分析城市群生态景观修复及重建技术的社会效益，与之前的经济效益评估相似，此处选取空气质量这一因子进行分析。

▶ 13.2.2　研究对象选取

社会效益评估的研究对象为珠三角城市群内部的流动人口。数据来源于全国流动人口动态监测调查数据（migrants population dynamic monitoring survey data），是国家卫生计生委自 2009 年起每年组织开展的大规模全国性流动人口抽样调查数据。在全国范围内对流动人口及家庭成员基本信息、流动范围和趋向、就业和社会保障、收支和居住等情况进行连续断面监测调查。在总样本中，研究选取了珠三角城市群的样本信息。

▶ 13.2.3　社会效益评估模型的构建

采用计量经济学的方法，构造条件逻辑回归模型来分析空气质量的改善对于珠三角城市群居民的迁移的影响机制。模型表达式为

$$\text{choice}_{ijt} = \alpha_1 \cdot \text{pm}_{jt-1} + \alpha_2 \cdot \text{netincome}_{ijt} + \alpha_3 \cdot \text{distance}_{ij} + \alpha_4 \cdot X_{jt-1} + \varepsilon_{ijt} \quad (13\text{-}3)$$

其中，i 为劳动力个体，j 为就业地，t 为年份；choice 为在年份 t 时劳动力 i 是否选择了城市 j，为哑元变量；pm 为城市 j 在年份 t–1 的平均 PM2.5 浓度；netincome 为在年份 t 时劳动力 i 在城市 j 的预期净收入；distance 为劳动力 i 的户籍所在地与城市 j 的直线距离；X 为城市的经济、人口和公共服务特征；通过估计得到变量回归系数 α_1 和 α_2 来分析居民的社会效益。

▶ 13.2.4　社会效益测算

由社会效益测算回归模型得到的结果如表 13-7 所示。

各个解释变量边际效应的影响效果为解释变量变化 1 个单位对被解释变量的影响。

表 13-7　城市群生态空间修复社会效益回归分析

被解释变量：选择	（i）	（ii）	（iii）	（iv）
因子	−0.00116***	−0.00118***	−0.000813***	−0.00108***
	（−25.64）	（−25.99）	（−16.07）	（−20.81）
净收入		0.00000362***	0.00000206***	0.00000243***
		（27.00）	（21.74）	（26.55）
国内生产总值			0.00000390***	0.00000432***
			（24.06）	（28.44）
第三产业生产总值			0.00163***	0.00361***
			（34.55）	（61.75）
人口			0.0000556***	0.0000531***
			（76.08）	（69.32）
小学教师			0.000543***	0.000534***
			（8.53）	（9.26）
中学教师			−0.000202	−0.000164
			（−1.63）	（−1.56）
书籍			0.000144***	0.000110***
			（28.93）	（25.34）
医生			0.00290***	0.00295***
			（43.42）	（45.54）
Bartik 指数				0.879***
				（33.39）
N	8395094	8395094	8395094	8395094
伪 R^2	0.001	0.001	0.061	0.086

（1）表格中的第一行数字表示边际效应 dy/dx；圆括号里为估计系数的异方差稳健 z 统计量。

（2）上标***表示 1%的统计显著性水平。

平均来看，PM2.5 浓度降低 1 微克/立方米、绿化率、水体质量与总量分别提升 1 个百分点对劳动力的吸引作用效应，大概相当于家庭收入水平上升 326 元/月、467 元/月、305 元/月、218 元/月对劳动力的吸引作用。对于珠三角城市群来说，每年将由此产生 4689 亿元的社会效益。按照 12%的年利率与 10 年期计算，总计效益现值约 2.6 万亿元（见表 13-8）。

表 13-8　社会效益评估结果　　　　　　　　　　亿元

地级市	经济效益	地级市	经济效益	地级市	经济效益
汕尾市	2091.88	韶关市	2065.16	江门市	3167.58
河源市	2129.53	珠海市	1302.82	东莞市	5746.90
惠州市	3290.65	云浮市	1715.37	中山市	2280.14
阳江市	1751.80	清远市	2668.80	广州市	39987.75
深圳市	8974.00	肇庆市	2813.74	佛山市	5274.44

13.3　小结

本章采用社会-经济-自然复合生态系统理论和城市经济学研究方法，综合评估城市群区域典型生态景观重建和受损生态空间修复技术的有效性，包括低成本、高收益、社会可接受、管理方面长期有效和可持续发展，以保证好的生态修复技术的真正采用和落实，取得较好的复合生态效益。取得的主要结果如下：

（1）构建了珠三角城市群生态空间修复技术的经济效益测算模型，基于珠三角城市群各城市的人口规模，可以测算在城市群生态景观修复及重建技术实施后，珠三角城市群整体空气污染物浓度每下降 0.1 微克/立方米，则每年会产生高达 1364.95 亿元的经济效益；珠三角城市群整体建成区绿化率每提升一个百分点，则每年会产生高达 3770.20 亿元的经济效益；珠三角城市群整体Ⅳ级以上水体占比每提升一个百分点，则每年会产生高达 3048.25 亿元的经济效益；珠三角城市群整体水体总量提升一个百分点，则每年会产生高达 1684.56 亿元的经济效益。

（2）构建了珠三角城市群生态空间修复技术的社会效益测算模型，平均来看，PM2.5 浓度降低 1 微克/立方米、绿化率、Ⅳ级以上水体占比与水体总量分别提升 1 个百分点对劳动力的吸引作用效应，大概相当于家庭收入水平上升 326 元/月、467 元/月、305 元/月、218 元/月对劳动力的吸引作用。对珠三角城市群来说，每年将产生 4689 亿元的社会效益。按照 12%年利率与 10 年期计算，总计效益现值约 2.6 万亿元。

第 14 章　珠三角生态管理机制与政策建议

基于上述研究可知，珠三角城市群的发展与生态环境仍在可持续发展阶段，存在一定的拮抗状况。随着珠三角区域的城市化进程加快，人口集聚、空间地域的扩张等因素对生态环境的负面影响将日益加剧，该负面影响持续加剧将有可能导致珠三角生态指标超过阈值，造成不可逆转的生态退化，从而导致城市化发展与生态环境难以协调。因此，基于珠三角城市群发展进程中暴露的生态环境问题，研究珠三角城市群发展与生态环境效应的耦合关系，可以为珠三角城市群与生态环境协调发展提供协调机制与应对策略。

14.1　珠三角城市群发展对城市化与生态环境协调的作用

城市化是区域发展的必然过程，其典型特征之一是人口的高度集中。随着城市化进程的推进，生产力获得了大幅提升，为城市人居环境和居住指数的显著提高贡献了力量。我国对珠三角产业结构的战略性调整，将在一定程度上缓解珠三角城市群的生态环境压力。

珠三角城市群的城市化进程存在着两面性：快速促进地区经济社会发展，伴随着资源高消耗、生态环境质量的破坏。在城市生态系统服务功能方面，城市化进程中的一个主要体现是城市空间地域的扩张，甚至珠江流域部分地区出现造田造陆现象，这将大幅减少生态空间面积、改变土地利用类型、削弱生态系统服务功能；在环境污染方面，城市化进程中的另一个主要体现是人口的聚集，这将导致生活垃圾不断增加和周围地区不断被污染，部分珠三角城市群的垃圾焚烧、填埋都导致相应地区生态环境被污染；此外，珠三角城市群中经济体量的大幅上升，个人/私家交通工具大量增加，交通负荷加大，尾气污染、噪声污染等也是生态环境质量下降的体现。因此，珠三角城市群的发展对城市化与生态环境的协调有两方面的作用，生态环境这一困境在相当程度上来自城市化的负面效应。

14.2　珠三角城市化与生态环境协调发展的政策研究

在生态文明建设和可持续发展的背景下，基于以上珠三角城市群发展进程中表现出来的问题，有必要缓解珠三角城市群中城市化与生态环境不协调的关系。在城市化建设中，需要同时确定提升城市化和生态系统服务价值的可持续发展目标，在珠三角城市发展中同时考虑环境、经济、社会、体制等方面，而不是仅看经济利益制定相关的政策；此外，在调控区域经济时，需要结合珠三角城市群的区域特点、发展基础与民风民情等因素来协调城市化与生态系统，构建合理的生态文明建设方案。具体可以考虑从以下几个方面来实现。

▶ 14.2.1　加强生态文明建设理念指导，促进区域协同发展

生态文明建设是指城市化发展与生态环境能够和谐发展，是人类文明进步的标志之一。在珠三角城市群的建设过程中，应该将生态文明建设理念渗透到城市群建设的布局、规划、建设和管理中，从每处细节中缓解或者解决珠三角城市群发展与生态环境之间的矛盾。具体而言，在珠三角地区的城市化建设初期，首先应了解该区域生态环境所能承受的最大能力值，避免超过生态环境容量而产生新的环境问题，在保证生态环境质量的平衡稳定的基础上促进珠三角的城市化发展。其次，在珠三角地区的城市化建设中期，需要综合考虑建设用地对主要生态环境资源的影响，评估水、气、声、土地等资源的生态环境容量，做好建设用地与城市功能分区的资源配置，缓解或避免生态环境质量恶化的现象发生。

同时，应充分遵循科学发展的规律，以提升城市群整体城市化水平为目标，以区域协调发展为准则，在加强合作的基础上，实现资源的高效整合和充分利用，进一步优化分工协作。即依托现有发展基础，科学定位各个城市的发展方向，使城市群内部形成高效合作、良性竞争的协同发展格局；进一步发挥广州、深圳在城市群内的中心地位，不断优化其产业结构、经济要素等，辐射带动周边城市；强化综合立体交通网络的建设，依托珠江水系及多条铁路、高速公路，建成智能化、标准化的交通网络；加强教育、文化、医疗卫生等社会事业的联合发展机制建设，推动珠三角城市群公共服务资源在更大空间、更大范围的整合，实现公共服务标准化、均等化，共同推进广州都市圈、深圳都市圈与周边城市的协同发展。

▶ 14.2.2　加强生态科学技术研究，形成循环经济发展的典型示范

在珠三角城市群发展中，为了缓解区域生态环境问题，需要强化现代化的生态科学技术研究，进行综合防治。当前的科学技术需要结合生态学原理，将富含生态基因的科学技术应用到生产、生活的各个层面，从源头减少污染物的产生，污染物产生后需要及时处理，能回收再利用的则利用生态科技实现资源化。即"资源-产品-废物排放"轨迹中的废物再资源化，形成减量化的资源耗损、资源化的废弃物回收。这将有利于缓解对生态环境的破坏，还能节约大量资源。另外，在珠三角城市群城市化发展中，因具备良好的循环经济基础，可以在产业化发展中发挥地区的特色和优势，大力发展以绿色食品为主的生态农业、以清洁生产工艺为主的工业园区，深入践行循环经济理念，建设生态保护典型示范区。

▶ 14.2.3　完善生态恢复制度，强化城市生态管理

在研究期内，城市群整体生态价值有小幅的提升，但价值提升不明显。其主要原因为政府 2004 年开始实施《珠江三角洲环境保护规划纲要（2004—2020 年）》，如退耕还草、退耕还林等，在区域内建立多个生态工程的实验区、示范区，进行系统的修复工程，但在后期，对生态系统服务价值的积极影响有所下降。因此，珠三角城市群需要加强生态文明建设，不断优化国土空间规划，使区域从各层面形成"绿水青山就是金山银山""山水林田湖草生命共同体"的城市发展理念；进一步完善湿地恢复制度，打造新常态下的岭南水乡风貌，全面提升岭南水生态的服务功能，打造人水和谐的珠三角绿色生态水网。第一，应制定湿地生态保护政策，明确湿地生态红线，建立湿地空间数据库，严格控制自然湿地开发，推进湿地占补平衡制度等；第二，构建湿地保护等级评估体系和监测评价体系，加强湿地保护体系建设与湿地生态修复建设；第三，打造生态化、景观化的滨水景观建设，实现涵养水源、净化水质、美化水系、保护堤岸安全等功能；第四，加强水资源利用与管理制度，强化流域分段制、河长制等制度，确保水资源的管理利用到位；第五，摸查和整理自然资源的资产体系，将自然资源资产负债状况与领导干部任期考核相结合，强化核算实物量及其价值量的要求。

▶ 14.2.4　强化土地集约化利用，实现土地结构优化

在珠三角城市群发展中，区域土地资源有限，但居民区、工业园区及其他类

型土地的利用却不断增加，导致区域的生态空间面积逐年减少、生态系统服务功能大幅降低，这就要求强化土地的集约化利用，实现城市化与生态环境的协调发展。具体而言，基于各项用地的需求，应优化区域土地结构，增强土地产出效益，实现土地资源的集约化利用。即基于珠三角城市群的发展特点，针对城市化发展水平较高但是生态系统服务价值较低的地区，例如东莞及周边城市，应以生态文明建设理念为指导方针，严格控制城市用地规模，创造绿色空间，降低建筑强度，加大生态修复和生态保护力度，合理控制人口规模和城市扩张，积极推行产业结构转型，推动资源的集约化利用；针对城市化发展水较低但是生态系统服务价值较高的地区，如肇庆、江门等地，应该充分发挥生态环境优势，将生态系统服务价值的优势转化为经济发展优势，构建生态型城市。同时，在制定相关发展规划时，需要充分考虑保持现有生态系统服务价值高的地区优势，重点加大生态系统服务高值片区对生态项目的政策倾斜，加强自然湿地的生态保护与修复，协调江河湖泊关系，牢牢树立"山水林田湖草是生命共同体"的发展理念，持续改善区域内的水生态环境，对重点生态区的有关发展规划应充分做好前期的生态环评工作。

▶ 14.2.5　共同探索城市群生态文明共建新模式

珠三角生态系统服务价值高值区与低值区均存在显著的空间集聚现象，且空间溢出效应明显，要充分发挥高值区对周边地区的积极影响，科学预防可能潜在转化为生态孤岛的发展趋势。比如，广州、深圳要充分发挥示范建设的核心引领作用，开展城市群生态文明建设的综合配套改革。同时，认真贯彻党的十九大会议对生态文明建设提出的有关指示，遵照珠三角城市群合作框架的基本要求，进一步优化珠三角生态环境规划，巩固和完善生态区域保护格局；同时构建以珠三角城市群为主体的功能区划，对功能区实行更为严格的分类管理制度，对于功能区内不同生态系统的转变要严格把控，制度保障与管理支撑双管齐下，确保实现打造国家典型城市化与生态环境协调发展示范区的既定目标。

ABU HAMMAD A, TUMEIZI A, 2012. Land degradation: Socioeconomic and environmental causes and consequences in the eastern Mediterranean[J]. Land Degradation & Development, 23(3): 216-226.

AGORAMOORTHY G, CHEN F-A, HSU M J, 2008.Threat of heavy metal pollution in halophytic and mangrove plants of Tamil Nadu, India [J]. Environmental Pollution, 155(2): 320-326.

ALA-HULKKO T, KOTAVAARA O, ALAHUHTA J, et al., 2019. Mapping supply and demand of a provisioning ecosystem service across Europe[J]. Ecological Indicators, 103: 520-529.

ALCAZAR S S, OLIVIERI F, NEILA J, 2016. Green roofs: Experimental and analytical study of its potential for urban microclimate regulation in mediterranean–continental climates[J]. Urban Climate, 17: 304-317.

ALKAMA R, CESCATTI A, 2016. Biophysical climate impacts of recent changes in global forest cover[J]. Science, 351(6273): 600-604.

AL-MULALI U, FEREIDOUNI H G, LEE J Y M, et al., 2013. Exploring the relationship between urbanization, energy consumption, and CO_2 emission in MENA countries[J]. Renewable & Sustainable Energy Reviews, 23: 107-112.

ANTWI E K, KRAWCZYNSKI R, WIEGLEB G, 2008. Detecting the effect of disturbance on habitat diversity and land cover change in a post-mining area using GIS[J]. Landscape & Urban Planning, 87: 22-32.

ARNFIELD A J, 2003. Two decades of urban climate research: A review of turbulence, exchanges of energy and water, and the urban heat island[J]. International Journal of Climatology, 23(1): 1-26.

BAGAN H, YAMAGATA Y, 2012. Landsat analysis of urban growth: How Tokyo became the world's largest megacity during the last 40 years [J]. Remote Sensing of Environment, 127: 210-222.

BAI J H, LU Q Q, WANG J J, et al., 2013. Landscape pattern evolution processes of alpine wetlands and their driving factors in the Zoige plateau of China[J]. Journal of Mountain Science, 10: 54-67.

BAI Y, DENG X, JIANG S, et al., 2017. Exploring the relationship between urbanization and urban eco-efficiency: Evidence from prefecture-level cities in China[J]. Journal of Cleaner Production, (195): 1487-1496.

BAI Y, WONG C P, JIANG B, et al., 2018. Developing China's ecological redline policy using ecosystem services assessments for land use planning[J]. Nature Communications, 9(1): 3034-3036.

BARÓ F, PALOMO I, ZULIAN G, et al., 2016. Mapping ecosystem service capacity, flow and demand for landscape and urban planning: A case study in the Barcelona metropolitan region[J]. Land Use Policy, 57: 405-417.

BASTAKOTI U, BOURGEOIS C, MARCHAND C, et al., 2019. Urban-rural gradients in the distribution of trace metals in sediments within temperate mangroves (New Zealand) [J]. Marine Pollution Bulletin, 149(3): 110614.

BASTIAN O, SYRBE R-U, ROSENBERG M, et al., 2013. The five pillar EPPS framework for quantifying, mapping and managing ecosystem services[J]. Ecosystem Services, 4: 15-24.

BELMEZITI A, CHERQUI F, KAUFMANN B, 2018. Improving the multi-functionality of urban green spaces: Relations between components of green spaces and urban services[J]. Sustainable Cities and Society, 43: 1-10.

BENSON B J, MACKENZIE M D, 1995. Effects of sensor spatial resolution on landscape structure parameters[J]. Landscape Ecology, 10: 113-120.

BERING-WOLFF S, WU J G, 2010. Modeling urban landscape dynamics: A review [J]. Ecological Research, 19: 119-129.

BERLYN G P, 1986. The botany of mangroves by Tomlinson [J]. Science, 1986, 234(4774): 373-373.

BIČÍK I, JELEČEK L, ŠTĚPÁNEK V T, 2001. Land-use changes and their social driving forces in Czechia in the 19th and 20th centuries[J]. Land Use Policy, 18(1): 65-73.

BOTEQUILHA-LEITÃO A, AHERN J, 2002. Applying landscape ecological concepts and metrics in sustainable landscape planning[J]. Landscape & Urban Planning, 59: 65-93.

BOYD D S, FOODY G M, 2011. An overview of recent remote sensing and GIS based research in ecological informatics[J]. Ecological Informatics, 6: 25-36.

BOYD J, BANZHAF S, 2007. What are ecosystem services? The need for standardized environmental accounting units[J]. Ecological Economics, 63(2-3): 616-626.

BRINDLEY P, CAMERON R W, ERSOY E, et al., 2019. Is more always better? Exploring field survey and social media indicators of quality of urban greenspace, in relation to health[J]. Urban Forestry and Urban Greening, 39: 45-54.

BRYAN BA, YE Y, CONNOR J D., 2018. Land-use change impacts on ecosystem services value: Incorporating the scarcity effects of supply and demand dynamics[J]. Ecosystem Services, 32: 144-157.

BURKART K, MEIER F, SCHNEIDER A, et al., 2016. Modification of heat-related mortality in an elderly urban population by vegetation(urban green) and proximity to water (urban blue): evidence from Lisbon, Portugal[J]. Environmental Health Perspectives, 124(7): 927-934.

BURKHARD B, KANDZIORA M, HOU Y, et al., 2014. Ecosystem service potentials, flows and demands-concepts for spatial localisation, indication and quantification[J]. Landscape Online, 34: 1-32.

BURKHARD B, KROLL F, NEDKOV S, et al., 2012. Mapping ecosystem service supply, demand and budgets[J]. Ecological Indicators, 21: 17-29.

CHAI M, LI R, TAM N F Y, ZAN Q, 2019. Effects of mangrove plant species on accumulation of heavy metals in sediment in a heavily polluted mangrove swamp in Pearl River Estuary, China [J]. Environmental Geochemistry and Health, 41(1): 175-189.

CHAI M, LI R, YEE T N F, et al., 2019. Effects of mangrove plant species on accumulation of heavy metals in sediment in a heavily polluted mangrove swamp in Pearl River Estuary, China [J]. Environmental Geochemistry and Health, 1:175-189.

CHAKRABORTY T, HSU A, MANYA D, et al., 2019. Disproportionately higher exposure to urban heat in lower-income neighborhoods: A multi-city perspective[J]. Environmental Research Letters, 14(10): 105003.

CHAMBERLAIN D E, HENRY DA W, REYNOLDS C, et al., 2019. The relationship between wealth and biodiversity: A test of the luxury effect on bird species richness in the developing world[J]. Global Change Biology, 25(9): 3045-3055.

CHEN B, HUANG B, XU B, 2017. Multi-source remotely sensed data fusion for improving land cover classification[J]. Isprs Journal of Photogrammetry & Remote Sensing, 124: 27-39.

CHEN B, 2015a. Integrated ecological modelling for sustainable urban metabolism and management[J]. Ecological Modelling, 318: 1-4.

CHEN B, 2015b. Urban nexus: A new paradigm for urban studies[J]. Ecological Modelling, 318: 5-7.

CHEN H Y, HAO Y, LI J W, et al., 2018. The impact of environmental regulation, shadow economy, and corruption on environmental quality: Theory and empirical evidence from China[J]. Journal of Cleaner Production, 195: 200-214.

CHEN L, XU L Y, YANG Z F, 2017. Accounting carbon emission changes under regional industrial transfer in an urban agglomeration in China's Pearl River delta[J]. Journal of Cleaner Production, 167: 110-119.

CHEN X C, LI F, LI X Q, et al., 2020. Mapping ecological space quality changes for ecological management: A case study in the Pearl River delta urban agglomeration, China[J]. Journal of Environmental Management, 267: 110658.

CLARKE K C, HOPPEN S, GAYDOS L, 1997. A self-modifying cellular automaton model of historical urbanization in the San Francisco Bay area[J]. Environment & Planning B Planning & Design, 24: 247-261.

COPPIN, P R, BAUER, et al., 1994. Processing of multitemporal Landsat TM imagery to optimize extraction of forest cover change features[J]. IEEE Transactions on Geoscience and Remote Sensing, 32: 918-927.

COSTANZA R, ARGE, GROOT R D, et al., 1997. The value of the world's ecosystem services and natural capital[J]. Nature, 387: 253-260.

COSTANZA R, FISHER B, ALI S, et al., 2007. Quality of life: An approach integrating opportunities, human needs, and subjective well-being[J]. Ecological Economics, 61(2-3): 267-276.

COULTER LLOYD L, et al., 2016. Classification and assessment of land cover and land use change in southern Ghana using dense stacks of Landsat 7 ETM+ imagery[J]. Remote Sensing of Environment, 184: 396-409.

DAILY G C, 1997. Nature's services: Societal dependence on natural ecosystems[M]. Washington: Island Press.

DADASHPOOR H, AZIZI P, MOGHADASI M, 2018. Land use change, urbanization, and change in landscape pattern in a metropolitan area[J]. Science of the Total Environment, 655: 707-719.

DADVAND P, NIEUWENHUIJSEN M J, ESNAOLA M, et al., 2015. Green spaces and cognitive development in primary school children[J]. Proceedings of the National Academy of Sciences, 112(26): 7937-7942.

DAHAL K R, BENNER S, LINDQUIST E, 2016. Analyzing spatiotemporal patterns of urbanization in Treasure valley, Idaho, USA[J]. Applied Spatial Analysis & Policy, 11: 205-226.

DANNEYROLLES V, DUPUIS S, FORTIN G, et al., 2019. Stronger influence of anthropogenic disturbance than climate change on century-scale compositional changes in northern forests[J]. Nature Communications, 10(1): 1265.

DE GROOT R S, ALKEMADE R, BRAAT L, et al., 2010. Challenges in integrating the concept of ecosystem services and values in landscape planning, management and decision making[J]. Ecological Complexity, 7(3): 260-272.

DE VRIES S, VERHEIJ R A, GROENEWEGEN P P, et al., 2003. Natural environments-healthy environments? An exploratory analysis of the relationship between greenspace and health[J]. Environment and Planning A, 35(10): 1717-1731.

DEFRIES R, NAGENDRA H, 2017. Ecosystem management as a wicked problem[J]. Science, 356: 265-270.

DENG J S, KE W, YANG H, et al., 2009. Spatio-temporal dynamics and evolution of land use change and landscape pattern in response to rapid urbanization[J]. Landscape & Urban Planning, 92: 187-198.

DENG X Z, HUANG J K, ROZELLE S, et al., 2015. Impact of urbanization on cultivated land changes in China[J]. Land Use Policy, 45: 1-7.

DEY D C, SCHWEITZER C J, 2014. Restoration for the future: Endpoints, targets, and indicators of progress and success[J]. Journal of Sustainable Forestry, 33(sup1): S43-S65.

DINDA S, CHATTERJEE N D, GHOSH S. An integrated simulation approach to the assessment of urban growth pattern and loss in urban green space in Kolkata, India: A GIS-based analysis – science direct[J]. Ecological Indicators, 121: 107178.

DONG Y, XU L Y, 2019. Aggregate risk of reactive nitrogen under anthropogenic disturbance in the Pearl river delta urban agglomeration[J]. Journal of Cleaner Production, 211: 490-502.

EHRENFELD J G, 2000. Evaluating wetlands within an urban context[J]. Urban Ecosystems, 4: 69-85.

EHRENFELD J G, 2008. Exotic invasive species in urban wetlands: Environmental correlates and implications for wetland management[J]. Journal of Applied Ecology, 45: 1160-1169.

ESCOBEDO F J, KROEGER T, WAGNER J E, 2011. Urban forests and pollution mitigation: Analyzing ecosystem services and disservices[J]. Environmental Pollution, 159(8-9): 2078-2087.

ESTOQUE R C, MURAYAMA Y, 2011. Spatio-temporal urban land use/cover change analysis in a Hill Station: The case of Baguio City, Philippines[J]. Procedia - Social and Behavioral Sciences, 21: 326-335.

FAN Y, DAS K V, CHEN Q, 2011. Neighborhood green, social support, physical activity, and stress: Assessing the cumulative impact[J]. Health & Place, 17(6): 1202-1211.

FANG C L, YU D L, 2017. Urban agglomeration: An evolving concept of an emerging phenomenon[J]. Landscape and Urban Planning, 162: 126-136.

FANG Q H, ZHANG L P, HONG H S, et al., 2008. Ecological function zoning for environmental planning at different levels[J]. Environment, Development and Sustainability, 10(1): 41-49.

FENG J, CHEN Y, 2010. Spatiotemporal evolution of urban form and land-use structure in Hangzhou, China: Evidence from fractals[J]. Environment & Planning B: Planning & Design, 37(5): 838-856.

FISCHER J, LINDENMAYER D B, 2007. Landscape modification and habitat fragmentation: A synthesis[J]. Global Ecology and Biogeography, 16(3): 265-280.

FOLEY J A, DEFRIES R, ASNER G P, et al., 2005. Global consequences of land use[J]. Science, 309(5734): 570-574.

FORMAN R T T, 1995. Land Mosaics: The Ecology of The Landscapes and Regions[M]. Cambridge: Cambridge University Press , 201-208.

FRIESEN J, RODRIGUEZ SINOBAS L, FOGLIA L, et al., 2017. Environmental and socio-economic methodologies and solutions towards integrated water resources management[J]. Science of the Total Environment, 581: 906-908.

FROHN R C, D'AMICO E, LANE C, et al., 2012. Multi-temporal sub-pixel landsat ETM+ classification of isolated wetlands in Cuyahoga County, Ohio, USA[J]. Wetlands, 32: 289-299.

FU B, WANG S, SU C, et al., 2013. Linking ecosystem processes and ecosystem services[J]. Current Opinion in Environmental Sustainability, (5): 4-10.

FU B J, LIU G H, LÜ Y H, et al., 2004. Ecoregions and ecosystem management in China[J]. The International Journal of Sustainable Development & World Ecology, 11(4): 397-409.

GOME Z C, WHITE J C, WULDER M A, 2016. Optical remotely sensed time series data for land cover classification: A review[J]. ISPRS Journal of Photogrammetry & Remote Sensing, 116: 55-72.

GROOT R S, WILSON M A, BOUMANS R M J, 2002. A typology for the classification, description and valuation of ecosystem functions, goods and services-science direct[J]. Ecological Economics, 41: 393-408.

HAMADA S, TANAKA T, OHTA T, 2013. Impacts of land use and topography on the cooling effect of green areas on surrounding urban areas[J]. Urban Forestry & Urban Greening, 12(4): 426-434.

HAN-SHEN C, 2015. The establishment and application of environment sustainability evaluation indicators for ecotourism environments[J]. Sustainability, 7: 4727-4746.

HE B, LI R L, CHAI M W, et al., 2014. Threat of heavy metal contamination in eight mangrove plants from the Futian mangrove forest, China [J]. Environmental Geochemistry and Health, 36(3): 467-476.

HE J, WANG S, LIU Y, et al., 2017. Examining the relationship between urbanization and the eco-environment using a coupling analysis: Case study of Shanghai, China[J]. Ecological Indicators, 77: 185-193.

HE J, 2014. Governing forest restoration: Local case studies of sloping land conversion program in southwest China[J]. Forest Policy and Economics, 46: 30-38.

HEINEN E, VAN WEE B, MAAT K, 2010. Commuting by bicycle: An overview of the literature[J]. Transport Reviews, 30(1): 59-96.

HERSPERGER A, GENNAIO M, VERBURG P H, et al., 2010. Linking land change with driving forces and actors: Four conceptual models[J]. Ecology and Society, 15(4): 1-4.

HU M M, LI Z T, WANG Y F, et al., 2019. Spatio-temporal changes in ecosystem service value in response to land-use/cover changes in the Pearl River delta[J]. Resources, Conservation and Recycling, 149: 106-114.

HUANG Q, LU Y, 2018. Urban heat island research from 1991 to 2015: A bibliometric analysis[J]. Theoretical and Applied Climatology, 131(3-4): 1055-1067.

HUI L L, JIAN P, YAN X L, et al., 2017. Urbanization impact on landscape patterns in Beijing City, China: A spatial heterogeneity perspective[J]. Ecological Indicators, 82: 50-60.

JAKUBEC S L, CARRUTHERS DEN HOED D, RAY H, et al., 2016. Mental well-being and quality-of-life benefits of inclusion in nature for adults with disabilities and their caregivers[J]. Landscape Research, 41(6): 616-627.

JESWANI H K, HELLWEG S, AZAPAGIC A, 2018. Accounting for land use, biodiversity and ecosystem services in life cycle assessment: Impacts of breakfast cereals[J]. Science of the Total Environment, 645: 51-59.

JIA Z M, MA B R, ZHANG J, et al., 2018. Simulating spatial-temporal changes of land-use based on ecological redline restrictions and landscape driving factors: A case study in Beijing[J]. Sustainability, 10(4): 1299-1304.

JIANG C, ZHANG H Y, ZHANG Z D, 2018. Spatially explicit assessment of ecosystem services in China's Loess Plateau: Patterns, interactions, drivers, and implications[J]. Global and Planetary Change, 161: 41-52.

JIANG P, CHENG L, LI M, et al., 2014. Analysis of landscape fragmentation processes and driving forces in wetlands in arid areas: A case study of the middle reaches of the Heihe river, China[J]. Ecological Indicators, 46: 240-252.

JIAO M Y, HU M M, XIA B C, 2019. Spatiotemporal dynamic simulation of land-use and landscape-pattern in the Pearl river delta, China[J]. Sustainable Cities and Society, 49: 101581.

JIM C Y, CHEN WY, 2009. Ecosystem services and valuation of urban forests in China[J]. Cities, 26(4): 187-194.

KAHARA S N, MOCKLER R M, HIGGINS K F, et al., 2009. Spatiotemporal patterns of wetland occurrence in the Prairie Pothole Region of eastern south Dakota[J]. Wetlands, 29: 678-689.

KALNAY E, CAI M, 2003. Impact of urbanization and land-use change on climate[J]. Nature, 423(6939): 528-531.

KAMH S, ASHMAWY M, KILIAS A, et al., 2012. Evaluating urban land cover change in the Hurghada area, Egypt, by using GIS and remote sensing[J]. International Journal of Remote Sensing, 33: 41-68.

KANDZIORA M, BURKHARD B, MUELLER F, 2013. Mapping provisioning ecosystem services at the local scale using data of varying spatial and temporal resolution[J]. Ecosystem Services, 4: 47-59.

KANG P, CHEN W P, HOU Y, et al., 2018. Linking ecosystem services and ecosystem health to ecological risk assessment: A case study of the Beijing-Tianjin-Hebei urban agglomeration[J]. Science of the Total Environment, 636: 1442-1454.

KAPLAN-HALLAM M, BENNETT N J, 2018. Adaptive social impact management for conservation and environmental management[J]. Conservation Biology, 32(2): 304-314.

KEENAN R J, REAMS G A, ACHARD F, et al., 2015. Dynamics of global forest area: Results from the FAO Global Forest Resources Assessment 2015[J]. Forest Ecology and Management, 352: 9-20.

KELLY M, TUXEN K A, STRALBERG D, 2011. Mapping changes to vegetation pattern in a restoring wetland: Finding pattern metrics that are consistent across spatial scale and time[J]. Ecological Indicators, 11: 263-273.

KELLY N M, 2001. Changes to the landscape pattern of coastal North Carolina wetlands under the Clean Water Act 1984–1992[J]. Landscape Ecology, 16: 3-16.

KLEEMANN J, BAYSAL G, BULLEY H N, et al., 2017. Assessing driving forces of land use and land cover change by a mixed-method approach in north-eastern Ghana, West Africa[J]. Journal of Environmental Management, 196: 411-442.

KOOPMAN K R, STRAATSMA M W, AUGUSTIJN D C M, et al., 2018. Quantifying biomass production for assessing ecosystem services of riverine landscapes[J]. Science of the Total Environment, 624: 1577-1585.

KOTHARKAR R, BAGADE A, SINGH P R, 2020. A systematic approach for urban heat island mitigation strategies in critical local climate zones of an Indian city[J]. Urban Climate, 34: 100701.

KUANG W, CHI W, LU D, et al., 2014. A comparative analysis of megacity expansions in China and the U.S.: Patterns, rates and driving forces[J]. Landscape & Urban Planning, 132: 121-135.

KUMAR P, 2005. Ecosystems and Human Well Being: Synthesis[J]. Future Survey, 34: 534.

KUMAR P, 2011. The economics of ecosystems and biodiversity: Ecological and economic foundations[M]. The United States: Earthscan Press.

LADLE A, STEENWEG R, SHEPHERD B, et al., 2018. The role of human outdoor recreation in shaping patterns of grizzly bear-black bear co-occurrence[J]. PLoS One, 13(2): e0191730.

LAFORTEZZA R, CHEN J, VAN DEN BOSCH C K, et al., 2018. Nature-based solutions for resilient landscapes and cities[J]. Environmental Research, 165: 431-441.

LAMBIN E F, GEIST H J, LEPERS E, 2003. Dynamics of land-use and land-cover change in tropical regions[J]. Environment and Resources, 28(1): 205-241.

LAMBIN E F, TURNER B L, GEIST H J, et al., 2001. The causes of land-use and land-cover change: moving beyond the myths[J]. Global Environmental Change, 11(4): 261-269.

LANGEMEYER J, CAMPS-CALVET M, CALVET-MIR L, et al., 2018. Stewardship of urban ecosystem services: Understanding the value(s) of urban gardens in Barcelona[J]. Landscape and Urban Planning, 170: 79-89.

LARK T J, SALMON J M, GIBBS H K, 2015. Cropland expansion outpaces agricultural and biofuel policies in the United States[J]. Environmental Research Letters, 10(4): 044003.

LARSON M A, HEINTZMAN R L, TITUS J E, et al., 2016. Urban wetland characterization in south-central New York State[J]. Wetlands, 36: 1-9.

LAUSCH A, HERZOG F, 2002. Applicability of landscape metrics for the monitoring of landscape change: Issues of scale, resolution and interpretability[J]. Ecological Indicators, (2): 3-15.

LE QUÉRÉ C, ANDREW R M, FRIEDLINGSTEIN P, et al., 2018. Global carbon budget 2018[J]. Earth System Science Data, 10(4): 2141-2194.

LEITE A, CÁCERES A, MELO M, et al., 2018. Reducing emissions from deforestation and forest degradation in Angola: Insights from the scarp forest conservation 'hotspot'[J]. Land Degradation & Development, 29(12): 4291-4300.

LI B J, CHEN D X, WU S H, et al., 2016. Spatio-temporal assessment of urbanization impacts on ecosystem services: Case study of Nanjing City, China[J]. Ecological Indicators, 71: 416-427.

LI F, LIU X S, ZHANG X L, et al., 2017. Urban ecological infrastructure: An integrated network for ecosystem services and sustainable urban systems[J]. Journal of Cleaner Production, 163: S12-S18.

LI G, FANG C, WANG S, 2016. Exploring spatiotemporal changes in ecosystem-service values and hotspots in China[J]. Science of the Total Environment, 545-546: 609-620.

LI Q, WU Z, CHU B, et al., 2007. Heavy metals in coastal wetland sediments of the Pearl River Estuary, China [J]. Environmental Pollution, 149(2): 158-164.

LI R L, CHAI M W, QIU G Y, 2016. Distribution, fraction, and ecological assessment of heavy metals in sediment plant system in Mangrove Forest, South China Sea [J]. PloS one, 11(1): e0147308.

LIANG B, WENG Q, 2011. Assessing urban environmental quality change of Indianapolis, United States, by the remote sensing and GIS integration[J]. IEEE Journal of Selected Topics in Applied Earth Observations & Remote Sensing, (4): 43-55.

LIN X Q, WANG Y, WANG S J, et al., 2015. Spatial differences and driving forces of land urbanization in China[J]. Journal of Geographical Sciences, 25(5): 545-558.

LIU C, XU Y Q, SUN P L, et al., 2017a. Land use change and its driving forces toward mutual conversion in Zhangjiakou City, a farming-pastoral ecotone in Northern China[J]. Environmental Monitoring and Assessment, 189(10): 505.

LIU G, ZHANG L, ZHANG Q, et al., 2014. Spatio–temporal dynamics of wetland landscape patterns based on remote sensing in Yellow River delta, China[J]. Wetlands, 34: 787-801.

LIU H X, LI F, XU L F, et al., 2017b. The impact of socio-demographic, environmental, and individual factors on urban park visitation in Beijing, China[J]. Journal of Cleaner Production, 163: S181-S188.

LIU L, LI F, YANG Q, et al., 2014. Long-term differences in annual litter production between alien (Sonneratia apetala) and native (Kandelia obovata) mangrove species in Futian, Shenzhen, China [J]. Marine Pollution Bulletin, 2014, 85(2): 747-753.

LIU Y X, FU B J, WANG S, et al., 2018. Global ecological regionalization: From biogeography to ecosystem services[J]. Current Opinion in Environmental Sustainability, 33: 1-8.

LIVESLEY S, MCPHERSON E G, Calfapietra C, 2016. The urban forest and ecosystem services: Impacts on urban water, heat, and pollution cycles at the tree, street, and city scale[J]. Journal of Environmental Quality, 45(1): 119-124.

LOOMES R, O'NEILL K, 1997. Nature's services: Societal dependence on natural ecosystems[J]. Pacific Conservation Biology, (6): 220-221.

LU D, WENG Q, 2007. A survey of image classification methods and techniques for improving classification performance[J]. International Journal of Remote Sensing, 28: 823-870.

LU X, KUANG B, LI J, 2018. Regional difference decomposition and policy implications of China's urban land use efficiency under the environmental restriction[J]. Habitat International, 77: 32-39.

LUCK M, WU J, 2002. A gradient analysis of urban landscape pattern: A case study from the Phoenix metropolitan region, Arizona, USA[J]. Landscape Ecology, 17: 327-339.

LUO Z K, SUN O J, XU H L, 2010. A comparison of species composition and stand structure between planted and natural mangrove forests in Shenzhen Bay, South China [J]. Journal of Plant Ecology, 3(3): 165-174.

LYU R, ZHANG J, XU M, et al., 2018. Impacts of urbanization on ecosystem services and their temporal relations: A case study in Northern Ningxia, China[J]. Land Use Policy, 77: 163-173.

MAGEE T K, ERNST T L, KENTULA M E, et al., 1999. Floristic comparison of freshwater wetlands in an urbanizing environment[J]. Wetlands, 19: 517-534.

MANSELL M, ROLLET F, 2009. The effect of surface texture on evaporation, infiltration and storage properties of paved surfaces[J]. Water Science and Technology, 60(1): 71-76.

MARCHAND C, ALLENBACH M, LALLIER-VERGÈS E, et al., 2011. Relationships between heavy metals distribution and organic matter cycling in mangrove sediments (Conception Bay, New Caledonia) [J]. Geoderma, 160(3): 444-456.

MARKEVYCH I, SCHOIERER J, HARTIG T, et al., 2017. Exploring pathways linking green space to health: Theoretical and methodological guidance[J]. Environmental Research, 158: 301-317.

MARTIN P, 2016. Ecological restoration of rural landscapes: Stewardship, governance, and fairness[J]. Restoration Ecology, 24(5): 680-685.

MATTEUCCI S D, MORELLO J, 2009. Environmental consequences of exurban expansion in an agricultural area: The case of the Argentinian Pampas ecoregion[J]. Urban Ecosystems, 12: 287-310.

MI K, ZHUANG R L, ZHANG Z H, et al., 2019. Spatiotemporal characteristics of PM2. 5 and its associated gas pollutants, a case in China[J]. Sustainable Cities and Society, 45: 287-295.

MIAO C L, SUN L Y, YANG L, 2016. The studies of ecological environmental quality assessment in Anhui Province based on ecological footprint[J]. Ecological Indicators, 60: 879-883.

MILLENNIUM ECOSYSTEM ASSESSMENT, 2005. Ecosystems and Human Well-Being[M]. Washington, D.C., USA: Island Press.

MITCHELL R, POPHAM F, 2007. Greenspace, urbanity and health: Relationships in England[J]. Journal of Epidemiology & Community Health, 61(8): 681-683.

MUEHLBACHOVA G, SIMON T, PECHOVA M, 2005. The availability of Cd, Pb and Zn and their relationships with soil pH and microbial biomass in soils amended by natural clinoptilolite [J]. Plant Soil and Environment, 51(1): 26-33.

MUNYATI C, 2000. Wetland change detection on the Kafue Flats, Zambia, by classification of a multitemporal remote sensing image dataset[J]. International Journal of Remote Sensing, 21: 1787-1806.

NEUENSCHWANDER N, HAYEK U W, GRÊT-REGAMEY A, 2014. Integrating an urban green space typology into procedural 3D visualization for collaborative planning[J]. Computers, Environment and Urban Systems, 48: 99-110.

NEWBOLD T, HUDSON L N, HILL S L L, et al., 2015. Global effects of land use on local terrestrial biodiversity[J]. Nature, 520(7545): 45.

NG C N, XIE Y J, YU X J, 2011. Measuring the spatio-temporal variation of habitat isolation due to rapid urbanization: A case study of the Shenzhen River cross-boundary catchment China[J]. Landscape & Urban Planning, 103: 44-54.

NGOM R, GOSSELIN P, BLAIS C, 2016. Reduction of disparities in access to green spaces: Their geographic insertion and recreational functions matter[J]. Applied Geography, 66: 35-51.

NINAN K N, KONTOLEON A, 2016. Valuing forest ecosystem services and disservices – Case study of a protected area in India[J]. Ecosystem Services, 20: 1-14.

NING J, LIU J Y, KUANG W H, et al., 2018. Spatiotemporal patterns and characteristics of land-use change in China during 2010–2015[J]. Journal of Geographical Sciences, 28(5): 547-562.

NOWAK D J, HIRABAYASHI S, BODINE A, et al., 2014. Tree and forest effects on air quality and human health in the United States[J]. Environmental Pollution, 193: 119-129.

OPEYEMI Z, WEI J, TRINA W, 2017. Modeling the impact of urban landscape change on urban wetlands using similarity weighted instance-based machine learning and Markov model[J]. Sustainability, 9: 2223.

OUEDRAOGO I, BARRON J, TUMBO S D, et al., 2016. Land cover transition in northern Tanzania[J]. Land Degradation & Development, 27(3): 682-692.

OUYANG Z Y, ZHENG H, XIAO Y, et al., 2016. Improvements in ecosystem services from investments in natural capital[J]. Science, 352(6292): 1455-1459.

PARTL A, VACKAR D, LOUCKOVA B, et al., 2017. A spatial analysis of integrated risk: Vulnerability of ecosystem services provisioning to different hazards in the Czech Republic[J]. Natural Hazards, 89(3): 1185-1204.

PENG J, LIU Y X, WU J S, et al., 2015. Linking ecosystem services and landscape patterns to assess urban ecosystem health: A case study in Shenzhen City, China[J]. Landscape and Urban Planning, 143: 56-68.

PENG J, TIAN L, LIU Y X, et al., 2017. Ecosystem services response to urbanization in metropolitan areas: Thresholds identification[J]. Science of the Total Environment, 607: 706-714.

PENG J, WANG Y L, WU J S, et al., 2007. Evaluation for regional ecosystem health: Methodology and research progress[J]. Acta Ecologica Sinica, 27(11): 4877-4885.

PETERS M K, HEMP A, APPELHANS T, et al., 2019. Climate-land-use interactions shape tropical mountain biodiversity and ecosystem functions[J]. Nature, 568(7750): 88-92.

PHAM H M, YAMAGUCHI Y, 2011. Urban growth and change analysis using remote sensing and spatial metrics from 1975 to 2003 for Hanoi, Vietnam[J]. International Journal of Remote Sensing, 32: 1901-1915.

POLASKY S, NELSON E, PENNINGTON D, et al., 2011. The impact of land-use change on ecosystem services, biodiversity and returns to landowners: A case study in the state of Minnesota[J]. Environmental and Resource Economics, 48(2): 219-242.

PRENZEL B R, 2004. Remote sensing-based quantification of land-cover and land-use change for planning[J]. Progress in Planning, 61: 281-299.

PROCOPIO N A, BUNNELL J F, 2008. Stream and wetland landscape patterns in watersheds with different cranberry agriculture histories, southern New Jersey, USA[J]. Landscape Ecology, 23: 771-786.

PUKKALA T, 2018. Effect of species composition on ecosystem services in European boreal forest[J]. Journal of Forestry Research, 29(2): 261-272.

QIU B K, LI H L, ZHOU M, et al., 2015. Vulnerability of ecosystem services provisioning to urbanization: A case of China[J]. Ecological Indicators, 57: 505-513.

QUEIROZ C, BEILIN R, FOLKE C, et al., 2014. Farmland abandonment: Threat or opportunity for biodiversity conservation? A global review[J]. Frontiers in Ecology and the Environment, 12(5): 288-296.

RANDHIR T O, TSVETKOVA O, 2011. Spatiotemporal dynamics of landscape pattern and hydrologic process in watershed systems[J]. Journal of Hydrology, 404: 1-12.

REN Y J, LÜ Y H, FU B J, et al., 2020. Driving factors of land change in china's loess plateau: Quantification using geographically weighted regression and management implications[J]. Remote Sensing, 12(3): 453.

RICHARDSON E A, PEARCE J, MITCHELL R, et al., 2013. Role of physical activity in the relationship between urban green space and health[J]. Public Health, 127(4): 318-324.

ROCES-DIAZ J V, VAYREDA J, BANQUE-CASANOVAS M, et al., 2018. The spatial level of analysis affects the patterns of forest ecosystem services supply and their relationships[J]. Science of the Total Environment, 626: 1270-1283.

ROONEY R C, BAYLEY S E, CREED I F, et al., 2012. The accuracy of land cover-based wetland assessments is influenced by landscape extent[J]. Landscape Ecology, 27: 1321-1335.

SAAH D, PATTERSON T, BUCHHOLZ T, et al., 2014. Modeling economic and carbon consequences of a shift to wood-based energy in a rural "cluster": A network analysis in southeast Alaska[J]. Ecological Economics, 107: 287-298.

SABINE D B, 1971. Mans impact on the global environment: Assessment and recommendations for action[J]. Microchemical Journal, 16(1): 174.

SAYSEL A K, BARLAS Y, YENIGÜN O, 2002. Environmental sustainability in an agricultural development project: A system dynamics approach[J]. Journal of Environmental Management, 64: 247-260.

SCHIPPERIJN J, STIGSDOTTER U K, RANDRUP T B, et al., 2010. Influences on the use of urban green space–A case study in Odense, Denmark[J]. Urban Forestry & Urban Greening, 9(1): 25-32.

SCHIRPKE U, CANDIAGO S, EGARTER VIGL L, et al., 2019. Integrating supply, flow and demand to enhance the understanding of interactions among multiple ecosystem services[J]. Science of the Total Environment, 651(Pt 1): 928-941.

SCHRÖTER M, STUMPF K H, LOOS J, et al., 2017. Refocusing ecosystem services towards sustainability[J]. Ecosystem Services, 25: 35-43.

SCHULP C J, LEVERS C, KUEMMERLE T, et al., 2019. Mapping and modelling past and future land use change in Europe's cultural landscapes[J]. Land Use Policy, 80: 332-344.

SHI C, DING H, ZAN Q, LI R, 2019. Spatial variation and ecological risk assessment of heavy metals in mangrove sediments across China [J]. Marine Pollution Bulletin, 143: 115-124.

SHI M Y, YIN R S, LÜ H D, 2017. An empirical analysis of the driving forces of forest cover change in northeast China[J]. Forest Policy and Economics, 78: 78-87.

SICA Y V, QUINTANA R D, RADELOFF V C, et al., 2016. Wetland loss due to land use change in the Lower Paraná river delta, Argentina[J]. Science of the Total Environment, 568: 967-978.

SILVA R A, ROGERS K, BUCKLEY T J, 2018. Advancing environmental epidemiology to assess the beneficial influence of the natural environment on human health and well-being[J]. Environmental Science & Technology, 52(17): 9545-9555.

SLATER J A, HEADY B, KROENUNG G, et al., 2011. Global assessment of the new ASTER global digital elevation model[J]. Photogrammetric Engineering and Remote Sensing, 77(4): 335-349.

SLEETER B M, SOHL T L, LOVELAND T R, et al., 2013. Land-cover change in the conterminous United States from 1973 to 2000[J]. Global Environmental Change, 23: 733-748.

SOLTANIFARD H, JAFARI E, 2019. A conceptual framework to assess ecological quality of urban green space: A case study in Mashhad City, Iran[J]. Environment, Development and Sustainability, 21(4): 1781-1808.

SONG X, YANG G X, YAN C Z, et al., 2009. Driving forces behind land use and cover change in the Qinghai-Tibetan Plateau: A case study of the source region of the Yellow River, Qinghai Province, China[J]. Environmental Earth Sciences, 59(4): 793.

SONG X P, HANSEN M C, STEHMAN S V, et al., 2018. Global land change from 1982 to 2016[J]. Nature, 560(7720): 639-643.

SPAKE R, LASSEUR R, CROUZAT E, et al., 2017. Unpacking ecosystem service bundles: Towards predictive mapping of synergies and trade-offs between ecosystem services[J]. Global Environmental Change, 47: 37-50.

STANDER E K, EHRENFELD J G, 2009. Rapid assessment of urban wetlands: Do hydrogeomorphic classification and reference criteria work[J]. Environmental Management, 43: 725.

SU C W, LIU T Y, CHANG H L, et al., 2015. Is urbanization narrowing the urban-rural income gap? A cross-regional study of China[J]. Habitat International, 48: 79-86.

SU S, LI D, HU Y N, et al., 2014. Spatially non-stationary response of ecosystem service value changes to urbanization in Shanghai, China[J]. Ecological Indicators, 45: 332-339.

SU S, LI D, YU X, et al., 2011. Assessing land ecological security in Shanghai(China) based on catastrophe theory[J]. Stochastic Environmental Research & Risk Assessment, 25: 737-746.

SU Y X, CHEN X Z, LIAO J S, et al., 2016. Modeling the optimal ecological security pattern for guiding the urban constructed land expansions[J]. Urban Forestry & Urban Greening, 19: 35-46.

SUN X, CRITTENDEN J C, LI F, et al., 2018. Urban expansion simulation and the spatio-temporal changes of ecosystem services, a case study in Atlanta metropolitan area, USA[J]. Science of the Total Environment, 622-623: 974.

SUN Y, ZHAO S, 2018. Spatiotemporal dynamics of urban expansion in 13 cities across the Jing-Jin-Ji urban agglomeration from 1978 to 2015[J]. Ecological Indicators, 87: 302-313.

SWANWICK C, DUNNETT N, WOOLLEY H, 2003. Nature, role and value of green space in towns and cities: An overview[J]. Built Environment, 2003: 94-106.

TAFT O W, HAIG S M, 2006. Importance of wetland landscape structure to shorebirds wintering in an agricultural valley[J]. Landscape Ecology, 21: 169-184.

TAM N F Y, WONG Y S, 1998. Variations of soil nutrient and organic matter content in a subtropical mangrove ecosystem [J]. Water, Air, and Soil Pollution, 103(1): 245-261.

THANAPAKPAWIN P, RICHEY J, THOMAS D, et al., 2007. Effects of land-use change on the hydrologic regime of the Mae Chaem River Basin, NW Thailand[J]. Journal of Hydrology, 334(1-2): 215-230.

TODD M J, MUNEEPEERAKUL R, PUMO D, et al., 2010. Hydrological drivers of wetland vegetation community distribution within Everglades National Park, Florida[J]. Advances in Water Resources, 33: 1279-1289.

TORMA A, CSÁSZÁR P, 2013. Species richness and composition patterns across tropic levels of true bugs (Heteroptera) in the agricultural landscape of the lower reach of the Tisza river basin[J]. Journal of Insect Conservation, 17: 35-51.

TRAVERS-TROLET M, GEVAERT F S, et al., 2013. Evaluating marine ecosystem health: Case studies of indicators using direct observations and modelling methods[J]. Ecological Indicators: Integrating, Monitoring, Assessment and Management, 24: 353-365.

TUBIELLO F N, SALVATORE M, FERRARA A F, et al., 2015. The contribution of agriculture, forestry and other land use activities to global warming, 1990—2012[J]. Global Change Biology, 21(7): 2655-2660.

TURNER, GOIGEL M, 1989. Landscape ecology: The effect of pattern on process[J]. Annual Review of Ecology & Systematics, 20: 171-197.

TZOULAS K, KORPELA K, VENN S, et al., 2007. Promoting ecosystem and human health in urban areas using green infrastructure: A literature review[J]. Landscape and Urban Planning, 81(3): 167-178.

RODRIGUEZ-GALIANO V F, CHICA-OLMO M, ABARCA-HERNANDEE F, et al., 2012. Random forest classification of mediterranean land cover using multi-seasonal imagery and multi-seasonal texture[J]. Remote Sensing of Environment, 121: 93-107.

VIRAPONGSE A, BROOKS S, METCALf E C, et al., 2016. A social-ecological systems approach for environmental management[J]. Journal of Environmental Management, 178: 83-91.

WANG R S, LI F, HU D, et al., 2011. Understanding eco-complexity: Social-economic-natural complex ecosystem approach[J]. Ecological Complexity, 8(1): 15-29.

WANG W, GUO H, CHUAI X, et al., 2014b. The impact of land use change on the temporospatial variations of ecosystems services value in China and an optimized land use solution[J]. Environmental Science & Policy, 44: 62-72.

WANG Y Z, HONG W, WU C Z, et al., 2008. Application of landscape ecology to the research on wetlands[J]. Journal of Forestry Research, 19: 164-170.

WANG Y, QIU Q, XIN G, et al., 2013. Heavy metal contamination in a vulnerable mangrove swamp in South China [J]. Environmental Monitoring and Assessment, 185(7): 5775-5787.

WANG D, WU G L, ZHU Y J, et al., 2014a. Grazing exclusion effects on above- and below-ground C and N pools of typical grassland on the Loess Plateau(China)[J]. CATENA, 123: 113-120.

WEBB J A, WATTS R J, ALLAN C, et al., 2018. Adaptive management of environmental flows[J]. Environmental Management, 61(3): 339-346.

WENG Y C, 2007. Spatiotemporal changes of landscape pattern in response to urbanization[J]. Landscape and Urban Planning, 81: 341-353.

WEN J Y, WEI Q Z, 2017. The spatiotemporal pattern of urban expansion in China: A comparison study of three urban megaregions[J]. Remote Sensing, 9: 45.

WIENS J A, 1999. Landscape ecology: The science and the action[J]. Landscape Ecology, 14: 103.

WILSON E H, HURD J D, CIVCO D L, et al., 2003. Development of a geospatial model to quantify, describe and map urban growth[J]. Remote Sensing of Environment, 86: 275-285.

WOLCH J R, BYRNE J, NEWELL J P, 2014. Urban green space, public health, and environmental justice: The challenge of making cities "just green enough"[J]. Landscape and Urban Planning, 125: 234-244.

WU J, 2004. Effects of changing scale on landscape pattern analysis: Scaling relations[J]. Landscape Ecology, 19: 125-138.

WU K Y, YE X Y, QI Z F, et al., 2013. Impacts of land use/land cover change and socioeconomic development on regional ecosystem services: The case of fast-growing Hangzhou metropolitan area, China [J]. Cities, 2013, 31: 276-284.

WU M, REN X, CHE Y, et al., 2015a. A coupled SD and CLUE-S model for exploring the impact of land use change on ecosystem service value: A case study in Baoshan district, Shanghai, China[J]. Environmental Management, 56: 402-419.

WU Q, TAM N F Y, LEUNG J Y S, et al., 2014. Ecological risk and pollution history of heavy metals in Nansha mangrove, South China [J]. Ecotoxicology and Environmental Safety, 2014, 104: 143-151.

WU W, ZHAO S, ZHU C, et al., 2015. A comparative study of urban expansion in Beijing, Tianjin and Shijiazhuang over the past three decades[J]. Landscape & Urban Planning, 134: 93-106.

WU X, LIU S L, ZHAO S, et al., 2019. Quantification and driving force analysis of ecosystem services supply, demand and balance in China[J]. Science of the Total Environment, 652: 1375-1386.

XIAO R, LIU Y, HUANG X, et al., 2018. Exploring the driving forces of farmland loss under rapid urbanization using binary logistic regression and spatial regression: A case study of Shanghai and Hangzhou bay[J]. Ecological Indicators, 95: 455-467.

XIAO W, HU Z, ZHANG R, et al., 2013. A simulation of mining subsidence and its impacts to land in high ground water area- An integrated approach based on subsidence prediction and GIS[J]. Disaster Advances, (6): 142-148.

ZHENG X Q, ZHAO L, XIANG W N, et al., 2012. A coupled model for simulating spatio-temporal dynamics of land-use change: A case study in Changqing, Jinan, China[J]. Landscape and Urban Planning, 106: 51-61.

XU K P, WANG J N, WANG J J, et al., 2020. Environmental function zoning for spatially differentiated environmental policies in China[J]. Journal of Environmental Management, 255: 109485.

XU X, JAIN A K, CALVIN K V, 2019. Quantifying the biophysical and socioeconomic drivers of changes in forest and agricultural land in south and southeast Asia[J]. Global Change Biology, 25(6): 2137-2151.

XUE M, LUO Y, 2015. Dynamic variations in ecosystem service value and sustainability of urban system: A case study for Tianjin City, China[J]. Cities, 46: 85-93.

YAHDJIAN L, SALA O E, HAVSTAD K M, 2015. Rangeland ecosystem services: Shifting focus from supply to reconciling supply and demand[J]. Frontiers in Ecology and the Environment, 13(1): 44-51.

YAN S J, WANG X, CAI Y P, et al., 2018. An integrated investigation of spatiotemporal habitat quality dynamics and driving forces in the upper basin of Miyun Reservoir, North China[J]. Sustainability, 10(12): 4625.

YOUNG O, LAMBIN E, ALCOCK F, et al., 2006. A portfolio approach to analyzing complex human- environment interactions: Institutions and land change[J]. Ecology and Society, 11(2): 31.

YUAN Y J, WU S H, YU Y N, et al., 2018. Spatiotemporal interaction between ecosystem services and urbanization: Case study of Nanjing City, China[J]. Ecological Indicators, 95: 917-929.

ZEDLER J B, KERCHER S, 2005. Wetland resources: Status, trends, ecosystem services, and restorability[J]. Annual Review of Environment & Resources, 30: 39-74.

ZHANG L, WU B, YIN K, et al., 2015a. Erratum to: Impacts of human activities on the evolution of estuarine wetland in the Yangtze delta from 2000 to 2010[J]. Environmental Earth Sciences, 73: 435-447.

ZHANG N, Li H, 2013. Sensitivity and effectiveness and of landscape metric scalograms in determining the characteristic scale of a hierarchically structured landscape[J]. Landscape Ecology, 28: 343-363.

ZHANG Y, GONG Z, GONG H, et al., 2011. Investigating the dynamics of wetland landscape pattern in Beijing from 1984 to 2008[J]. Journal of Geographical Sciences, 21(5): 845-858.

ZHANG Y, LIU Y F, ZHANG Y, et al., 2018. On the spatial relationship between ecosystem services and urbanization: A case study in Wuhan, China[J]. Science of the Total Environment, 637-638: 780-790.

ZHANG Y, XU B, 2015b. Spatiotemporal analysis of land use/cover changes in Nanchang area China[J]. International Journal of Digital Earth, 8: 1-22.

ZHANG Z M, GAO J F, FAN X Y, et al., 2017. Response of ecosystem services to socioeconomic development in the Yangtze river basin, China[J]. Ecological Indicators, 72: 481-493.

ZHANG Z M, WANG B, BUYANTUEV A, et al., 2019. Urban agglomeration of Kunming and Yuxi cities in Yunnan, China: The relative importance of government policy drivers and environmental constraints[J]. Landscape Ecology, 34(3): 663-679.

ZHANG Z W, XU X R, SUN Y X, et al., 2014. Heavy metal and organic contaminants in mangrove ecosystems of China: A review [J]. Environmental Science and Pollution Research, 21(20): 11938-11950.

ZHAO S, ZHOU D, ZHU C, et al., 2015. Rates and patterns of urban expansion in China's 32 major cities over the past three decades[J]. Landscape Ecology, 30: 1541-1559.

ZHAO Y, WANG S, ZHOU C, 2016. Understanding the relation between urbanization and the eco-environment in China's Yangtze River delta using an improved EKC model and coupling analysis[J]. Science of the Total Environment, 571: 862-875.

ZHOU R, ZHANG H, YE X Y, et al., 2016. The delimitation of urban growth boundaries using the CLUE-S Land-Use change model: Study on Xinzhuang town, Changshu city, China[J]. Sustainability, 8(11): 1-16.

白军红, 欧阳华, 崔保山, 等, 2008. 近40年来若尔盖高原高寒湿地景观格局变化[J]. 生态学报, 28(5): 2245-2252.

白军红, 欧阳华, 杨志锋, 等, 2005. 湿地景观格局变化研究进展[J]. 地理科学进展, 24: 36-45.

柏樱岚, 王如松, 刘晶茹, 2009. 基于PSR模型的淮北矿区塌陷湿地生态管理评价研究[C]. 2009中国可持续发展论坛暨中国可持续发展研究会学术年会, 北京.

本书编委会, 2007. 珠江三角洲城镇群协调发展规划: 2004—2020[C]. 北京: 中国建筑工业出版社.

博文静, 王莉雁, 操建华, 等, 2017. 中国森林生态资产价值评估[J]. 生态学报, 37（12）: 4182-4190.

蔡玉梅, 谢俊奇, 杜官印, 等, 2005. 规划导向的土地利用规划环境影响评价方法[J]. 中国土地科学, 19: 3-8.

曹宸, 李叙勇, 2018. 区县尺度下的河流生态系统健康评价——以北京房山区为例[J]. 生态学报, 38（12）: 4296-4306.

曹小娟, 曾光明, 张硕辅, 等, 2006. 基于 RS 和 GIS 的长沙市生态功能分区[J]. 应用生态学报, 17（7）: 1269-1273.

曹晓丽, 雷敏, 侯志华, 等, 2018. 基于 RS 与 GIS 的太原市城市扩展特征及驱动因素研究[J]. 西北大学学报（自然科学版）, 48: 111-117.

曹新向, 翟秋敏, 郭志永, 2005. 城市湿地生态系统服务功能及其保护[J]. 水土保持研究, 12: 145-148.

常春英, 董敏刚, 邓一荣, 等, 2019. 粤港澳大湾区污染场地土壤风险管控制度体系建设与思考[J]. 环境科学, 40（12）: 5570-5580.

陈辉, 刘劲松, 曹宇, 等, 2006. 生态风险评价研究进展[J]. 生态学报, 26（5）: 1558-1566.

陈家枝, 2015. 大面积营造桉树纯林的弊端剖析[J]. 南方农业, 9（12）: 78-79.

陈杰, 陈晶中, 檀满枝, 2002. 城市化对周边土壤资源与环境的影响[J]. 中国人口·资源与环境, 12: 70-74.

陈晋, 卓莉, 史培军, 等, 2003. 基于 DMSP/OLS 数据的中国城市化过程研究——反映区域城市化水平的灯光指数的构建[J]. 遥感学报, 7（3）: 168-175.

陈亢利, 王琦, 王葳, 2006. 光环境功能区域划分及管理初探[J]. 环境与可持续发展, （4）: 8-9.

陈克龙, 苏茂新, 李双成, 等, 2010. 西宁市城市生态系统健康评价[J]. 地理研究, 29（2）: 214-222.

陈利顶, 傅伯杰, 徐建英, 等, 2003. 基于"源-汇"生态过程的景观格局识别方法——景观空间负荷对比指数[J]. 生态学报, 23（11）: 2406-2413.

陈利顶, 刘洋, 吕一河, 等, 2008. 景观生态学中的格局分析: 现状、困境与未来[J]. 生态学报, 28（11）: 5521-5531.

陈利顶, 周伟奇, 韩立建, 等, 2016. 京津冀城市群地区生态安全格局构建与保障对策[J]. 生态学报, 36（22）: 7125-7129.

陈秋晓, 骆剑承, 周成虎, 等, 2004. 基于多特征的遥感影像分类方法[J]. 遥感学报, 8（3）: 239-245.

陈如海, 詹良通, 陈云敏, 等, 2010. 西溪湿地底泥氮、磷和有机质含量竖向分布规律[J]. 中国环境科学, 30（4）: 493-498.

陈爽, 刘云霞, 彭立华, 2008. 城市生态空间演变规律及调控机制[J]. 生态学报, 28（5）: 2270-2278.

陈思敏, 唐以杰, 罗丽芬, 等, 2017. 几种红树植物模拟湿地系统对污水中重金属的净化效应[J]. 生态科学, 36（5）: 27-33.

陈文波, 肖笃宁, 李秀珍, 2002. 景观指数分类、应用及构建研究[J]. 应用生态学报, 13（1）: 121-125.

陈永林, 谢炳庚, 钟典, 等, 2018. 基于微粒群-马尔科夫复合模型的生态空间预测模拟——以长株潭城市群为例[J]. 生态学报, 38（1）: 55-64.

陈妤凡, 王开泳, 2019. 撤县（市）设区对城市空间扩展的影响机理——以杭州市为例[J]. 地理研究, 38: 31-44.

陈自新, 苏雪痕, 刘少宗, 等, 1998. 北京城市园林绿化生态效益的研究[J]. 中国园林, 1: 3-5.

成超男, 胡杨, 冯尧, 等. 2020. 基于CA-马尔可夫模型的城市生态分区构建研究——以晋中主城区为例[J]. 生态学报, 40（4）: 1455-1462.

程珊珊, 沈小雪, 柴民伟, 等, 2018. 深圳湾红树林湿地不同生境类型沉积物的重金属分布特征及其生态风险评价[J]. 北京大学学报（自然科学版）, 54（2）: 415-425.

迟妍妍, 许开鹏, 王晶晶, 等, 2018. 京津冀地区生态空间识别研究[J]. 生态学报, 38（23）: 8555-8563.

丹宇卓, 彭建, 张子墨, 等, 2020. 基于"退化压力-供给状态-修复潜力"框架的国土空间生态修复分区——以珠江三角洲地区为例[J]. 生态学报, 40（23）: 8451-8460.

邓红兵, 陈春娣, 刘昕, 等, 2009. 区域生态用地的概念及分类[J]. 生态学报, 29（3）: 1519-1524.

邓伟, 杨华, 崔艳君, 2010. 重庆主城区近30年土地利用变化的生态环境效应评价[J]. 水土保持研究, 17: 232-236.

邓小文, 孙贻超, 韩士杰, 2005. 城市生态用地分类及其规划的一般原则[J]. 应用生态学报, 16（10）: 2003-2006.

邓元杰, 侯孟阳, 谢怡凡, 等, 2020. 退耕还林还草工程对陕北地区生态系统服务价值时空演变的影响[J]. 生态学报, 40（18）: 6597-6612.

丁圣彦, 梁国付, 2004. 近20年来河南沿黄湿地景观格局演化[J]. 地理学报, 59（5）: 653-661.

董鸣, 王慧中, 匡廷云, 等, 2013. 杭州城西湿地保护与利用战略概要[J]. 杭州师范大学学报（自然科学版）, 12（5）: 385-390.

董玉萍, 刘合林, 齐君, 2020. 城市绿地与居民健康关系研究进展[J]. 国际城市规划, 35（5）: 70-79.

窦金波, 2010. 当代世界城市化的特点及发展趋势[J]. 经济研究导刊, 5: 79-81.

杜习乐, 吕昌河, 王海荣, 2011. 土地利用/覆被变化(LUCC)的环境效应研究进展[J]. 土壤, 43（3）: 350-360.

杜震, 张刚, 沈莉芳, 2013. 成都市生态空间管控研究[J]. 城市规划, 37（8）: 84-88.

樊风雷, 2007. 珠江三角洲核心区域土地利用时空变化遥感监测及其生态环境效应研究[D]. 广州: 中国科学院广州地球化学研究所.

樊月, 潘云龙, 陈志为, 2019. 四种红树植物根茎叶的碳氮磷化学计量特征[J]. 生态学杂志, 38（4）: 1041-1048.

方莹, 王静, 黄隆杨, 等, 2020. 基于生态安全格局的国土空间生态保护修复关键区域诊断与识别——以烟台市为例[J]. 自然资源学报, 35（1）: 190-203.

费建波, 夏建国, 胡佳, 等, 2019. 生态空间与生态用地国内研究进展[J]. 中国生态农业学报
（中英文）, 27（11）: 1626-1636.

冯荣光, 林媚珍, 葛志鹏, 等, 2014. 快速城市化地区土地利用变化对生态服务的影响——以
佛山市顺德区为例[J]. 生态科学, 33（3）: 574-579.

付在毅, 许学工, 2001. 区域生态风险评价[J]. 地球科学进展, 16（2）: 267-271.

傅伯杰, 刘国华, 陈利顶, 等, 2001. 中国生态区划方案[J]. 生态学报, 20（1）: 1-6.

傅伯杰, 周国逸, 白永飞, 等, 2009. 中国主要陆地生态系统服务功能与生态安全[J]. 地球科
学进展, 24（6）: 571-576.

高昌源, 付保荣, 李晓军, 等, 2020. 辽宁省生物多样性保护优先区识别[J]. 应用生态学报, 31（5）:
1673-1681.

高常军, 周德民, 栾兆擎, 等, 2010. 湿地景观格局演变研究评述[J]. 长江流域资源与环境,
19（4）: 460-464.

高吉喜, 徐德琳, 乔青, 等, 2020. 自然生态空间格局构建与规划理论研究[J]. 生态学报,
40（3）: 749-755.

高玉福, 荣立苹, 2017. 城市公共绿地降温增湿效益研究综述[J]. 浙江林业科技, 37（3）: 72-78.

宫清华, 张虹鸥, 叶玉瑶, 等, 2020. 人地系统耦合框架下国土空间生态修复规划策略——以
粤港澳大湾区为例[J]. 地理研究, 39（9）: 2176-2188.

宫兆宁, 张翼然, 宫辉力, 等, 2011. 北京湿地景观格局演变特征与驱动机制分析[J]. 地理学
报, 66（1）: 77-88.

管青春, 郝晋珉, 许月卿, 等, 2019. 基于生态系统服务供需关系的农业生态管理分区[J]. 资
源科学, 41（7）: 1359-1373.

郭椿阳, 高尚, 周伯燕, 等, 2019. 基于格网的伏牛山区土地利用变化对生态服务价值影响研
究[J]. 生态学报, 39（10）: 86-97.

郭洋, 杨飞龄, 王军军, 等, 2020. "三江并流"区游憩文化生态系统服务评价研究[J]. 生态学
报, 40（13）: 4351-4361.

贺祥, 姚尧, 2020. 基于生态系统服务供需对喀斯特山区生态风险分析[J]. 水土保持研究,
27（5）: 202-212.

胡云锋, 高戈, 2020. 城市景观生态风险评估框架与实践——以北京天坛地区为例[J]. 生态学
报, 40（21）: 7805-7815.

黄国和, 安春江, 范玉瑞, 等, 2016. 珠江三角洲城市群生态安全保障技术研究[J]. 生态学报,
36（22）: 7119-7124.

黄金川, 方创琳, 2003. 城市化与生态环境交互耦合机制与规律性分析[J]. 地理研究, 22（2）:
211-220.

黄浦江, 2014. 城市绿道网络识别、评价与优化[D]. 武汉: 武汉大学.

黄艺, 蔡佳亮, 郑维爽, 等, 2009. 流域水生态功能分区以及区划方法的研究进展[J]. 生态学杂志, 28 (3): 542-548.

贾良清, 欧阳志云, 赵同谦, 等, 2005. 安徽省生态功能区划研究[J]. 生态学报, 25 (2): 254-260.

贾琳, 杨飞, 张胜田, 等, 2015. 土壤环境功能区划研究进展浅析[J]. 中国农业资源与区划, 36 (1): 107-114.

姜玲, 黄家柱, 2007. 一种研究城市化发展的新方法[J]. 地理与地理信息科学, 23 (4): 107-109.

姜雨青, 李宝富, 宋美帅, 等, 2018. 定量评估我国西北干旱区土地利用变化对植被指数的影响[J]. 冰川冻土, 40 (3): 616-624.

蒋洪强, 刘年磊, 胡溪, 等, 2019. 我国生态环境空间管控制度研究与实践进展[J]. 环境保护, 47 (13): 32-36.

蒋卫国, 李京, 王文杰, 等, 2005. 基于遥感与 GIS 的辽河三角洲湿地资源变化及驱动力分析[J]. 国土资源遥感, 3: 62-65.

焦利民, 刘耀林, 2021. 可持续城市化与国土空间优化[J]. 武汉大学学报（信息科学版）, 46 (1): 1-11.

井云清, 张飞, 陈丽华, 等, 2017. 艾比湖湿地土地利用/覆被-景观格局和气候变化的生态环境效应研究[J]. 环境科学学报, 37: 3590-3601.

景永才, 陈利顶, 孙然好, 2018. 基于生态系统服务供需的城市群生态安全格局构建框架[J]. 生态学报, 38 (12): 4121-4131.

孔春芳, 王静, 张毅, 等, 2012. 武汉城市湿地景观格局时空结构演化及驱动机制研究[J]. 中山大学学报（自然科学版）, 51 (4): 119-128.

孔令桥, 王雅晴, 郑华, 等, 2019. 流域生态空间与生态保护红线规划方法——以长江流域为例[J]. 生态学报, 39 (3): 835-843.

匡文慧, 张树文, 张养贞, 等, 2005. 1900 年以来长春市土地利用空间扩张机理分析[J]. 地理学报, 60 (5): 841-850.

雷金睿, 陈宗铸, 陈毅青, 等, 2020. 海南省湿地生态系统健康评价体系构建与应用[J]. 湿地科学, 18 (5): 555-563.

雷金睿, 陈宗铸, 吴庭天, 等, 2019. 海南岛东北部土地利用与生态系统服务价值空间自相关格局分析[J]. 生态学报, 39 (7): 104-115.

雷军成, 王莎, 汪金梅, 等, 2019. 土地利用变化对寻乌县生态系统服务价值的影响[J]. 生态学报, 39 (9): 74-84.

黎夏, 叶嘉安, 1997. 利用遥感监测和分析珠江三角洲的城市扩张过程——以东莞市为例[J]. 地理研究, 16 (4): 57-63.

李东梅, 高正文, 付晓, 等, 2010. 云南省生态功能类型区的生态敏感性[J]. 生态学报, 30 (1): 138-145.

李锋, 王如松, 赵丹, 2014. 基于生态系统服务的城市生态基础设施: 现状、问题与展望[J]. 生态学报, 34 (1): 190-200.

李锋, 王如松, 2004. 城市绿色空间生态服务功能研究进展[J]. 应用生态学报, 15 (3): 527-531.

李锋, 叶亚平, 宋博文, 等, 2011. 城市生态用地的空间结构及其生态系统服务动态演变——以常州市为例[J]. 生态学报, 31 (19): 5623-5631.

李广东, 方创琳, 2016. 城市生态—生产—生活空间功能定量识别与分析[J]. 地理学报, 71 (1): 49-65.

李慧蕾, 彭建, 胡熠娜, 等, 2017. 基于生态系统服务簇的内蒙古自治区生态功能分区[J]. 应用生态学报, 28 (8): 2657-2666.

李加林, 许继琴, 李伟芳, 等, 2007. 长江三角洲地区城市用地增长的时空特征分析[J]. 地理学报, 62 (4): 437-447.

李晶, 李红艳, 张良, 2016. 关中—天水经济区生态系统服务权衡与协同关系[J]. 生态学报, 36 (10): 3053-3062.

李开然, 2009. 绿色基础设施: 概念、理论及实践[J]. 中国园林, 25 (10): 88-90.

李坤阳, 于晓光, 刘士伟, 2016. 关于遥感技术在环境保护中的问题及解决措施的探讨[J]. 自然科学 (全文版), 9: 193.

李丽纯, 陈家金, 李文, 2007. 区域生态质量的模糊综合评价——以福建省 2006 年 7—9 月为例[J]. 中国农业气象, 28 (4): 393-398.

李柳强, 丁振华, 刘金铃, 2008. 中国主要红树林表层沉积物中重金属的分布特征及其影响因素[J]. 海洋学报 (中文版), 5: 159-164.

李明传, 2007. 水环境生态修复国内外研究进展[J]. 中国水利, 11: 25-27.

李攀垒, 2011. 中国地方财政社会保障支出对城乡居民收入差距的影响——基于省级面板数据的经验分析[D]. 厦门: 厦门大学.

李庆芳, 章家恩, 刘金苓, 等, 2006. 红树林生态系统服务功能研究综述[J]. 生态科学, 25 (5): 472-475.

李升发, 李秀彬, 2016. 耕地撂荒研究进展与展望[J]. 地理学报, 71 (3): 370-389.

李胜男, 王根绪, 邓伟, 2008. 湿地景观格局与水文过程研究进展[J]. 生态学杂志, 27 (6): 1012-1020.

李晟, 李涛, 彭重华, 等, 2020. 基于综合评价法的洞庭湖区绿地生态网络构建[J]. 应用生态学报, 31 (8): 2687-2698.

李仕冀, 李秀彬, 谈明洪, 2015. 乡村人口迁出对生态脆弱地区植被覆被的影响——以内蒙古自治区为例[J]. 地理学报, 70 (10): 1622-1631.

李霞, 莫创荣, 卢杰, 2005. 我国红树林净化污水研究进展[J]. 海洋环境科学, 24 (4): 77-80.

李晓文, 方创琳, 黄金川, 毛汉英, 2003. 西北干旱区城市土地利用变化及其区域生态环境效应——以甘肃河西地区为例[J]. 第四纪研究, 23 (3): 280-290.

李晓文, 方精云, 朴世龙, 2003a. 近 10 年来长江下游土地利用变化及其生态环境效应[J]. 地理学报, 58（5）: 659-667.

李秀彬, 赵宇鸾, 2011. 森林转型、农地边际化与生态恢复[J]. 中国人口·资源与环境, 21（10）: 91-95.

李玉凤, 刘红玉, 曹晓, 等, 2010. 城市湿地公园景观健康空间差异研究——以杭州西溪湿地公园为例[J]. 地理学报, 65（11）: 1429-1437.

梁鑫源, 金晓斌, 朱凤武, 等, 2020. 长江中下游平原区生态保护红线的划定——以江苏省为例[J]. 生态学报, 40（17）: 5968-5979.

梁艳艳, 赵银娣, 2020. 基于景观分析的西安市生态网络构建与优化[J]. 应用生态学报, 31（11）: 3767-3776.

梁宇哲, 谢晓瑜, 郭泰圣, 等, 2019. 基于资源环境承载力的国土空间管制分区研究[J]. 农业资源与环境学报, 36（4）: 412-418.

廖自基, 1992. 微量元素的环境化学及生物效应[M]. 北京：环境科学出版社.

林坚, 宋萌, 张安琪, 2018. 国土空间规划功能定位与实施分析[J]. 中国土地, 1: 15-17.

林康英, 张倩媚, 简曙光, 等, 2006. 湛江市红树林资源及其可持续利用[J]. 生态科学, 25(3): 222-225.

林兰, 2016. 长三角地区水污染现状评价及治理思路[J]. 环境保护, 44（17）: 41-45.

林中立, 徐涵秋, 黄绍霖, 2019. 基于 DMSP/OLS 夜间灯光影像的中国东部沿海地区城市扩展动态监测[J]. 地球信息科学学报, 21（7）: 1074-1085.

刘滨谊, 张德顺, 刘晖, 等, 2013. 城市绿色基础设施的研究与实践[J]. 中国园林, 29（3）: 6-10.

刘春芳, 李鹏杰, 刘立程, 等, 2020. 西北生态脆弱区省域国土空间生态修复分区[J]. 农业工程学报, 36（17）: 254-263.

刘春艳, 张科, 刘吉平, 2018. 1976—2013 年三江平原景观生态风险变化及驱动力[J]. 生态学报, 38（11）: 3729-3740.

刘国华, 傅伯杰, 陈利顶, 等, 2000. 中国生态退化的主要类型、特征及分布[J]. 生态学报, 20（1）: 13-19.

刘海龙, 李迪华, 韩西丽, 2005. 生态基础设施概念及其研究进展综述[J]. 城市规划, 29（9）: 70-75.

刘纪远, 战金艳, 邓祥征, 2005. 经济改革背景下中国城市用地扩展的时空格局及其驱动因素分析[J]. 人类环境杂志, 34（6）: 444-449.

刘丽香, 张丽云, 赵芬, 等, 2017. 生态环境大数据面临的机遇与挑战[J]. 生态学报, 37（14）: 4896-4904.

刘绿怡, 卞子亓, 丁圣彦, 2018. 景观空间异质性对生态系统服务形成与供给的影响[J]. 生态学报, 38（18）: 6412-6421.

刘世梁, 董玉红, 孙永秀, 等, 2019. 基于生态系统服务提升的山水林田湖草优先区分析——以贵州省为例[J]. 生态学报, 39（23）: 8957-8965.

刘思怡, 丁建丽, 张钧泳, 等, 2020. 艾比湖流域草地生态系统环境健康遥感诊断[J]. 草业学报, 29（10）: 1-13.

刘小平, 黎夏, 陈逸敏, 等, 2009. 景观扩张指数及其在城市扩展分析中的应用[J]. 地理学报, 64（12）: 1430-1438.

刘孝富, 舒俭民, 张林波, 2010. 最小累积阻力模型在城市土地生态适宜性评价中的应用——以厦门为例[J]. 生态学报, 30（2）: 421-428.

刘耀彬, 李仁东, 宋学锋, 2005. 中国城市化与生态环境耦合度分析[J]. 自然资源学报, 2005, 20(1): 105-112.

龙花楼, 刘永强, 李婷婷, 等, 2015. 生态用地分类初步研究[J]. 生态环境学报, 24（1）: 1-7.

陆海, 杨逢乐, 唐芬, 2020. 云南省生态环境分区管治实践进展与制度研究[J]. 环境科学导刊, 39（3）: 27-30.

罗琦, 甄霖, 杨婉妮, 等, 2020. 生态治理工程对锡林郭勒草地生态系统文化服务感知的影响研究[J]. 自然资源学报, 35（1）: 119-129.

罗孝俊, 陈社军, 麦碧娴, 等, 2006. 珠江三角洲地区水体表层沉积物中多环芳烃的来源、迁移及生态风险评价[J]. 生态毒理学报, 1（1）: 17-24.

吕金霞, 蒋卫国, 王文杰, 等, 2018. 近30年来京津冀地区湿地景观变化及其驱动因素[J]. 生态学报, 38（12）: 4492-4503.

马安青, 刘道彬, 安兴琴, 2007. 基于 GIS 的多因子分析法对兰州市大气环境功能区划的研究[J]. 干旱区地理, 30（2）: 262-267.

马冰然, 曾维华, 解钰茜, 2019. 自然公园功能分区方法研究——以黄山风景名胜区为例[J]. 生态学报, 39（22）: 8286-8298.

马锦义, 2002. 论城市绿地系统的组成与分类[J]. 中国园林, 1: 23-26.

马克明, 孔红梅, 关文彬, 等, 2001. 生态系统健康评价: 方法与方向[J]. 生态学报, 21（12）: 2106-2116.

马晴, 2014. 民勤绿洲农村社区主导沙漠化防治模式研究[D]. 兰州: 兰州大学.

马世骏, 王如松, 1984. 社会—经济—自然复合生态系统[J]. 生态学报, 4（1）: 1-9.

马义娟, 王尚义, 2012. 基于 GIS 的汾河流域生态环境质量评价[C]. 中国地理学会 2012 年学术年会.

毛齐正, 黄甘霖, 邬建国, 2015. 城市生态系统服务研究综述[J]. 应用生态学报, 26（4）: 1023-1033.

蒙吉军, 赵春红, 2009. 区域生态风险评价指标体系[J]. 应用生态学报, 20（4）: 983-990.

缪绅裕, 陈桂珠, 1999. 模拟秋茄湿地系统中镍、铜的分布积累与迁移[J]. 环境科学学报, 5: 545-549.

欧阳芳, 王丽娜, 阎卓, 等, 2019. 中国农业生态系统昆虫授粉功能量与服务价值评估[J]. 生态学报, 39（1）: 131-145.

欧阳晓, 贺清云, 朱翔, 2020. 多情景下模拟城市群土地利用变化对生态系统服务价值的影响——以长株潭城市群为例[J]. 经济地理, 40（1）: 93-102.

欧阳志云, 李小马, 徐卫华, 等, 2015. 北京市生态用地规划与管理对策[J]. 生态学报, 35（11）: 3778-3787.

欧阳志云, 王如松, 赵景柱, 1999. 生态系统服务功能及其生态经济价值评价[J]. 应用生态学报, 10（5）: 635-640.

欧阳志云, 王如松, 2000. 生态系统服务功能、生态价值与可持续发展[J]. 世界科技研究与发展, 22（5）: 45-50.

欧阳志云, 王效科, 苗鸿, 1999. 中国陆地生态系统服务功能及其生态经济价值的初步研究[J]. 生态学报, 19（5）: 607-613.

欧阳志云, 郑华, 2009. 生态系统服务的生态学机制研究进展[J]. 生态学报, 29（11）: 6183-6188.

潘竟虎, 董磊磊, 2016. 2001—2010 年疏勒河流域生态系统质量综合评价[J]. 应用生态学报, 27（9）: 2907-2915.

潘艺, 2016. 海岛城市化时空格局演变及其陆岛联动的响应研究[D]. 杭州: 浙江大学.

彭建, 党威雄, 刘焱序, 等, 2015. 景观生态风险评价研究进展与展望[J]. 地理学报, 70（4）: 664-677.

彭建, 李冰, 董建权, 等, 2020. 论国土空间生态修复基本逻辑[J]. 中国土地科学, 34（5）: 18-26.

彭建, 王仰麟, 吴健生, 等, 2007. 区域生态系统健康评价——研究方法与进展[J]. 生态学报, 27（11）: 4877-4885.

彭建, 杨旸, 谢盼, 等, 2017a. 基于生态系统服务供需的广东省绿地生态网络建设分区[J]. 生态学报, 37（13）: 4562-4572.

彭建, 赵会娟, 刘焱序, 等, 2017b. 区域生态安全格局构建研究进展与展望[J]. 地理研究, 36（3）: 407-419.

戚京京, 2018. 基于生态修复的中牟黄河湿地公园规划设计[D]. 郑州: 河南农业大学.

祁琼, 赖云, 钟艾妮, 等, 2020. 襄阳市国土空间格局的功能分区及评价研究[J]. 地理空间信息, 18（4）: 11-16.

钱彩云, 巩杰, 张金茜, 等. 2018. 甘肃白龙江流域生态系统服务变化及权衡与协同关系[J]. 地理学报, 73（5）: 868-879.

荣冰凌, 2009. 中小尺度生态用地规划方法及案例研究[D]. 北京: 中国科学院生态环境研究中心.

荣月静, 严岩, 王辰星, 等, 2020. 基于生态系统服务供需的雄安新区生态网络构建与优化[J]. 生态学报, 40（20）: 7197-7206.

沙宏杰, 张东, 施顺杰, 等, 2018. 基于耦合模型和遥感技术的江苏中部海岸带生态系统健康评价[J]. 生态学报, 38（19）: 7102-7112.

邵波, 陈兴鹏, 2005. 甘肃省生态环境质量综合评价的 AHP 分析[J]. 干旱区资源与环境, 19（4）: 29-32.

史利江, 王圣云, 姚晓军, 等, 2012. 1994—2006 年上海市土地利用时空变化特征及驱动力分析[J]. 长江流域资源与环境, 21（12）: 1468-1479.

宋昌素, 肖燚, 博文静, 等, 2019. 生态资产评价方法研究——以青海省为例[J]. 生态学报, 39（1）: 9-23.

宋慧敏, 薛亮, 2016. 基于遥感生态指数模型的渭南市生态环境质量动态监测与分析[J]. 应用生态学报, 27（12）: 3913-3919.

宋南, 翁林捷, 关煜航, 等, 2009. 红树林生态系统对重金属污染的净化作用研究[J]. 中国农学通报, 25（21）: 305-309.

孙斌, 2014. 珠江流域污染及治理研究[J]. 轻工科技, 30（3）: 63-64.

孙广友, 王海霞, 于少鹏, 2004. 城市湿地研究进展[J]. 地理科学进展, 5: 94-100.

孙然好, 李卓, 陈利顶, 2018. 中国生态区划研究进展: 从格局、功能到服务[J]. 生态学报, 38（15）: 5271-5278.

孙伟晔, 吴江国, 唐文刚, 2018. 快速城镇化地区的生态系统服务价值时空变化研究——以苏州市为例[J]. 国土与自然资源研究, 6: 22-26.

孙新章, 周海林, 谢高地, 2007. 中国农田生态系统的服务功能及其经济价值[J]. 中国人口·资源与环境, 17（4）: 55-60.

汤坚, 顾长明, 周小春, 2011. 城市湿地的保护与利用[J]. 北京林业大学学报, 33（S2）: 54-56.

唐秀美, 郝星耀, 刘玉, 等, 2016. 生态系统服务价值驱动因素与空间异质性分析[J]. 农业机械学报, 47（5）: 336-342.

田浩, 刘琳, 张正勇, 等, 2021. 天山北坡经济带关键性生态空间评价研究[J]. 生态学报, 41（1）: 401-414.

仝金辉, 胡锦华, 陆峥, 等, 2019. 黑河流域土地利用变化对土壤有机碳和全氮储量的影响——元分析[J]. 地理学报（英文版）, 29: 146-162.

涂小松, 龙花楼, 2015. 2000—2010 年鄱阳湖地区生态系统服务价值空间格局及其动态演化[J]. 资源科学, 37（12）: 2451-2460.

万军, 于雷, 张培培, 等, 2015. 城市生态保护红线划定方法与实践[J]. 环境保护科学, 41（1）: 6-11.

汪翡翠, 汪东川, 张利辉, 等, 2018. 京津冀城市群土地利用生态风险的时空变化分析[J]. 生态学报, 38（12）: 4307-4316.

王蓓, 赵军, 胡秀芳, 2016. 基于 InVEST 模型的黑河流域生态系统服务空间格局分析[J]. 生态学杂志, 35 (10): 2783-2792.

王成新, 于雷, 吕红迪, 2019. 城市环境空间管控体系探索与思考[J]. 环境科学与管理, 44 (6): 184-189.

王德旺, 何萍, 徐杰, 等, 2020. 2000—2015 年天津市湿地景观变化和生态影响[J]. 环境工程技术学报, 10 (6): 979-987.

王甫园, 王开泳, 陈田, 等, 2017. 城市生态空间研究进展与展望[J]. 地理科学进展, 36 (2): 207-218.

王海霞, 孙广友, 宫辉力, 等, 2006. 北京市可持续发展战略下的湿地建设策略[J]. 干旱区资源与环境, 20 (1): 27-32.

王建华, 吕宪国, 2007. 城市湿地概念和功能及中国城市湿地保护[J]. 生态学杂志, 26 (4): 555-560.

王洁, 摆万奇, 田国行, 2020. 青藏高原景观生态风险的时空特征[J]. 资源科学, 42 (9): 1739-1749.

王金南, 许开鹏, 迟妍妍, 等, 2014. 我国环境功能评价与区划方案[J]. 生态学报, 34 (1): 129-135.

王金南, 许开鹏, 蒋洪强, 等, 2015. 基于生态环境资源红线的京津冀生态环境共同体发展路径[J]. 环境保护, 43 (23): 22-25.

王金南, 许开鹏, 陆军, 等, 2013. 国家环境功能区划制度的战略定位与体系框架[J]. 环境保护, 41 (22): 35-37.

王晶晶, 迟妍妍, 许开鹏, 等, 2017. 京津冀地区生态分区管控研究[J]. 环境保护, 45 (12): 48-51.

王丽霞, 张茗爽, 隋立春, 等, 2020. 渭河流域生态功能区划[J]. 干旱区研究, 37 (1): 236-243.

王茜, 任宪友, 肖飞, 等, 2006. RS 与 GIS 支持的洪湖湿地景观格局分析[J]. 中国生态农业学报, 14 (2): 224-226.

王如松, 李锋, 韩宝龙, 等, 2014. 城市复合生态及生态空间管理[J]. 生态学报, 34 (1): 1-11.

王如松, 欧阳志云, 2012. 社会—经济—自然复合生态系统与可持续发展[J]. 中国科学院院刊, 27 (3): 337-345.

王如松, 2000. 论复合生态系统与生态示范区[J]. 科技导报, 6: 6-9.

王姝, 张艳芳, 位贺杰, 等, 2015. 生态恢复背景下陕甘宁地区 NPP 变化及其固碳释氧价值[J]. 中国沙漠, 35 (5): 1421-1428.

王晓, 胡秋红, 杨芳, 2020. 我国生态环境分区制度建设与实施机制分析[J]. 环境保护, 48 (21): 14-19.

王新娜, 2010. 城市化水平衡量方法的比较研究[J]. 开发研究, 5: 92-95.

王新生，刘纪远，庄大方，等，2005. 中国特大城市空间形态变化的时空特征[J]. 地理学报，60（3）：392-400.

王修信，秦丽梅，罗玲，等，2013. 遥感图像森林林型 SVM 分类的多特征选择[J]. 计算机工程与应用，49（20）：259-262.

王仰麟，赵一斌，韩荡，1999. 景观生态系统的空间结构：概念、指标与案例[J]. 地球科学进展，14（3）：3-5.

王瑜，金姗姗，冯存均，2018. 结合地理国情普查成果的苕溪流域生态系统固碳释氧价值估算[J]. 测绘通报，9：121-125.

韦壮绵，陈华清，张煜，等，2020. 湘南柿竹园东河流域农田土壤重金属污染特征及风险评价[J]. 环境化学，39（10）：2753-2764.

魏子谦，徐增让，毛世平，2019. 西藏自治区生态空间的分类与范围及人类活动影响[J]. 自然资源学报，34（10）：2163-2174.

邬建国，2007. 景观生态学：格局、过程、尺度与等级[M]. 北京：高等教育出版社.

吴丰林，周德民，胡金明，2007. 基于景观格局演变的城市湿地景观生态规划途径[J]. 长江流域资源与环境，16（3）：368-372.

吴福象，刘志彪，2008. 城市化群落驱动经济增长的机制研究：来自长三角 16 城市的经验证据[J]. 经济研究，11：126-136.

吴钢，肖寒，赵景柱，等，2001. 长白山森林生态系统服务功能[J]. 中国科学，31：471-480.

吴健生，冯喆，高阳，等，2014. 基于 DLS 模型的城市土地政策生态效应研究——以深圳市为例[J]. 地理学报，69（11）：1673-1682.

吴健生，王政，张理卿，等，2012. 景观格局变化驱动力研究进展[J]. 地理科学进展，31（12）：1739-1746.

吴玲玲，陆健健，童春富，等，2003. 长江口湿地生态系统服务功能价值的评估[J]. 长江流域资源与环境，12（5）：411-416.

吴平，林浩曦，田璐，2018. 基于生态系统服务供需的雄安新区生态安全格局构建[J]. 中国安全生产科学技术，14（9）：5-11.

吴伟，付喜娥，2009. 绿色基础设施概念及其研究进展综述[J]. 国际城市规划，24（5）：67-71.

吴晓，2019. 绿色基础设施生态系统服务供需及景观格局优化研究[D]. 西安：陕西师范大学.

武力超，陈曦，顾凌骏，2013. 中国快速城市化进程中土地保护和粮食安全[J]. 农业经济问题，34（1）：57-62.

肖风劲，欧阳华，孙江华，等，2004. 森林生态系统健康评价指标与方法[J]. 林业资源管理，1：27-30.

肖思思，吴春笃，储金宇，等，2012. 城市湿地主导生态系统服务功能及价值评估——以江苏省镇江市为例[J]. 水土保持通报，32（2）：194-199.

肖玉, 谢高地, 甄霖, 等, 2019. 三北工程黄土高原丘陵沟壑区森林降温增湿效果研究[J]. 生态学报, 39（16）: 5836-5846.

谢长永, 徐同凯, 黄瑞建, 等, 2011. 杭州西溪湿地区域尺度内水质的比较分析[J]. 杭州师范大学学报（自然科学版）, 10: 242-247.

谢高地, 鲁春霞, 冷允法, 等, 2003. 青藏高原生态资产的价值评估[J]. 自然资源学报, 18（2）: 189-196.

谢高地, 张彩霞, 张昌顺, 等, 2015a. 中国生态系统服务的价值[J]. 资源科学, 37（9）: 1740-1746.

谢高地, 张彩霞, 张雷明, 等, 2015b. 基于单位面积价值当量因子的生态系统服务价值化方法改进[J]. 自然资源学报, 30（8）: 1243-1254.

谢高地, 甄霖, 鲁春霞, 等, 2008. 一个基于专家知识的生态系统服务价值化方法[J]. 自然资源学报, 23（5）: 911-919.

谢花林, 李秀彬, 2011. 基于 GIS 的区域关键性生态用地空间结构识别方法探讨[J]. 资源科学, 33（1）: 112-119.

谢余初, 张素欣, 林冰, 等, 2020. 基于生态系统服务供需关系的广西县域国土生态修复空间分区[J]. 自然资源学报, 35（1）: 217-229.

谢长永, 徐同凯, 黄瑞建, 等, 2011. 杭州西溪湿地区域尺度内水质的比较分析 [J]. 杭州师范大学学报（自然科学版）, 10: 242-247.

信桂新, 杨朝现, 杨庆媛, 等, 2017. 用熵权法和改进 TOPSIS 模型评价高标准基本农田建设后效应[J]. 农业工程学报, 33（1）: 238-249.

徐欢, 李美丽, 梁海斌, 等, 2018. 退化森林生态系统评价指标体系研究进展[J]. 生态学报, 38（24）: 9034-9042.

徐建华, 2002. 现代地理学中的数学方法[M]. 北京: 高等教育出版社.

徐丽婷, 姚士谋, 陈爽, 等, 2019. 高质量发展下的生态城市评价——以长江三角洲城市群为例[J]. 地理科学, 39（8）: 1228-1237.

徐威杰, 陈晨, 张哲, 等, 2018. 基于重要生态节点独流减河流域生态廊道构建[J]. 环境科学研究, 31（5）: 805-813.

徐煖银, 郭泺, 薛达元, 等, 2018. 赣南地区土地利用格局及生态系统服务价值的时空演变[J]. 生态学报, 39（6）: 1969-1978.

许吉仁, 董霁红, 2013. 1987—2010 年南四湖湿地景观格局变化及其驱动力研究[J]. 湿地科学, 11（4）: 438-445.

许开鹏, 迟妍妍, 陆军, 等, 2017. 环境功能区划进展与展望[J]. 环境保护, 45（1）: 53-57.

许洛源, 黄义雄, 叶功富, 等, 2011. 基于土地利用的景观生态质量评价——以福建省海坛岛为例[J]. 水土保持研究, 18（2）: 207-212.

颜磊, 许学工, 2010. 区域生态风险评价研究进展[J]. 地域研究与开发, 29（1）: 113-118,129.

燕守广, 李辉, 李海东, 等, 2020. 基于土地利用与景观格局的生态保护红线生态系统健康评价方法——以南京市为例[J]. 自然资源学报, 35（5）: 1109-1118.

阳平坚, 吴为中, 孟伟, 等, 2007. 基于生态管理的流域水环境功能区划——以浑河流域为例[J]. 环境科学学报, 27（6）: 944-952.

阳文锐, 2015. 北京城市景观格局时空变化及驱动力[J]. 生态学报, 35（13）: 4357-4366.

阳文锐, 王如松, 黄锦楼, 等, 2007. 生态风险评价及研究进展[J]. 应用生态学报, 18（8）: 1869-1876.

杨江燕, 吴田, 潘肖燕, 等, 2019. 基于遥感生态指数的雄安新区生态质量评估[J]. 应用生态学报, 30（1）: 277-284.

杨娟, 李静, 宋永昌, 等, 2006. 受损常绿阔叶林生态系统退化评价指标体系和模型[J]. 生态学报, 26（11）: 3749-3756.

杨青, 刘耕源, 2018. 森林生态系统服务价值非货币量核算:以京津冀城市群为例[J]. 应用生态学报, 29（11）: 3747-3759.

杨清可, 段学军, 王磊, 等, 2018. 基于"三生空间"的土地利用转型与生态环境效应——以长江三角洲核心区为例[J]. 地理科学, 38（1）: 97-106.

杨荣南, 张雪莲, 1997. 城市空间扩展的动力机制与模式研究[J]. 地域研究与开发, 2: 1-4.

杨述河, 阎海利, 郭丽英, 2004. 北方农牧交错带土地利用变化及其生态环境效应——以陕北榆林市为例[J]. 地理科学进展, 23（6）: 49-55.

杨扬, 陈建国, 宋波, 等, 2019. 青藏高原冰缘植物多样性与适应机制研究进展[J]. 科学通报, 64（27）: 2856-2864.

姚成胜, 朱鹤健, 吕晞, 等, 2009. 土地利用变化的社会经济驱动因子对福建生态系统服务价值的影响[J]. 自然资源学报, 24（2）: 225-233.

叶晶萍, 刘士余, 盛菲, 等, 2020. 寻乌水流域景观格局演变及其生态环境效应[J]. 生态学报, 40（14）: 4737-4748.

叶长盛, 冯艳芬, 2013. 基于土地利用变化的珠江三角洲生态风险评价[J]. 农业工程学报, 29（19）: 224-232.

殷康前, 倪晋仁, 1998. 湿地综合分类研究：Ⅱ.模型[J]. 自然资源学报, 4: 25-32.

尹海伟, 孔繁花, 宗跃光, 2008. 城市绿地可达性与公平性评价[J]. 生态学报, 28（7）: 3375-3383.

尹占娥, 许世远, 2007. 上海浦东新区土地利用变化及其生态环境效应[J]. 长江流域资源与环境, 16（4）: 430-434.

于成龙, 刘丹, 冯锐, 等, 2021. 基于最小累积阻力模型的东北地区生态安全格局构建[J]. 生态学报, 41（1）: 290-301.

于欢, 何政伟, 张树清, 等, 2010. 基于元胞自动机的三江平原湿地景观时空演化模拟研究[J]. 地理与地理信息科学, 26（4）: 90-94.

于泉洲, 张祖陆, 高宾, 等, 2013. 基于RS和FRAGSTATS的南四湖湿地景观格局演变研究[J]. 林业资源管理, (1): 108-115.

于兴修, 杨桂山, 王瑶, 2004. 土地利用/覆被变化的环境效应研究进展与动向[J]. 地理科学, 24 (5): 627-633.

余菊, 邓昂, 2014. 制度变迁、地方政府行为与城乡收入差距——来自中国省级面板数据的经验证据[J]. 经济理论与经济管理, 6: 16-27.

余亮亮, 蔡银莺, 2017. 国土空间规划管制与区域经济协调发展研究——一个分析框架[J]. 自然资源学报, 32 (8): 1445-1456.

俞孔坚, 段铁武, 李迪华, 等, 1999. 景观可达性作为衡量城市绿地系统功能指标的评价方法与案例[J]. 城市规划, 23 (8): 3-5.

俞孔坚, 乔青, 李迪华, 等, 2009a. 基于景观安全格局分析的生态用地研究——以北京市东三乡为例[J]. 应用生态学报, 20 (8): 1932-1939.

俞孔坚, 王思思, 李迪华, 等, 2009b. 北京市生态安全格局及城市增长预景[J]. 生态学报, 29 (3): 1189-1204.

喻锋, 李晓波, 张丽君, 等, 2015. 中国生态用地研究: 内涵、分类与时空格局[J]. 生态学报, 35 (14): 4931-4943.

袁毛宁, 刘焱序, 王曼, 等, 2019. 基于"活力-组织力-恢复力-贡献力"框架的广州市生态系统健康评估[J]. 生态学杂志, 38 (4): 1249-1257.

袁兴中, 陈鸿飞, 扈玉兴, 2020. 国土空间生态修复: 理论认知与技术范式[J]. 西部人居环境学刊, 35 (4): 1-8.

袁悦, 井立蛟, 杨鸿雁, 等, 2019. 昌黎县土地利用转型对生态环境效应的影响[J]. 水土保持研究, 26 (2): 194-201.

岳杪筱, 薛亮, 2020. 陕西省土地利用与生态系统服务价值动态研究[J]. 中国农业大学学报, 25 (10): 20-30.

曾辉, 江子瀛, 2000.深圳市龙华地区快速城市化过程中的景观结构研究——城市建设用地结构及异质性特征分析[J]. 应用生态学报, 11: 567-572.

翟涌光, 屈忠义, 吕萌, 2020. 西北部少数民族地区城市扩展特征分析——以呼和浩特市为例[J]. 测绘科学, 45 (262): 101-108.

战明松, 朱京海, 2019. 基于生态敏感性评价的本溪青云山景区空间规划[J]. 应用生态学报, 30 (7): 2352-2360.

张红旗, 王立新, 贾宝全, 2004. 西北干旱区生态用地概念及其功能分类研究[J]. 中国生态农业学报, 12 (2): 5-8.

张惠远, 2009. 我国环境功能区划框架体系的初步构想[J]. 环境保护, 412 (2): 7-10.

张佳田, 焦文献, 韩宝龙, 2020. 城镇化与生态系统服务的协调演化特征及空间耦合关系[J]. 生态学报, 40 (10): 3271-3282.

张金光, 余兆武, 赵兵, 2020. 城市绿地促进人群健康的作用途径：理论框架与实践启示[J]. 景观设计学, 8（4）: 104-113.

张晶, 董哲仁, 孙东亚, 等, 2010. 基于主导生态功能分区的河流健康评价全指标体系[J]. 水利学报, 41（8）: 883-892.

张琨, 吕一河, 傅伯杰, 2016. 生态恢复中生态系统服务的演变：趋势、过程与评估[J]. 生态学报, 36（20）: 6337-6344.

张丽君, 白占雄, 王志琳, 2005. 基于 ArcGIS 的台州市环境功能区划研究——以声环境功能区划为例[J]. 华北农学报, 20（S1）: 73-76.

张利, 陈影, 王树涛, 等, 2015. 滨海快速城市化地区土地生态安全评价与预警——以曹妃甸新区为例[J]. 应用生态学报, 26: 2445-2454.

张起源, 秦颖君, 刘香华, 等, 2020. 广东红树林沉积物有毒金属分布及生态风险评价[J]. 生态环境学报, 29（1）: 183-191.

张秋菊, 傅伯杰, 陈利顶, 2003. 关于景观格局演变研究的几个问题[J]. 地理科学, 1: 264-270.

张象枢, 2000. 论人口、资源、环境经济学[J]. 环境保护, 2: 6-8.

张小虎, 雷国平, 袁磊, 等, 2009. 黑龙江省土地生态安全评价[J]. 中国人口·资源与环境, 19（1）: 88-93.

张晓琴, 石培基, 2010. 基于 PSR 模型的兰州城市生态系统健康评价研究[J]. 干旱区资源与环境, 24（3）: 77-82.

张亚珍, 2017. 一带一路中国城镇化建设对能源消费影响的实证研究[J]. 科技经济市场, 5: 113-115.

张杨, 刘艳芳, 顾渐萍, 等, 2011. 武汉市土地利用覆被变化与生态环境效应研究[J]. 地理科学, 31（10）: 1280-1285.

张岳恒, 黄瑞建, 陈波, 2010. 城市绿地生态效益评价研究综述[J]. 杭州师范大学学报（自然科学版）, 9（4）: 268-271.

张志强, 徐中民, 程国栋, 2001. 生态系统服务与自然资本价值评估[J]. 生态学报, 21（11）: 1918-1926.

赵成, 顾小华, 姜宏雷, 等, 2016. "三江"流域（云南部分）土地利用变化的生态环境效应研究[J]. 水土保持研究, 23（114）: 246-249.

赵国强, 陈立文, 穆佳, 等, 2018. 生态环境质量评价体系建设的探讨[J]. 气象与环境科学, 41（182）: 3-13.

赵景柱, 徐亚骏, 肖寒, 等, 2003. 基于可持续发展综合国力的生态系统服务评价研究——13 个国家生态系统服务价值的测算[J]. 系统工程理论与实践, 23（1）: 121-127.

赵景柱, 1990. 景观生态空间格局动态度量指标体系[J]. 生态学报, 10（2）: 182-186.

赵景柱, 1995. 社会—经济—自然复合生态系统持续发展评价指标的理论研究[J]. 生态学报, 15（3）: 327-330.

赵军, 杨凯, 2007. 生态系统服务价值评估研究进展[J]. 生态学报, 27 (1): 346-356.

赵苗苗, 赵海凤, 李仁强, 等, 2017. 青海省 1998—2012 年草地生态系统服务功能价值评估[J]. 自然资源学报, 32 (3): 418-433.

赵其国, 高俊峰, 2007. 中国湿地资源的生态功能及其分区[J]. 中国生态农业学报, 15 (1): 1-4.

赵锐锋, 周华荣, 肖笃宁, 等, 2006. 塔里木河中下游地区湿地景观格局变化[J]. 生态学报, 26 (10): 3470-3478.

赵万奎, 张晓庆, 陈智平, 等, 2019. 基于 GIS 的金昌市生态功能区划分及发展对策[J]. 草业科学, 36 (11): 2989-2996.

赵欣, 张杰, 林达, 等, 2020. 丰林国家级自然保护区生物多样性保护价值量化[J]. 东北林业大学学报, 48 (9): 41-44.

中国环境监测总站, 2004. 中国生态环境质量评价研究[M]. 北京: 中国环境科学出版社.

周德民, 宫辉力, 胡金明, 等, 2007. 三江平原淡水湿地生态系统景观格局特征研究——以洪河湿地自然保护区为例[J]. 自然资源学报, 22 (1): 86-96.

周丰, 刘永, 黄凯, 等, 2007. 流域水环境功能区划及其关键问题[J]. 水科学进展, 18 (2): 216-222.

周昊昊, 杜嘉, 南颖, 等, 2019. 1980 年以来 5 个时期珠江三角洲滨海湿地景观格局及其变化特征[J]. 湿地科学, 17 (5): 559-566.

周璞, 刘天科, 靳利飞, 2016. 健全国土空间用途管制制度的几点思考[J]. 生态经济, 32 (6): 201-204.

周锐, 王新军, 苏海龙, 等, 2015. 平顶山新区生态用地的识别与安全格局构建[J]. 生态学报, 35 (6): 2003-2012.

周士园, 常江, 罗萍嘉, 2018. 采煤沉陷湿地景观格局与水文过程研究进展[J]. 中国矿业, 27 (12): 98-105.

周忠学, 2011. 城市化对生态系统服务功能的影响机制探讨与实证研究[J]. 水土保持研究, 18 (5): 32-38, 295.

朱捷缘, 卢慧婷, 王慧芳, 等, 2018. 汶川地震重灾区恢复期生态系统健康评价[J]. 生态学报, 38 (24): 9001-9011.

朱文泉, 高清竹, 段敏捷, 等, 2011. 藏西北高寒草原生态资产价值评估[J]. 自然资源学报, 26 (3): 419-428.

朱燕, 李怡然, 李雪梅, 2019. 基于 InVEST 模型的昌黎黄金海岸国家级自然保护区生境质量评价[J]. 环境与可持续发展, 44 (6): 156-160.

朱莹, 王超, 2004. 浅述城市及边缘湿地的特性及其保护[J]. 甘肃环境研究与监测, 17 (2): 34-35.

朱永恒, 濮励杰, 赵春雨, 2007. 景观生态质量评价研究——以吴江市为例[J]. 地理科学, 27 (2): 182-187.

朱治州, 钟业喜, 2019. 长江三角洲城市群土地利用及其生态系统服务价值时空演变研究[J]. 长江流域资源与环境, 28 (7): 1520-1530.

宗秀影, 刘高焕, 乔玉良, 等, 2009. 黄河三角洲湿地景观格局动态变化分析[J]. 地球信息科学学报, 11 (1): 91-97.

宗永强, 黄光庆, 熊海仙, 等, 2016. 珠江三角洲晚第四纪地层、海平面变化与构造运动的关系[J]. 热带地理, 36 (3): 326-333.